21世纪高等学校规划教材 | 计算机科学与技术

数据库系统原理及应用（第2版）

郭胜 王志 丁忠俊 编著

清华大学出版社
北京

内容简介

本书系统全面地介绍了数据库系统的基本理论、实现技术和开发方法。内容包括数据库系统概论、关系数据库、关系数据库标准语言SQL、关系模式设计理论、数据库设计、数据库的保护、数据库系统的新技术和数据库系统的应用及开发。另外,各章后面选编了许多练习题或实验题,以供复习或上机使用。

本书取材广泛,内容丰富,解析清楚,讲述明确,通俗易懂,可以作为高等学校计算机专业、信息和自动控制专业、经济和电子商务专业等学习数据库课程的教材,也可以供从事数据库开发应用的研究人员和工程技术人员参考。

图书在版编目(CIP)数据

数据库系统原理及应用/郭胜,王志,丁忠俊编著.--2版.--北京:清华大学出版社,2015(2019.1重印)
21世纪高等学校规划教材·计算机科学与技术
ISBN 978-7-302-40031-8

Ⅰ.①数… Ⅱ.①郭… ②王… ③丁… Ⅲ.①数据库系统-高等学校-教材 Ⅳ.①TP311.13

中国版本图书馆CIP数据核字(2015)第086757号

责任编辑:刘　星
封面设计:傅瑞学
责任校对:时翠兰
责任印制:刘祎淼

出版发行:清华大学出版社
　　网　　址:http://www.tup.com.cn, http://www.wqbook.com
　　地　　址:北京清华大学学研大厦A座　　**邮　　编**:100084
　　社 总 机:010-62770175　　**邮　　购**:010-62786544
　　投稿与读者服务:010-62776969, c-service@tup.tsinghua.edu.cn
　　质量反馈:010-62772015, zhiliang@tup.tsinghua.edu.cn
　　课件下载:http://www.tup.com.cn,010-62795954
印 装 者:三河市吉祥印务有限公司
经　　销:全国新华书店
开　　本:185mm×260mm　　**印　张**:16.75　　**字　　数**:408千字
版　　次:2012年4月第1版　2015年7月第2版　　**印　　次**:2019年1月第6次印刷
印　　数:6001～7500
定　　价:39.50元

产品编号:063855-02

出版说明

随着我国改革开放的进一步深化，高等教育也得到了快速发展，各地高校紧密结合地方经济建设发展需要，科学运用市场调节机制，加大了使用信息科学等现代科学技术提升、改造传统学科专业的投入力度，通过教育改革合理调整和配置了教育资源，优化了传统学科专业，积极为地方经济建设输送人才，为我国经济社会的快速、健康和可持续发展以及高等教育自身的改革发展做出了巨大贡献。但是，高等教育质量还需要进一步提高以适应经济社会发展的需要，不少高校的专业设置和结构不尽合理，教师队伍整体素质亟待提高，人才培养模式、教学内容和方法需要进一步转变，学生的实践能力和创新精神亟待加强。

教育部一直十分重视高等教育质量工作。2007 年 1 月，教育部下发了《关于实施高等学校本科教学质量与教学改革工程的意见》，计划实施“高等学校本科教学质量与教学改革工程”（简称“质量工程”），通过专业结构调整、课程教材建设、实践教学改革、教学团队建设等多项内容，进一步深化高等学校教学改革，提高人才培养的能力和水平，更好地满足经济社会发展对高素质人才的需要。在贯彻和落实教育部“质量工程”的过程中，各地高校发挥师资力量强、办学经验丰富、教学资源充裕等优势，对其特色专业及特色课程（群）加以规划、整理和总结，更新教学内容、改革课程体系，建设了一大批内容新、体系新、方法新、手段新的特色课程。在此基础上，经教育部相关教学指导委员会专家的指导和建议，清华大学出版社在多个领域精选各高校的特色课程，分别规划出版系列教材，以配合“质量工程”的实施，满足各高校教学质量和教学改革的需要。

为了深入贯彻落实教育部《关于加强高等学校本科教学工作，提高教学质量的若干意见》精神，紧密配合教育部已经启动的“高等学校教学质量与教学改革工程精品课程建设工作”，在有关专家、教授的倡议和有关部门的大力支持下，我们组织并成立了“清华大学出版社教材编审委员会”（以下简称“编委会”），旨在配合教育部制定精品课程教材的出版规划，讨论并实施精品课程教材的编写与出版工作。“编委会”成员皆来自全国各类高等学校教学与科研第一线的骨干教师，其中许多教师为各校相关院、系主管教学的院长或系主任。

按照教育部的要求，“编委会”一致认为，精品课程的建设工作从开始就要坚持高标准、严要求，处于一个比较高的起点上。精品课程教材应该能够反映各高校教学改革与课程建设的需要，要有特色风格、有创新性（新体系、新内容、新手段、新思路，教材的内容体系有较高的科学创新、技术创新和理念创新的含量）、先进性（对原有的学科体系有实质性的改革和发展，顺应并符合 21 世纪教学发展的规律，代表并引领课程发展的趋势和方向）、示范性（教材所体现的课程体系具有较广泛的辐射性和示范性）和一定的前瞻性。教材由个人申报或各校推荐（通过所在高校的“编委会”成员推荐），经“编委会”认真评审，最后由清华大学出版社审定出版。

目前,针对计算机类和电子信息类相关专业成立了两个“编委会”,即“清华大学出版社计算机教材编审委员会”和“清华大学出版社电子信息教材编审委员会”。推出的特色精品教材包括:

(1) 21 世纪高等学校规划教材·计算机应用——高等学校各类专业,特别是非计算机专业的计算机应用类教材。

(2) 21 世纪高等学校规划教材·计算机科学与技术——高等学校计算机相关专业的教材。

(3) 21 世纪高等学校规划教材·电子信息——高等学校电子信息相关专业的教材。

(4) 21 世纪高等学校规划教材·软件工程——高等学校软件工程相关专业的教材。

(5) 21 世纪高等学校规划教材·信息管理与信息系统。

(6) 21 世纪高等学校规划教材·财经管理与应用。

(7) 21 世纪高等学校规划教材·电子商务。

(8) 21 世纪高等学校规划教材·物联网。

清华大学出版社经过三十多年的努力,在教材尤其是计算机和电子信息类专业教材出版方面树立了权威品牌,为我国的高等教育事业做出了重要贡献。清华版教材形成了技术准确、内容严谨的独特风格,这种风格将延续并反映在特色精品教材的建设中。

清华大学出版社教材编审委员会
联系人:魏江江
E-mail:weijj@tup.tsinghua.edu.cn

前言

数据库技术是计算机应用领域中发展最快、应用最广的科学技术之一。数据库系统已成为信息系统和应用系统不可缺少的核心组成部分。数据库的应用已从数据处理、信息管理、事务处理扩大到计算机辅助设计、决策支持、人工智能和网络应用等领域。数据库系统的推广使用也使得计算机的应用迅速地渗透到各行各业和各个部门，如军事国防、航天航空、金融工商、交通能源、通信测控、文教卫生等，直至影响到人们的工作方式和生活方式。在高等学校中，数据库系统不仅是计算机专业重要的专业课程之一，而且也是信息、自控、经济、电子商务等相关专业必修的计算机应用课程。

本书是在参考了全日制高等学校本科数据库教学大纲的基础上，结合作者多年从事数据库课程的教学体会和科研实践成果编写而成的。本书旨在将数据库的基本理论、系统实现技术和应用开发方法紧密结合起来，以解析的观点，从应用的角度，站在开发与实现的立场来进行讨论。以求由浅入深，理论联系实际，通俗易懂地讨论数据库系统，重点是关系数据库系统的功能、结构、设计理论和实现方法，以及组织和开发过程。为大专院校学生和从事计算机应用的人员提供一本学能致用的教材和应用开发的参考书。

全书共分 8 章：

第 1 章　数据库系统概论。主要介绍数据库系统的基本概念、数据模型、数据库系统结构和功能等内容。

第 2 章　关系数据库。主要介绍关系数据库结构、关系的数学运算：关系代数运算和关系演算等内容。

第 3 章　关系数据库标准语言 SQL。主要介绍 SQL 语言结构、SQL 的数据定义、数据查询和数据更新、嵌入式 SQL 和动态 SQL 以及存储过程等内容。

第 4 章　关系模式设计理论。主要介绍函数依赖、模式分解的特性、范式和范式化等内容。

第 5 章　数据库设计。主要介绍数据库设计的步骤，概念结构设计，逻辑结构设计，物理设计，数据库的实施、运行和维护等内容。

第 6 章　数据库的保护。主要介绍事务的并发控制、数据库的完整性、数据库的安全性、数据库的恢复等内容。

第 7 章　数据库系统的新技术。主要介绍分布式数据库系统、对象关系数据库系统、多媒体数据库系统、数据仓库与数据挖掘、大数据技术等内容。

第 8 章　数据库系统的应用与开发。主要介绍 SQL Server 2014 集成环境和一个学生成绩管理系统的开发过程等内容。

本书第 1 章和第 4 章由丁忠俊编写，第 3 章、第 5 章和第 8 章由郭胜编写，第 2 章、第 6

章和第 7 章由王志编写。

本书是在原书的基础上,做了一些修订。除了保持原书的风格并在文字上做了进一步润饰外,还进行了如下修改:

(1) 对教学过程中发现的印刷错误、文字错误、个别内容上的错误做了相应的修改。

(2) 在第 7 章中,增加了当前数据库系统领域中最热门的研究问题:大数据的基本内容。

(3) 在第 8 章中,升级了 SQL Server 版本,增加了查询功能详细实现的例子。

在成书过程中,得到了华中科技大学文华学院的大力支持,在此表示衷心的感谢。

由于作者水平有限,不足之处在所难免,恳请读者批评指正。

作者

2015 年 1 月

目录

第1章 数据库系统概论

自20世纪60年代以来,数据管理已成为计算机的主要应用领域。数据库技术作为数据管理中的核心技术,已成为计算机软件领域中的一个重要分支。它的出现极大地提升了计算机数据处理的能力和数据管理的水平,不仅拓展了计算机的应用领域,同时也使计算机数据管理的水平提高到了一个更高的层次。

本章主要从整体上介绍数据库系统的基本概念、结构及功能,使读者从中领悟到数据库系统管理数据的重要作用。

1.1 数据管理技术

数据管理是指对数据的分类、组织、存储、加工、检索、传递和维护等操作,这些操作是数据管理中的中心问题。数据量越大、数据结构越复杂,其管理数据的难度就越大,要求数据管理的技术水平也就越高。数据管理技术是随着计算机应用范围的不断扩大、对数据管理特性及处理要求的不断提高,而逐步地产生和发展起来的。

1.1.1 数据管理技术的发展

随着计算机硬件和软件的发展,以及人们对计算机数据处理的要求,数据管理技术的发展经历了3个阶段:人工管理阶段、文件系统管理阶段和数据库系统管理阶段。

1. 人工管理阶段

在20世纪50年代中期以前,计算机主要用于科学计算。当时的计算机硬件没有磁盘等直接存取存储设备,只有磁带、卡片和纸带等外部存储器;而软件没有操作系统,也没有数据管理方面的软件。数据处理的方式是批处理。数据的组织和管理由人工完成。

人工数据管理有下列特点。

(1) 数据不保存在计算机内。计算机主要用于计算,一般不需要长期保存数据。在计算某一课题任务时,将原始数据随程序一起输入内存,运算处理并将结果数据输出后,数据和程序也同时被撤销。

(2) 没有统一的数据管理软件。主要通过应用程序管理数据,程序员既要规定数据的逻辑结构,又要设计数据的物理结构,包括存储结构、存取方法和输入方式等。程序员的负担很重。

(3) 数据面向应用程序,即一组数据对应一个程序。需要相同数据的多个程序,它们都要各自定义这些数据。因此数据不能共享,在程序之间存在大量的数据冗余。

(4) 应用程序依赖于数据,一旦数据的逻辑结构或物理结构发生了变化,应用程序就必须要做相应的修改,因此数据不具备独立性。

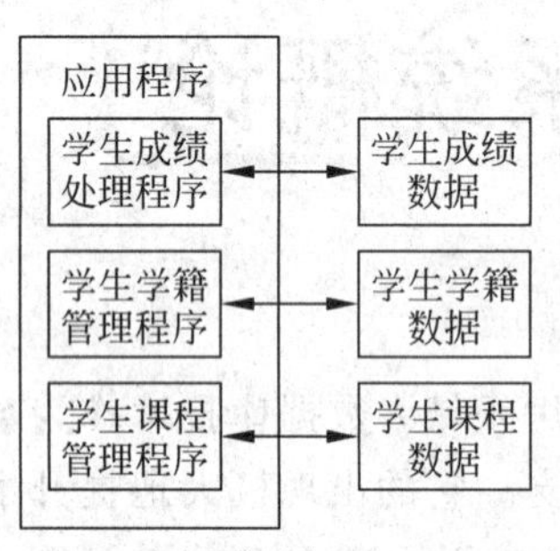

图 1.1 应用程序与数据一一对应的关系

人工管理阶段应用程序与数据一一对应的关系如图 1.1 所示。

2. 文件系统管理阶段

20 世纪 50 年代后期至 60 年代中期,计算机的应用范围逐渐扩大,计算机不仅用于科学计算,还大量用于信息管理。此时,计算机硬件出现了磁盘、磁鼓等直接存取存储设备;软件出现了操作系统,操作系统中的文件系统是专门管理外存的数据管理软件。数据处理的方式有批处理,也有联机实时处理。

文件系统管理数据的特点:

(1) 数据以文件的形式可长期保存在磁盘上,供应用程序反复进行查询、修改、插入和删除等操作。

(2) 由文件系统管理数据,实现了"按文件名访问,按记录存取"的数据管理技术。程序与文件之间具有"设备独立性",即当文件的物理存储位置发生改变时,用户不必关心数据的物理位置,也不必改变应用程序。

(3) 数据不再属于某个特定的程序,可以重复使用。但是程序是基于特定的文件结构和存取方法,只有符合文件的结构和存取方法的程序才能使用该文件。因此程序与文件之间的依赖关系并未根本改变。

(4) 文件之间相互独立,数据之间的联系是通过程序去构造的。

文件系统管理阶段文件与程序之间的对应关系如图 1.2 所示。

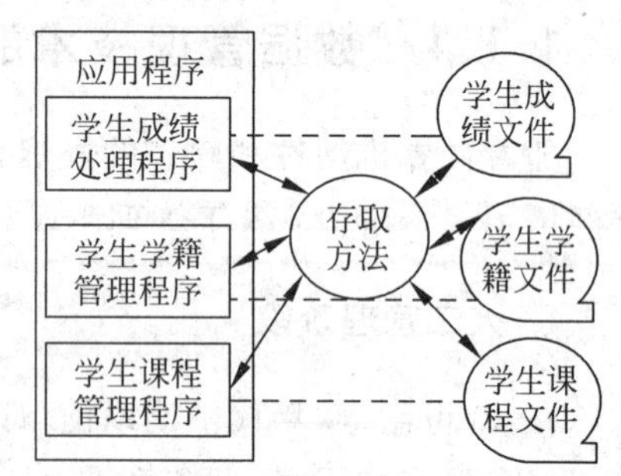

图 1.2 文件与程序之间的对应关系

文件之间的相互独立性,以及文件与程序之间的依赖性,使得用文件系统组织和管理数据会呈现出如下的缺陷。

(1) 数据冗余度大、共享性差,数据之间的联系弱。由于文件之间缺乏联系,不同的文件中可能存在大量的相同数据,形成数据的冗余。数据冗余不仅浪费存储空间,更重要的是会造成对数据操作的不一致性。数据的不一致性极大地阻碍着信息的交流和共享。一个文件面向一个或几个应用程序,而不是面向整个系统的应用,因此文件的共享性比较差。数据之间联系弱是由文件之间相互独立、缺乏联系造成的。

(2) 文件与程序之间缺乏"数据独立性"。文件的逻辑结构与对应的程序结构相互依赖。当文件的逻辑结构发生变化时,其程序结构也要做相应的修改,即文件与程序之间缺乏"数据独立性"。

(3) 难以实施统一标准,即在数据的逻辑结构组织、命名、格式等方面难以进行统一化和规范化。在一个组织中,必定有关于数据命名、格式、存取限制等各种标准及规范。然而,在传统的文件处理系统中,很难施加这些标准,因而往往带来"同名异物"和"同物异名"的情况,这种不统一性阻碍了数据的独立性和共享性。

3. 数据库系统管理阶段

20 世纪 60 年代后期,计算机数据管理规模和应用范围不断扩大,数据量急剧增加。同时,人们对数据的组织和处理方式提出许多新的要求,迫切希望具有数据独立性高、共享性强、安全性好、冗余度低的数据管理技术的出现。人们在克服了文件系统管理数据缺陷的基础之上,于 20 世纪 60 年代末研究出了数据库技术,出现了统一管理数据的专门软件——数据库管理系统(DataBase Management System,DBMS)。

下面介绍数据库系统管理数据的特点。

(1) 采用数据模型表示和集成数据。数据模型不仅描述数据本身的特征,更重要的是,它能描述数据之间的联系,从而集成数据。通过数据的集成来统一计划与协调遍及各相关应用领域的数据资源,使得数据不再面向特定的某个或多个应用,而是面向整个应用系统。这样可使数据得到更大程度的共享,而冗余最少。数据库技术重视数据之间的联系,依据数据模型组织数据库结构,这是与文件系统管理数据最根本的区别。

(2) 具有较高的数据独立性。数据库系统中的数据独立有两层含义。其一,不同的应用程序对相同的数据可以使用不同的视图,这意味着应用程序在一定范围内被修改时,可以只修改它的数据视图而不修改数据本身的说明;反之,数据说明的修改在一定范围内,不会引起程序的修改,即数据具有逻辑独立性。其二,可以改变数据的存储结构或存取方法以响应变化的需求而无须修改现有的应用程序,即数据具有物理独立性。

(3) 数据共享程度高。数据共享实际是数据集成的产物,是程序与数据分离的结果。共享不只是指同一个数据被多个用户存取,还包含并发共享,即多个不同的用户同时存取同一数据。

(4) 数据由 DBMS 统一管理和控制。DBMS 集数据的定义、操纵和控制于一体,数据库由它来统一管理和控制的好处是:

- 提供统一方便的用户接口使用数据库。用户可以通过查询语言或终端命令操作数据库,也可以用程序的方式嵌入数据库查询语句来操作数据库。
- 提升了数据库操作语言的抽象层次,使之成为非过程化的语言。用户使用这种语言存取数据只需给出条件,无须给出过程,存取数据的过程和路径全部由 DBMS 完成,大大地简化了对数据库操作的复杂性。
- 数据的更新更为方便、灵活。增加新的数据类型、增加或改变数据之间的联系、改变数据的结构或格式、修改数据的约束条件、采用新的存储设备或存取方式等更新操作,都可以通过 DBMS 提供的操作功能命令完成。其操作不仅可以在记录级上进行,而且可以在数据项级上进行。数据的粒度越小,操作的灵活性就越大。

除了操作功能以外,为了保护数据库,DBMS 还提供了对数据安全性、数据完整性、并发控制和数据库恢复 4 个方面的控制功能。

- 数据安全性,指保护数据,防止不合法的用户使用数据造成数据的泄密和破坏。

- 数据完整性,指数据的正确性、有效性和相容性。
- 并发控制,指防止多个并发事务同时存取或修改同一数据时,可能发生相互干扰而得到错误的结果。
- 数据库恢复,指计算机系统的硬件、软件故障或受外界的干扰等原因,使得数据库遭受到破坏时,通过数据库的备份,由 DBMS 将数据库恢复到正确的状态。

数据库系统中,数据与应用程序的对应关系如图 1.3 所示。

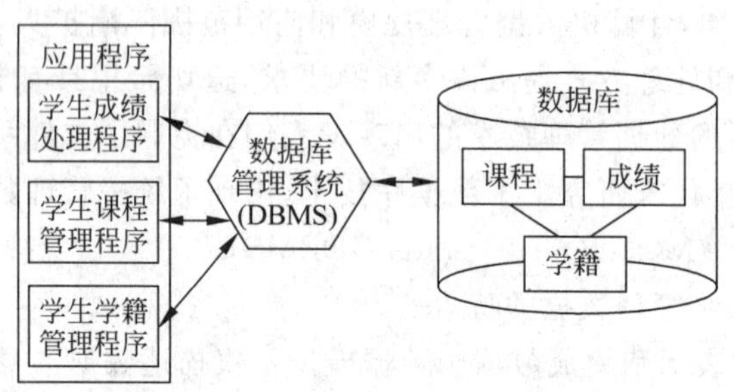

图 1.3 数据与应用程序的对应关系

从文件系统发展到数据库系统是信息处理领域中的一个重大变化。在文件系统管理阶段,人们把算法和功能设计放到了主要的位置,而数据处于从属的地位。在数据库系统管理阶段,数据库占据了中心的位置,程序是围绕数据库的结构、存取、控制和管理等要求而设计的。

当前,世界上已有数百万个数据库系统在运行,其应用已深入到各个领域和各个行业,直至影响到人们的工作方式和生活方式。数据库的应用领域已从数据处理、信息管理、事务处理扩大到计算机辅助设计、人工智能、决策支持、网络应用等新的应用领域。数据库系统能处理众多的事务,从企业管理、金融业务、资源分配、经济预测一直到情报检索、档案管理、数据统计和分析等。在 Internet 通信网络的基础上,建立了国际间的联机检索系统。在全国范围内,计算机数据库系统已应用到军事、公安、能源与交通、航天航空、气象和测量、文教和卫生、财政税收与金融、通信和自动控制、科学研究等部门和行业。可以说,它是实现人类社会信息化的重要技术之一。

4. 计算机数据库系统中的 5 个基本概念

数据、数据库、数据库管理系统、数据库系统和数据库技术是计算机数据库系统中密切相关的几个基本概念。

1) 数据(Data)与信息(Information)

数据不只是指数字,还包括字符、文字、图形、图像和声音等。数据是描述现实世界中事物的符号记录,如学生成绩管理中记录的学号、姓名和成绩都是数据。在日常生产和生活中,人们需要用图表、音像、文字、语言等形式描述事物,进行相互交流。在计算机中,为了存储和处理这些事物,就要将这些事物中感兴趣的特征组成记录来描述。例如,学生成绩管理中,感兴趣的数据特征是学生的姓名、课程名和成绩,就将它们组成记录的格式加以记载、存储和管理。

信息是经过处理、加工提炼而用于决策制定或其他应用活动的数据。该定义的含义有

3点：其一，数据是信息的载体，信息由数据经过加工、提炼而成；其二，信息是有价值的数据，接近于知识、智能；其三，信息是决策者制定决策的依据。

在实践中，数据和信息常常是难以区分的，人们经常会将术语“数据”与“信息”交换使用。

2）数据库(DataBase，DB)

数据是数据库存储的对象，以便于加工处理和抽取有用的信息。

所谓数据库是指长期存储在计算机内的、有组织的、可共享的相关联的数据集合。能为用户提供具有较小的冗余度、较高的数据独立性和易扩展性以及数据联系紧密的数据存储库。简单地讲，数据库中的数据具有永久存储、有组织和可共享的特点。

3）数据库管理系统(DataBase Management System，DBMS)

数据库管理系统是位于用户与操作系统之间的一层数据库管理软件，支持用户或应用程序对数据库进行创建、操纵、控制和维护。它是数据库系统中的核心软件。数据库运行、使用、控制和维护都是在它的统一管理下进行的。

4）数据库系统(DataBase System，DBS)

简单地讲，数据库系统是指引入了数据库技术后的计算机系统。其构成包括：数据库、数据库管理系统、工具软件、应用软件、系统软件、计算机硬件以及数据库管理员(DataBase Administrator，DBA)和用户。

在不引起混淆的情况下，常将数据库系统简称为数据库。

5）数据库技术

数据库技术是一门研究数据库的结构、存储、管理和使用的软件学科。数据库技术不仅包括了数据组织结构、模型研究以及存取技术等一些理论、方法和技术，而且还运用到了数学中集合论、数理逻辑等知识。

数据库技术还与其他技术结合，如与网络技术、知识推理、人工智能、多媒体技术、并行处理等技术的结合，不仅构成了多功能和多性能的数据库系统，同时，也极大地丰富了数据库技术的内容。因此，数据库技术是一门内容丰富、综合性较强的学科。

1.1.2 数据库管理技术

1. 数据库技术发展的3个阶段

数据库技术自20世纪60年代末诞生至今，其发展可划分为以下3个阶段。

第1阶段，是以层次模型数据库和网状模型数据库为代表的第一代数据库系统。其代表的系统有：

1968年，由美国IBM公司研制出的层次模型数据库管理系统(Information Management System，IMS)。

1971年，美国数据库语言协会(Confevence on Data Systems Languages，CODASYL)下属的数据库任务组(DataBase Task Group，DBTG)发表了关于网状模型数据库系统的DBTG报告，确立了网状模型数据库系统。

第一代数据库系统主要技术和贡献如下：

- 提出了许多数据库的基本概念、实现方法和处理技术。为数据库技术的应用和发展做出了开创性的工作。

- 定制了数据库的三级模式和两级映像的体系结构；研制了数据库定义语言、过程化的操纵语言和控制语言；提出了以指针为联系、数据路径为导航的存取访问方式。为数据库的实现奠定了重要的技术基础。

第 2 阶段，基于关系模型的关系数据库系统是第二代数据库系统。

1970 年，美国 IBM 公司的 E. F. Codd 连续发表论文，提出了关系模型。开创了关系数据库的方法和关系数据理论的研究，奠定了关系数据库的理论基础。其后，便掀起了关系数据库的理论研究和原型开发的高潮，取得了一系列研究成果。

- 确定了关系模型的二维表格结构和联系，以及基于笛卡儿积的数学定义。建立了一套关系的规范化理论。
- 研制出了关系数据语言。包括关系数据语言的数学运算：关系代数和关系演算；统一和规范了非过程化的关系语言 SQL 的标准。
- 开发出了许多关系数据库系统的原型，攻克了系统实现中查询优化、数据约束、并发控制、故障恢复等一系列关键技术。

到了 20 世纪 80 年代以后，关系数据库系统应用与开发占据了主导地位，几乎所有新开发的数据库系统均是关系型数据库系统，其中最具代表性是 Oracle 系统。

第 3 阶段，新一代数据库系统。

20 世纪 80 年代后期，随着计算机技术应用领域和范围的扩大，第二代数据库系统暴露出一些弱点，主要是它不能直接支持复杂的数据类型，不能表达数据对象所具有的丰富语义。因此，人们开始研究新一代数据库系统技术，探讨和解决新一代数据库的一系列重要的技术性问题，提出一些新型数据库系统。例如，将关系数据库技术与面向对象技术结合，开发出了许多面向对象的数据库；将关系数据库技术与网络技术相结合，提出了分布式数据库系统；将关系数据库技术与多媒体技术相结合，构建了多媒体数据库系统；将关系数据库技术与并行处理技术相结合，出现了并行数据库系统；将关系数据库技术与人工智能、专家系统等学科相结合，构成了知识库和演绎数据库系统；将关系数据库技术与专门的应用领域结合，产生了统计数据库、工程数据库、时态数据库、空间数据库、移动数据库等。

在总结了新一代数据库研究的成果基础之上，1990 年，高级 DBMS 功能委员会发表了《第三代数据库系统宣言》文章，提出了第三代数据库管理系统应具备的 3 个基本原则和由此导出的 13 个具体特征和功能。3 个基本原则是：其一，第三代数据库管理系统应支持更加丰富的对象结构和规则，应集数据管理、对象管理和知识管理于一体；其二，保持和继承第二代数据库技术；其三，数据库系统必须向其他系统开放。

尽管许多学者认为第三代数据库系统尚未成熟，但是人们对新一代数据库的理论和方法、技术和实现、工具和环境等仍在继续深入地探讨和研究，例如，数据挖掘、数据仓库技术、大数据(Big Data)技术及其中的大数据分析、云数据库、内存数据库以及数据安全等都是目前数据库技术研究的热点之一。

2. 数据库技术的研究

数据库技术研究的范围可以分为 3 个方面：数据库理论、数据库管理系统以及数据库设计与应用。三者同时也是有关数据库学习、开发和知识结构的一个层次框架，基础层当然是有关数据库的基本概念、原理与基础理论；中间层是有关数据库系统的结构、功能与特性；最上层是接近用户的，是有关数据库设计及其应用的方法、技术与工具。三者的有机结合构成了数据库系统完整的知识结构。

1）数据库理论研究

数据库理论研究主要有3个方面：数据模型、数据库语言和数据库的数学理论。

(1) 数据模型

数据模型与建模方法是数据库系统的基础与核心。现有的数据库系统都是基于某种数据模型的，因此，了解数据模型的基本概念和建模方法是学习数据库的基础。

在开发和实施数据库系统的过程中，根据不同的对象和应用目的应采用不同的数据模型。数据模型分为两类：概念模型和结构模型，其中结构模型又分为逻辑模型和物理模型。

概念模型是按用户观点来对数据和信息进行建模，用来表达客观世界中事物及联系的语义模型，其典型代表是实体-联系模型(简称E-R模型)。用于在数据库概念设计阶段建立数据库的概念模型。

结构模型中的逻辑模型是按计算机系统观点对数据建模，用来表达数据库中数据及联系的逻辑结构，主要有层次模型、网状模型、关系模型、面向对象模型和对象关系模型等，用于DBMS的实现。

结构模型中的物理模型是用来描述计算机内部数据的存储方式和存取方法，面向计算机的物理系统。物理模型的具体实现是DBMS的任务，DBMS的设计人员要了解和选择物理模型，而使用数据库的应用人员则不必考虑数据库物理结构中的细节。

(2) 数据库语言

数据库语言是数据库设计者、应用程序员和数据库管理员与数据库系统交流的工具。数据库语言按功能分为数据库定义语言(Data Definition Language，DDL)、数据库操纵语言(Data Manipulation Language，DML)和数据库控制语言(Data Control Language，DCL)。

在层次和网状数据库系统中使用的是过程式的数据库语言，使用时不仅要给出存取数据的条件，还必须给出存取数据的详细过程；关系数据库中使用的是非过程式的数据库语言，使用时只需给出存取数据的条件，而不必给出存取数据的过程，其典型代表是标准化的SQL；扩充的SQL(如SQL 3)能支持4类复杂类型数据的存取，用于基于关系模型的对象关系数据库系统中。

(3) 数据库的数学理论

数据库的数学理论主要有：关系数据库技术中的关系操作的数学基础，包括关系代数和关系演算；关系数据理论，包括数据依赖和关系规范化理论等。进一步的理论研究有逻辑演绎、知识推理、并行算法等。

2）数据库管理系统的研究

数据库管理系统的研究就是实现数据模型的方法、技术和工具的研究。主要有以下几个方面。

- DBMS的体系结构及实现，如集中式、客户机/服务器方式、分布式、并行式系统结构。
- 数据查询优化的方法、策略和算法。

- 物理数据库的管理,包括文件的组织、系统目录、数据字典以及数据的存取方法和技术等。
- 数据库的保护,包括事务处理、系统的恢复、数据完整性和安全性的控制 4 个方面。事务处理包括事务管理原语、事务调度和并发控制策略与机制等;系统恢复包括恢复的策略、技术与机制,例如日志、备份等。
- 数据库的维护,包括数据库重构与重组、性能评价和调整,以及统计分析技术等。
- 提高数据库管理系统的功能与性能的研究,将数据库技术与面向对象技术、网络技术、人工智能、知识工程等新型技术相结合,使之能处理更广泛的数据,如声音、图形、图像等非格式化数据。

3) 数据库设计与应用研究

(1) 数据库设计。是指根据用户的需求,选择一个合适的 DBMS,设计和构建一个数据库的方法、技术和工具。主要包括数据库建模、辅助数据库设计的方法和工具、文档的规范标准、性能的测试与评价等。

(2) 应用支撑。主要对特定要求的应用开发提供的支撑技术,如表格处理、报告生成、图形设施、数据转换实施等。

(3) 业务应用。数据库系统应用的范围很广,大致可归纳为 3 类:日常业务处理、管理决策和工业控制。在这 3 类应用中,对数据的特征要求、处理方式、操作方法等是有所不同的。在日常业务处理中,要求系统提供快捷灵活的查询和操作方便的功能;在管理决策应用系统中,要求系统提供大量、丰富的历史数据,通过统计、分析,满足决策模型的建模和实现算法的需要;在工业控制应用系统中,要求在及时响应和反馈、事务处理和控制方面要有更强的功能。

1.2 数据模型

1.2.1 数据模型概述

1. 数据模型的概念

模型是对现实世界的抽象与模拟。现实生活中有很多实物模型和逻辑模型,如,航模是飞机的实物模型,它可以抽象飞机的基本特征:机头、机翼、机体和机尾,也可以模拟飞机的飞行。又如,用于制造飞机、火箭、高楼、桥梁等设计的绘图,就是一种对它们结构进行抽象,并且用图形表示的逻辑模型。数据模型就是用数学结构或标记(如专门的符号、图形等)和术语对现实世界中事物的特征、联系和行为进行抽象与模拟的模型。设计或构建模型的过程称为建模。

现实世界中的具体事物是不能被计算机直接识别和处理的,事先必须将事物的特征、联系和行为抽象成数据模型,即数字化;然后,将数据模型转换成某个数据库管理系统所要求的数据库的逻辑模型;最终,将逻辑模型映射成数据库的物理模型。所以,数据模型不仅是抽象和模拟事物的工具,也是构建数据库结构的基础和核心。因此,了解数据模型的基本概念、描述方法和建模过程是学习和设计数据库的基础。

在以数据模型为中心进行组织数据库结构的过程中,对数据模型构建的基本要求是数据模型应能真实地模拟现实世界,使之易于理解和便于在计算机上实现。

2. 数据模型的分类

在数据库技术中,从现实世界事物的信息到数据库存储的数据以及用户使用的数据是一个逐步抽象和组织数据模型的过程。根据抽象的级别,可将数据模型分为4种类型:概念模型、逻辑模型、外部模型和物理模型。

根据数据模型应用目的的不同,也可以将这些模型分为两大类:第一类是概念模型,第二类是结构模型,结构模型又分为逻辑模型和物理模型。第一类概念模型是面向应用领域,用来支持数据库设计者建立与现实世界相应的模型,以描述要开发的数据库所服务的应用领域。第二类结构模型是面向数据库系统本身,着重数据库数据结构的描述和组织,用来支持DBMS以建立数据库的模型。一个DBMS要提供一个数据模型,使用户能以更接近人们习惯的形态和更易于理解的方法来看待数据库。概念模型是结构模型的上层模型。

(1) 概念模型,又称信息模型或语义模型。它强调数据的语义表达;用于现实世界中某个应用领域,如企业、公司或部门等所涉及数据的建模;是描述用户观点下的信息结构,属于概念级的模型。概念模型是数据库的第一层抽象,主要用于数据库概念设计阶段。尽管目前尚无直接支持概念模型的DBMS,但是,可以将它比较方便地转换成数据库的逻辑模型。常用的概念模型是实体-联系模型(简称E-R模型)。

(2) 逻辑模型。它用于表达计算机观点下的数据库全局逻辑结构的模型;用来支持DBMS以建立数据库的模型。传统的逻辑模型有层次模型、网状模型、关系模型;后来发展起来的逻辑模型有面向对象的模型和对象关系模型。逻辑模型是数据库的第二层抽象,它由概念模型转换而来,主要用于数据库的逻辑设计阶段。

外部模型是面向应用程序员使用的数据库局部逻辑结构的模型,是数据库逻辑模型的子集。根据用户的应用要求,程序员可从逻辑模型中抽取数据构建多个外部模型,以满足应用程序的需要。外部模型主要用于程序设计阶段。

(3) 物理模型。它是面向数据库物理结构的模型,是数据库最底层的抽象。物理模型描述了数据在系统内部的组织形式、存取方式以及存储设备的特征。逻辑模型向物理模型转换由DBMS完成,一般用户不必考虑物理模型实现的细节。

4种数据模型的相互关系如图1.4所示。

数据库结构是基于数据模型的。数据模型的分级抽象过程也就是数据库设计过程,即数据库的设计分为3个阶段:概念设计、逻辑设计和物理设计。数据库的概念设计是从用户的需求出发设计数据库的概念模型。概念模型是否能真实地描述用户的需求,取决于设计者是否对需求数据有深刻的理解,需要设计者具有比较强的抽象和综合能力。设计概念模型是整个数据库设计过程中最重要的阶段,关系到数据库设计质量的优劣。数据库逻辑模型是由概念模型根据规则转换而成,可以由设计者完成,也可以用辅助工具软件协助设计者完成。数据库物理模型的建立基于逻辑模型,由DBMS完成。除了DBMS的设计人员要了解和选择数据库物理模型外,数据库使用者可以不必考虑物理模型的实现细节。总之,纵观数据库的整个设计过程,重要的是概念模型的设计,其次是到逻辑模型的转换。数据库设计的详细过程将在第5章中介绍。

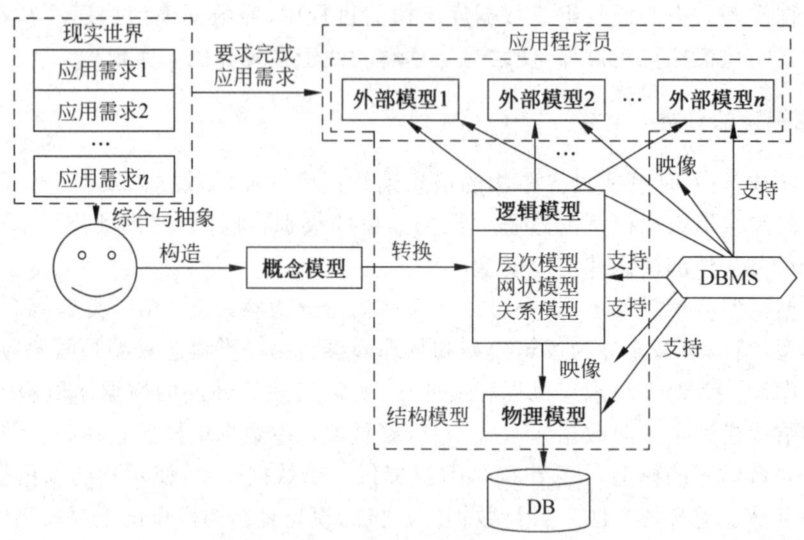

图 1.4 数据模型的相互关系

3. 数据模型的三要素

一个完整的数据模型应能准确地描述被建系统的静态特性、动态特性和完整性约束。因此,数据模型通常由数据结构、数据操作和数据完整性约束规则 3 个部分组成,即称为数据模型组成的三要素。

1) 数据结构

数据结构用于描述系统的静态特性。它描述数据库组成的对象本身的特征(如名字、类型、性质)及对象之间联系的关系。不同的数据模型采用不同的数据术语刻画对象类型,例如,关系模型中的关系、元组和属性/域;网状模型中的记录、记录值和数据项。对象之间的联系是数据模型的"黏合剂",反映对象之间的关联关系。例如,在关系模型中,以外来关键字属性或由它们组成的关系来表示联系;在网状模型中是以"系"来表示联系。

数据结构是构成数据模型结构的主体。因此,在数据库系统中,通常以数据结构的类型来命名数据模型或数据库,例如,层次模型数据库、网状模型数据库和关系模型数据库等。

2) 数据操作

数据操作是指施加于数据模型中数据的运算和运算规则。它用于描述系统的动态特性,反映事物的行为特征。为此,在数据模型中必须定义操作的含义、符号、规则以及实现操作的语言(包括数据定义、数据操纵和数据控制)。

数据库主要有两类操作:查询和更新(插入、删除、修改)。查询操作是最基本、最重要的操作,它是更新操作的基础。

3) 数据完整性约束规则

数据完整性约束规则是给定数据模型中数据结构和操作所具有的限制和制约规则。它用于限定符合数据模型的数据库状态及状态变化,保证数据的正确、有效、相容。简单地说,数据库的完整性约束规则可以保证不让"垃圾"数据进入数据库,不会发生因操作而产生语义不正确的数据。例如,关系模型中的 3 种数据完整性约束:实体完整性、参照完整性和用户定义完整性。

为了保证数据完整性约束的实施和实现，数据模型应该提供定义数据完整性约束条件的机制。相应地，在数据库系统中应提供完整性约束的定义语句，需要建立检查和控制数据完整性约束实现的功能子系统。

1.2.2　概念模型

概念模型是对现实世界事物抽象的模型，用来直接表达用户需求所涉及的事物及联系的语义。现在广泛采用的概念模型主要是实体-联系模型(简称 E-R 模型)，即用 E-R 图作为概念模型建模的工具。在概念模型中对数据的描述使用了 3 种主要术语：实体、联系、属性。下面首先介绍这 3 种术语，然后介绍概念模型的 E-R 图表示。

1. 概念模型的数据描述

概念模型的数据描述包括对事物特性的描述和事物之间联系的描述两个方面。

1）事物特性的描述

概念模型中对事物及其特性的描述要用到以下一些术语。

- 实体(Entity)：客观存在并可相互区别的事物称为实体。实体可以是具体的一个物体，如一个学生、一位顾客、一个商店、一辆汽车等；也可以是无形的东西，如导弹飞行的一种轨迹、飞机飞行的一条航线等；还可以是抽象的概念，如一项工作任务、一次讲课、一次借书等。
- 属性(Attribute)：实体所具有的某一种特性称为属性。实体的多种特性则可由若干个属性来描述，例如，学生实体可由学号、姓名、年龄、性别、系名等属性名组合起来描述。一个具体的学生就是由这些属性的一组具体的值来表示，例如，(201101，张三，20，男，计算机)。
- 实体集(Entity Set)/实体型(Entity Type)：属性相同的实体必然具有共同的特征。用实体名及属性名的集合抽象和描述同类实体称为实体型，例如，学生(学号，姓名，年龄，性别，系名)；同型的所有实体的集合称为实体集，即实体集由实体型来表示。在这种意义下，实体集与实体型同义。例如，全体学生就可以用上面的学生实体型来表示学生实体集。
- 属性的值域(Domain)：一个属性的取值范围称为该属性的值域，例如，学号的值域为 6 位整数，姓名的值域为 6 个字符组成的字符串等。
- 实体标识符(Identifier)：能唯一标识一个实体的属性或属性集称为实体标识符，也称为关键字(Key)或简称键和码。例如，学号就可作为学生实体的关键字。

2）数据联系的描述

现实世界中的事物不是孤立存在的，它们相互作用，彼此关联。在信息世界中，通常把这些关联称为实体集之间的“联系”(Relationship)。不仅不同实体集之间的各实体有联系，而且同一实体集中不同实体之间也有联系；还有，在实体内部的属性之间也有联系。

联系的类型可分为 3 类：一对一的联系、一对多的联系和多对多的联系。下面以两个实体集之间的联系(即二元联系)为例来说明这 3 类联系。

- 一对一的联系(1∶1)

如果实体集 A 中的每一个实体至多与实体集 B 中的一个实体有联系；反之亦然，则称

实体集 A 与实体集 B 具有一对一的联系，简记为 1∶1。

例如，驾驶员与汽车的驾驶联系、夫妻之间的婚姻关系、校长与学校的管理关系等都是一对一的联系。

- 一对多的联系(1∶n)

如果实体集 A 中的每一个实体与实体集 B 中的 n 个实体($n \geqslant 0$)有联系；反之，实体集 B 中的每一个实体与实体集 A 中至多只有一个实体相联系，则称实体集 A 与实体集 B 具有一对多的联系，简记为 1∶n。

例如，班主任与学生的管理联系、学校与教师、班级与学生的所属关系等都是一对多的联系。

- 多对多的联系(n∶m)

如果实体集 A 中的每一个实体与实体集 B 中的 m 个实体($m \geqslant 0$)有联系；反之，实体集 B 中的每一个实体与实体集 A 中 n 个实体($n \geqslant 0$)相联系，则称实体集 A 与实体集 B 具有多对多的联系，简记为 n∶m。

例如，学生与课程的选课关系、教师与学生的教学联系等都是多对多的联系。

实际上，3 种联系的关系是，一对一联系是一对多联系的特例，一对多的联系是多对多联系的特例。

就联系而言，与一个联系有关的实体集个数称为联系的元数。这样，联系的元数有一元联系、二元联系、三元联系等。

一元联系是指同一个实体集中各实体之间的联系。例如，班长与学生的联系形式就是学生实体集中的一元联系，其联系的类型是一对多的，即一个正班长管理本班的多个学生，本班的一个学生服从本班的班长所管理，但班长本身也是学生实体集中的一个实体。

三元联系是指一个联系与 3 个实体集相关联。例如，教学关系是学生、课程和教师这 3 个实体集之间的三元联系。一个教师为多个学生讲授多门课程，一门课程由多个教师讲授，可被多个学生所选修，一个学生可以选修由多个教师讲授的多门课程。这样，学生、课程和教师彼此之间的联系类型为多对多的。

实体内部各属性之间的联系类型也有一对一、一对多和多对多联系这 3 类。例如，当属性学号取一个值，则姓名就有唯一一个值与之对应；反之，在没有同名同姓的情况下，姓名取一个值，学号也有唯一一个值与之对应，那么，它们之间的联系就是一对一的联系类型。

2. 概念模型的 E-R 图表示

概念模型的建模方法有很多，其中最为常用的是 P. P. Chen 于 1976 年提出的实体-联系模型(Entity Relationship Model，E-R 模型)。这种方法主要采用直观的 E-R 图表示概念模型。在 E-R 图中，主要用 4 种基本图形符号分别表示实体集、联系、属性及它们之间的连接。

- 矩形框：表示实体集。框内写明各异的实体集的名字。
- 椭圆框：表示实体或联系的属性。其内写明属性名。若是实体标识符属性，则在名字下画横线表示。
- 菱形框：实体集之间的联系。其内也要标明联系名。联系本身也是一种实体集，也可以具有属性。

- 连线：用来连接矩形框、椭圆框、菱形框。在实体框与菱形框之间的连线旁，要标注联系的类型（1∶1，1∶n 或 n∶m）。

在图 1.5 中，用 E-R 图描述了上述有关两个实体型之间的 3 种联系、3 个实体型之间多对多的联系和一个实体型内部的一对多联系的例子。

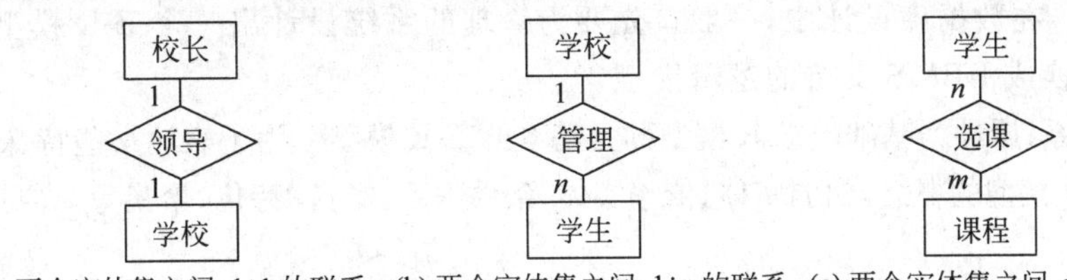

(a) 两个实体集之间 1∶1 的联系　(b) 两个实体集之间 1∶n 的联系　(c) 两个实体集之间 n∶m 的联系

(d) 实体集内部的实体之间 1∶n 的联系　(e) 3个实体集之间 n∶m 的联系

图 1.5　实体集及其之间联系的实例

假设图 1.5 中的 4 个实体集：学校、学生、教师、课程分别具有以下属性。

学校：名称、校长、地址、电话。

学生：学号、姓名、性别、年龄。

教师：姓名、性别、年龄、职称。

课程：课号、课名、学时。

这 4 个实体集的属性用 E-R 图表示，如图 1.6 所示。如果将这 4 个实体集按其联系的语义集成起来，就是一个关于学校教学管理的概念模型，如图 1.7 所示。在图 1.7 中，“学校”与“教师”两个实体集之间有两种联系“领导”和“属于”分别为 1∶1 与 1∶n 的；描述的语义是：学校的一个校长是由一名教师担任领导；一个学校有多名教师，一名教师只属于一个学校。注意，“管理”和“教学”的联系都有属性。

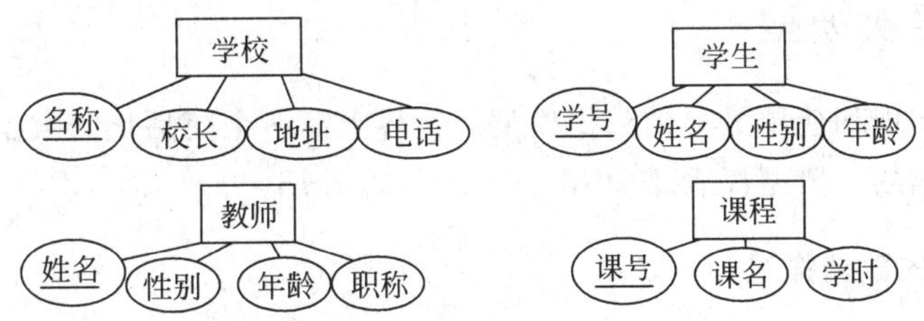

图 1.6　实体集的属性表示

图 1.8 是由图 1.6 和图 1.7 组合起来的一个完整的 E-R 图，用来表示关于学校教学管理的概念模型。

在实际应用中，如果概念模型中涉及的实体和实体的属性较多时，为了清晰起见，E-R 图往往采用如图 1.7 所示的绘制形式，突出表示实体与实体之间的联系；而将实体和属性的关系另外绘制一张如图 1.6 所示的 E-R 图。

E-R 模型是抽象和描述现实世界事物及其联系的有力工具。其明显的特点是：其一，接近人的思维、清晰明了地表达了事物及事物之间联系的语义，易于理解，用户容易接受，它是数据库设计者与用户交流的工具；其二，独立于 DBMS 和其他软件或硬件；其三，能比较方便地将它转换成数据库的结构模型，即它是构建数据库逻辑模型的基础，是数据库结构模型的上层模型。在数据库设计中，一般首先要为管理的系统设计出一个 E-R 模型，然后，再把 E-R 模型转换成 DBMS 支持的逻辑模型。

以实体、联系、属性为基础的 E-R 模型称为基本的 E-R 模型。为了表达某些特殊的语义，需要扩展基本 E-R 模型的概念，如弱实体、依赖实体、条件联系、概括/特化、聚集等，详见第 5 章。

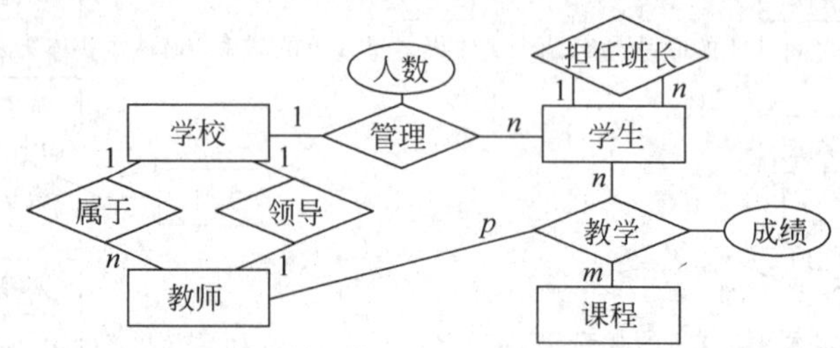

图 1.7　教学管理的实体和联系表示的 E-R 图

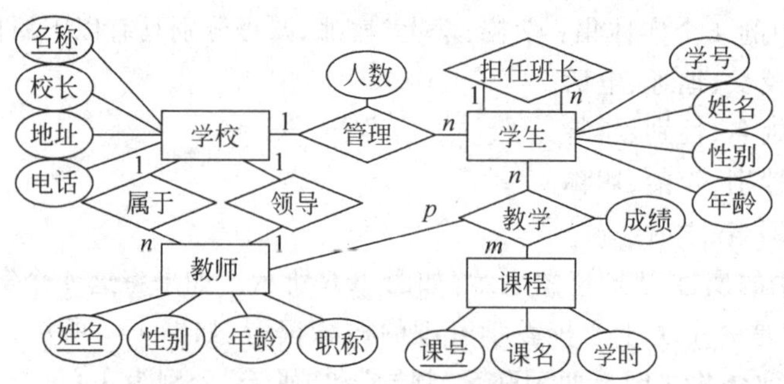

图 1.8　完整的学校教学管理的 E-R 图

1.2.3　层次模型

层次模型是出现和使用最早的数据模型。世界上第一个商品化的数据库管理系统就是采用层次模型构建的。典型代表是 IBM 公司研制的 IMS。

1. 层次模型的数据描述

与 E-R 模型中的基本术语实体、联系和属性相对应，层次模型数据描述的基本术语是记录、连接和字段/域。

(1) 记录型与记录。记录型是具有一定数量和排列的字段/域命名的集合，它完全类似于实体型。一个记录型的实例值称为记录，与实体相当。

(2) 连接。表示两个记录型之间的联系，相当于 E-R 模型中的二元联系型。其不同的是两记录型之间的联系类型只能是一对多的(包括一对一)。

(3) 字段/域。构成记录型的被命名的数据单位,它相当于 E-R 模型中的属性。每一个记录型由若干字段/域组成。

2. 层次模型的基本数据结构

用树型结构表示记录型及其记录型之间联系的数据模型称为层次模型。按照树的定义,层次模型的数据结构特征为:

- 有且仅有一个无父的节点,称为树的根。
- 除根以外的任意一个节点,有且仅有一个父节点。
- 任意一个节点(包括根节点)可以有零个或多个子节点,无子的节点称为树的叶子。

在层次模型数据库中,树有型与值之分。树型是由记录型为节点经连接组成的层次结构,父子节点之间的联系至多为 1∶n 的,图 1.9 就是一个例子。一个或多个这样的树型则组成一个层次数据库的数据模型。

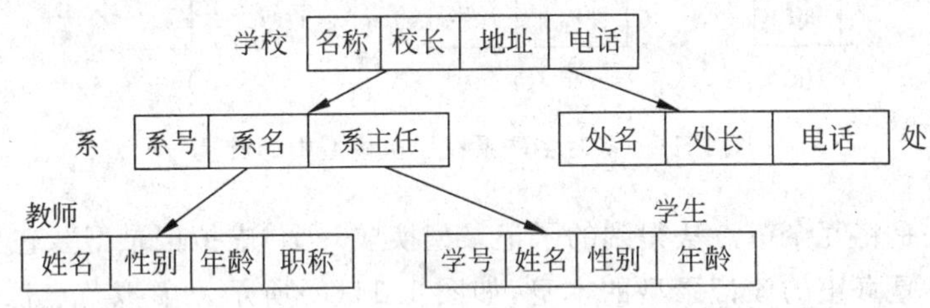

图 1.9 层次模型的树型结构

在图 1.9 表示的树型中,有 5 个名为"学校"、"系"、"处"、"教师"和"学生"的记录型,每个记录型由相应的命名字段构成;自上至下,用带箭头的连线连接组成记录型之间一对多的联系。

一棵实例树是对应树型的各个记录型中的记录值经连接而成的层次结构,图 1.10 是图 1.9 树型的实例树。一棵或多棵这样的实例树则构成数据库中相应的一个实例值。

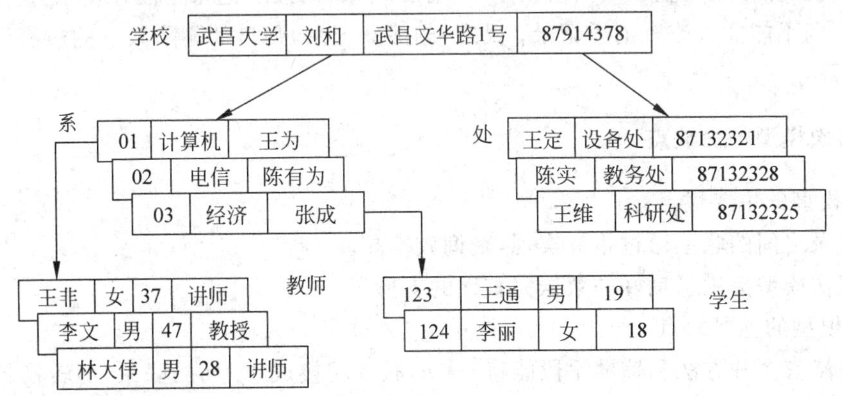

图 1.10 层次模型的实例树结构

3. 层次模型中多对多联系的表示

层次模型中限制父子记录型之间的联系只能是一对多的。怎样在层次模型中表示多对多的联系呢?采用将一个多对多的联系转换成两个一对多的联系,其方法有两种:冗余节点法和虚拟节点法。

冗余节点法是引入两个冗余节点将一个多对多联系转换成互为父子节点的两个一对多联系。例如,将图1.11(a)转换成图1.11(b)表示的两个一对多联系的层次结构,即一个以学生记录型为父节点、课程为子记录型的节点;而另一个则刚好相反,课程为父记录节点,学生为子记录节点,它们都是1∶n的联系。冗余节点法的优点是结构清晰,允许节点改变存储位置;缺点是需额外占用存储空间,会引起潜在的数据修改的不一致性;另外,转换成两个一对多联系的记录节点不能同在一个树结构中,这样它们各自的父子记录型节点如何安排也是个问题。

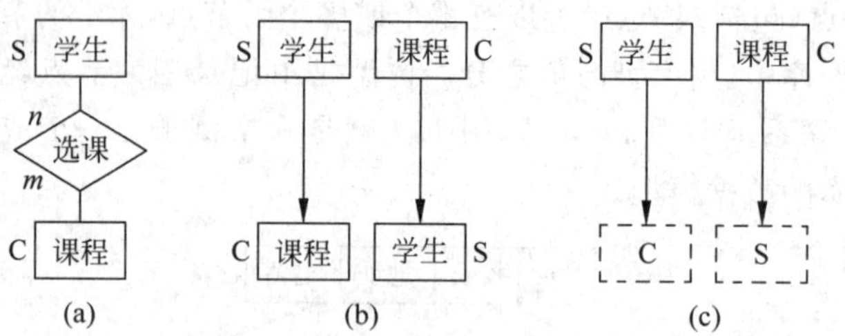

图1.11 多对多联系在层次模型中的转换

虚拟节点法是将冗余节点法得到的子记录型换成一个"虚拟记录型",它只是一个"指针型"的字段,而不是真正的该记录型的本身,如图1.11(c)所示。虚拟节点法优点是减少了存储空间的浪费,避免了潜在的数据修改的不一致性;缺点是节点存储位置的移动会引起相应指针的修改。

对于一个非树型的网状结构,也可以通过冗余节点法和虚拟节点法将其转换成等效的层次模型结构。

4. 层次模型数据完整性约束

层次模型操作的完整性约束规则是"没有父记录,则其子记录不能存在"。这就是说,没有父记录,则不能插入或查询子记录;反之,删除父记录,则自动删除其下的所有记录(不仅包括子记录)。

5. 层次模型的优缺点

层次模型的主要优点:

- 记录之间的联系通过指针实现,查询效率高。
- 层次模型提供了良好的数据完整性的支持。

层次模型的主要缺点:

- 虽然有多种方法和辅助手段能将n∶m联系转换成1∶n的联系,但转换较复杂,用户不易掌握。
- 层次模型的层次性和顺序性较为严格且复杂,引起查询和更新操作也较为复杂,因此应用程序的编写相应也比较复杂。
- 数据的独立性较差。
- 基本不具备代数基础和演绎功能。

1.2.4 网状模型

网状模型也是一种较早出现的数据模型，是 20 世纪 70 年代曾经流行的数据库数据模型，其典型代表是由数据库语言协会下属的数据库任务小组 DBTG 提出的一种网状数据模型，即简称为 DBTG 模型。

1. 网状模型的数据描述

与层次模型一样，网状模型中也使用记录型、字段/域、连接基本数据的描述术语。网状模型中每个节点由记录型表示，每个记录型可包含若干个字段，节点之间用有向线连接表示记录型之间的父子联系；发出的有向边的记录型节点称为“父”，有向边进入的记录型节点称为“子”。

2. 网状模型的数据结构

网状模型将记录型节点组成“网”(Network)结构。与层次模型结构相比，网状模型结构的明显特征是任一个节点可以有 0 个或多个父节点和多个子节点，且父子节点之间可以有多种联系。实际上层次结构是网状结构的特例。因此网状模型可以更直接地描述现实世界。

网状数据结构有多种，主要表现在对各种联系的表现能力上，如图 1.12 所示。其中图 1.12(a)是一个简单网状结构，表示了记录型“教室”、“院系”和“学生”之间，以及“院系”与“教研室”、“教研室”与“教师”之间 1∶n 联系。图 1.12(b)是一种复杂网状结构，表示了“教师”与“学生”记录型之间的 n∶m 联系。图 1.12(c)是一种简单环形网状结构，它表达了 1∶n 的“职工”管理联系，即多个“职工”可由一个职工管理，该管理的职工也是职工一员。图 1.12(d)是一种复杂环形网状结构，它表达“零件”之间的 n∶m 联系，即由多种零件装配而成的零件，又可以装配在多种零件上。

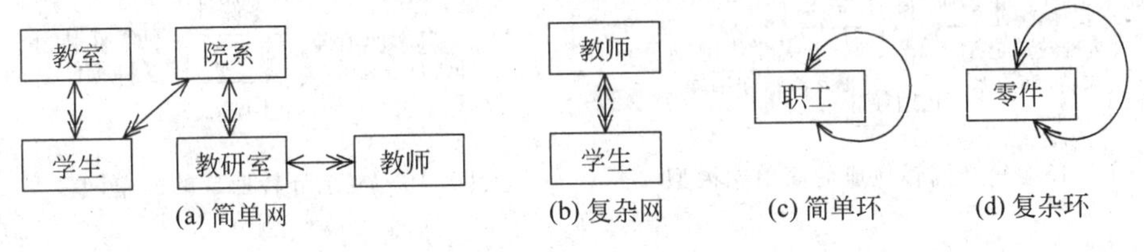

图 1.12　多种网图

使用最为普遍的 DBTG 网状模型是一种简单的网状模型，它要求记录型之间的联系类型至多是 1∶n；与复杂网状模型主要区别是不允许 n∶m 联系。图 1.13 和图 1.14 所示是一种简单的网状模型的记录型和实例值的结构。从模型定义可以看出，父子记录型节点之间联系型可以不唯一，因此要为每个联系命名，如图 1.13 中有“R”和“P” 两个联系型，在图 1.14 中对应就各有“r_1”和“r_2”、“p_1” 和“p_2”两个联系值。

3. 到简单网状模型的转换

如何将复杂网状模型中多对多联系与自回路结构转换成等价的简单的网状模型？采用

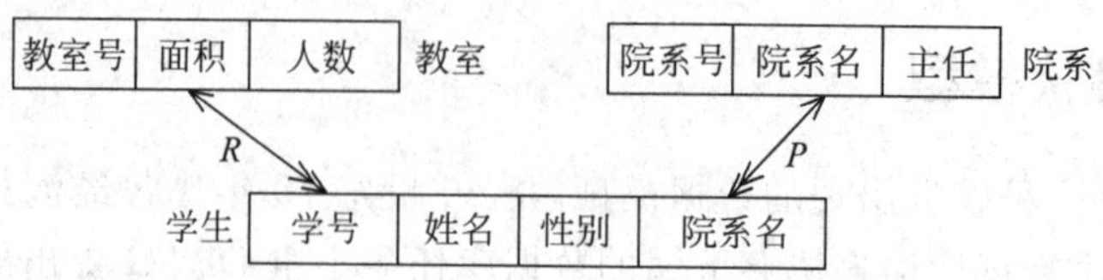

图 1.13 简单网状模型的记录型结构

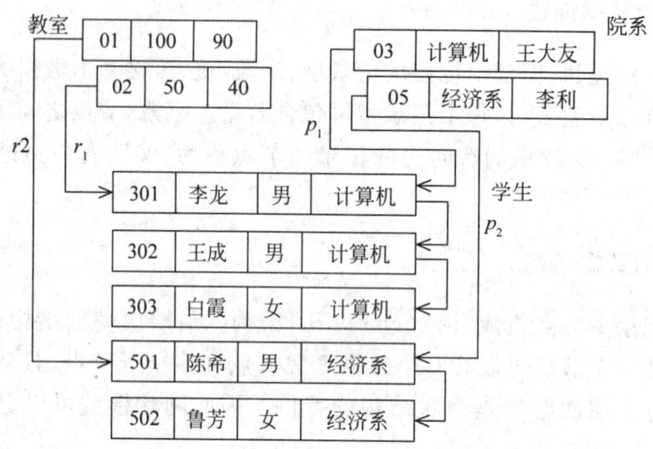

图 1.14 简单网状模型的记录值结构

的方法是引入一个中间联系记录型(即为联系记录型),并用两个一对多联系替换一个多对多联系。例如,在图 1.12(b)中的"教师"与"学生"中间引入一个"指导"记录型,可以用两个一对多联系替换多对多联系,如图 1.15 所示。

图 1.16 是由图 1.12(d)转换而来,引入一个"构件"记录型,它由多个"零件"装配而成,又作为零件装配在多种"零件"中。

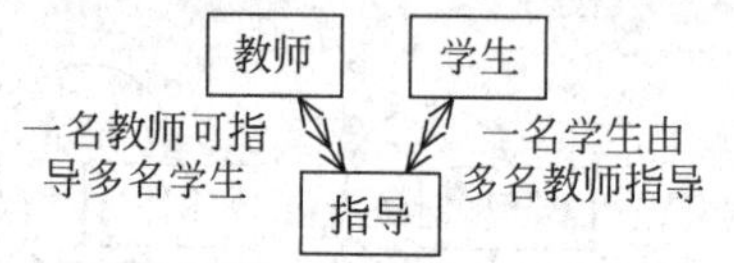

图 1.15 复杂网转换成的简单网模型

图 1.16 复杂环转换成的简单网模型

4. 网状模型的操作与约束条件

网状模型中的插入操作比层次模型插入操作更为灵活,不仅允许直接插入父节点的值,而且也允许插入尚未确定父节点值的子节点值。例如,图 1.12(a)中可增加一名尚未分配到某个教研室的教师。

在 DBTG 系统中,通过定义记录码保证不允许有重复值的记录码的记录插入数据库。比如,学号是记录码,因此数据库中不允许有重复的学号值。

有的网状模型数据库系统允许删除父节点值,而子节点值仍然保留。例如,图 1.12(a)中可删除一个教研室,但该教研室的教师信息仍保留在数据库中。有的网状模型数据库系统允许删除父节点值,子节点值也一起删除。

查询方法有多种，可根据具体情况选用。一般来说，网状模型没有层次模型那样严格的完整性约束条件，但具体的网状模型数据库系统（如 DBTG）对数据操作做了一定的限制，提供了一定的完整性约束。

5．网状模型的主要优缺点

网状模型的主要优点：

- 记录之间的联系通过指针实现，因此查询效率较高。
- 节点之间可以是 $n:m$ 联系，它更能直接地描述现实世界。

网状模型的主要缺点：

- 记录之间的联系通过存取路径实现，记录的插入、删除操作复杂，编程时，用户必须了解数据结构的细节，这就加重了程序员编写程序的负担。
- 记录之间的联系复杂性也导致了用定义语言（DDL）定义其数据结构的复杂性，同时也增加了用户查询时对记录定位的难度。
- 基本不具备代数基础和演绎功能。

1.2.5 关系模型

关系模型是目前使用最为广泛的数据模型。关系数据库系统就是采用关系模型构建数据库的。自 20 世纪 80 年代以来，计算机厂商推出的数据库管理系统几乎都支持关系模型。其典型代表有 Oracle、DB2。

关系技术最早由 E. F. Codd 于 1970 年引入数据库领域。他提出了数据的关系表示与物理实现的独立；给出了关系模型的严格定义及逻辑数据库结构的规范化标准，并且在关系的数学定义的基础上，提出了实现独立的数据库操纵的非过程化操纵语言，该语言集数据库的数据定义、数据操纵和数据控制于一体。使用方便灵活，不过分依赖于数据结构的细节。这些主要优点使得关系型 DBMS 成为当今实用系统的主流。

本书重点介绍关系数据库系统，这里只简单介绍关系模型的一些基本概念，以下各章将围绕关系数据库系统进行详细讨论。

1．关系模型的数据描述

关系模型使用自己的一套术语，其基本术语有属性、元组、关系、关系模式等。它的基本数据结构称为关系，一个数据库由若干关系组成；一个关系的数学定义就是元组的集合，其逻辑结构的形式描述称为关系模式。组成元组的分量称为属性值，属性所能取值的范围就是域。一个关系或属性都必须唯一命名。

2．关系模型的数据结构

在用户看来，一个关系的数据结构就是一个规范的二维表，它由行、列组成。例如图 1.17 给出了关于学生记录关系的一个二维表。简单地说，用二维表格（关系）表示实体和实体间联系的模型称为关系模型。

下面就以图 1.17 表示的二维表格为例，介绍关系模型中的一些术语。

- 关系（Relation）：一个关系对应图 1.17 中的一张二维表。关系的命名可取表名。

- 元组(Tuple)：表中的一行即为一个元组，如图 1.17 所示给出了 4 个元组。一个元组代表一个实体。元组集合为关系的值。
- 属性(Attribute)：表中的一列即为一个属性，给每一列取一个名称即为属性名。如图 1.17 中有 5 个属性名(学号，姓名，年龄，性别，专业)。
- 域(Domain)：属性的取值范围，如人的年龄一般在 1～100 岁；性别的域是(男，女)；专业的域是学校所设专业名的集合。

注意：属性与域是两个不同的概念，一个域可以对应多个属性，一般一个属性唯一对应一个域。

- 分量：元组中某一个属性的值。
- 关键字(Key)：能唯一标识一个元组的属性或属性集。图 1.17 中的属性学号就可作为关键字，每一个学生学号都互不相同，它能唯一标识一个学生。
- 关系模式：关系名加上属性名的列表就是关系模式，它是对关系型的描述。

关系模式一般记为 $R(A_1, A_2, \cdots, A_n)$，其中 R 为关系名；A_i 为属性名。

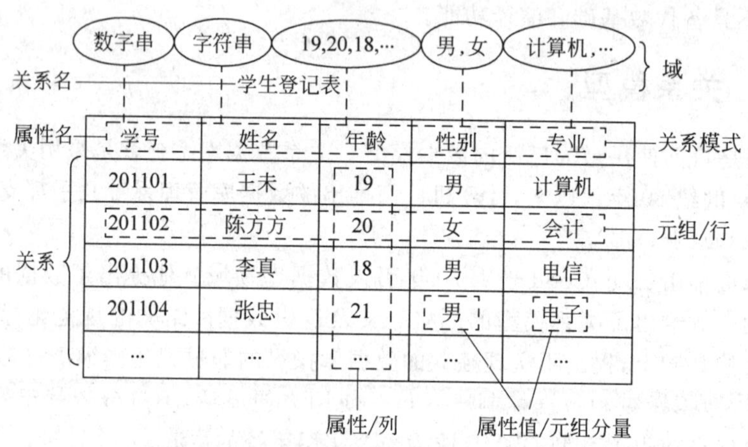

图 1.17 关系的二维表结构

例如，图 1.17 中的二维表可用关系模式描述为学生(学号，姓名，年龄，性别，专业)。

在关系模型中关系不仅可以描述实体，还可以直接表示实体之间的联系 1∶1，1∶n，n∶m。

关系数据库要求关系必须是规范化的，即要满足一定的规范条件。最基本的规范条件是：关系中的每列必须是不可再分的基本数据项，即不允许有组合项。通俗地说，不允许表中嵌套表。如表 1.1 中的表格就不符合要求，其中"出生日期"是一个组合项，它由"年"、"月"、"日"3 个数据项组成，即表中又嵌套了子表。

表 1.1 具有嵌套的表格结构

学号	姓名	性别	专业	出生日期		
				年	月	日
201101	陈长	男	计算机	1990	2	18
201102	李江	男	经济	1991	4	23
…	…	…	…	…	…	…

关系的数学定义将在第 2 章介绍。

最后，作为关系概念的小结，将关系、二维表与通常的文件的有关术语作一对照，如表 1.2 所示。

表 1.2 术语对照表

关 系	二 维 表	文 件
关系名	表名	文件名
关系模式	表头	记录型
关系实例集	表体	文件
元组	行	记录
属性名	列名	字段名
属性值/分值	列值	字段值

3. 关系模型的操作与完整性约束

关系模型的操作主要有查询和更新操作（输入、删除、修改），其中查询是最重要、最基本的操作，它是更新操作的基础。

关系模型的操作具有严格的数学基础，对它的每种操作都可以用关系代数表达式或关系元组演算式和关系域演算式表达出来。其主要的操作特点：其一，一次操作可以存取多个元组，而不是像网状数据库系统那样一次操作只能存取一个记录；其二，隐蔽存取数据的路径，使操作语言具有非过程化特点，即用户只需告诉数据库做什么，而无须告诉数据库怎样做。关系操作的这些特点有力地增强了系统功能和数据独立性，提高了使用的方便性，简化了程序设计。关系的数学运算和操作语言将分别在第 2 章和第 3 章中详细介绍。

关系模型为关系的操作提供了三类数据完整性的控制，包括实体完整性、参照完整性和用户定义完整性。这三类完整性的约束和控制将在第 6 章中详细介绍。

4. 关系模型优缺点

关系模型的主要优点：

- 用关系简单、灵活地表达实体及其之间的各种联系，包括 1∶1，1∶n，n∶m。而且关系是直观的二维表结构，使用户易懂易用。
- 关系模型有严格的数学基础和操作的代数性质。与一阶谓词逻辑在理论上密切相关，易于开发为演绎数据库。
- 关系模型的物理存取路径对用户是不可见的，这样不仅为存取数据提供了非过程化的操作，减少了数据库建立和开发的工作量。而且使数据的独立性更高、安全保密性更好。

关系模型的主要缺点：

- 关系模型数据库的运行效率不高。主要原因：其一，由于具有较高的数据独立性，因而不得不花费大量的时间处理存于文件中的数据与给定的关系模式之间的映射；其二，当组合查询多个关系模式中的数据时，需要花费较大的开销去执行一系列的连接操作。为了提高运行效率，必须要做许多优化工作，这样也会增加开发数据库管理系统的负担。

- 不能直接描述复杂的数据对象和数据类型。例如，难以描述图像、声音、超文本等复杂的对象；难以表达工程、地理、测绘等领域一些非格式化的数据定义；语义的建模能力也很弱。

1.3 数据库系统结构

在一个数据库系统中，往往会有多个不同的用户以不同的观点看待和使用数据库。从数据库的最终用户的角度看，数据库系统的使用方式可分为集中式、分布式、客户机/服务器方式等。从重视数据库的组织和结构构成的用户来看，数据库系统通常分为三级模式和两级映像结构。

1.3.1 数据库系统的体系结构

数据库系统的体系结构是指最终用户所看到的数据库系统使用方式下的结构形式，可分为集中式、分布式、客户机/服务器等。

1. 集中式数据库系统结构

集中式数据库系统结构就是在单个计算机上实现的数据库系统。根据操作系统是支持单用户还是多用户，集中式数据库系统可分为单用户和多用户数据库系统。

1）单用户数据库系统

在单用户数据库系统中，数据库、DBMS和应用程序都装在一台计算机上，由一个用户独占，并且系统一次只能处理一个用户的请求。因而系统没有必要设置并发控制机制；故障恢复设施可以大大简化，仅简单地提供数据备份功能即可。这种系统是一种早期最简单的数据库系统，现在越来越少见了。

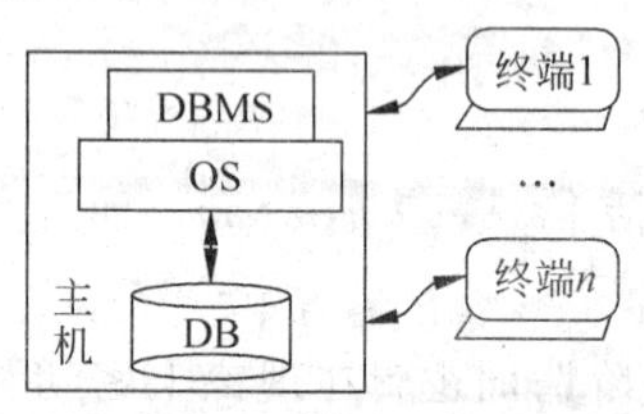

图1.18　集中式的数据库系统体系结构

2）多用户数据库系统

多用户数据库系统指在一个主机中集中存放数据库、DBMS和应用程序，供多个与之相联系的终端用户并发地共同使用数据库，由一个处理机同时处理多个用户事务的活动，如图1.18所示。数据的集中管理并服务于多个任务减少了数据冗余；应用程序与数据之间有较高的独立性。但对数据库的安全和保密、事务的并发控制、处理机的分时响应等问题都要进行处理。使得数据库的操作与设计比较复杂，系统显得不够灵活，且安全性也较差。

2. 分布式数据库系统结构

分布式数据库系统结构是指数据库被划分为逻辑关联而物理分布在计算机网络中不同场地(又称节点)的计算机中，并具有整体操作与分布控制数据能力的数据库系统，如图1.19所示。

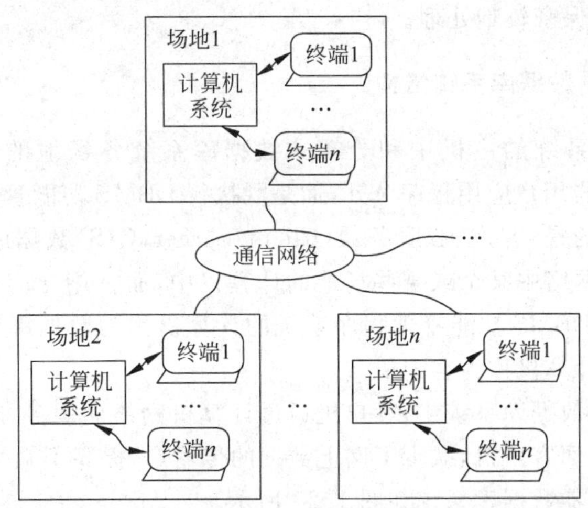

图 1.19　分布式数据库系统体系结构

在分布式数据库系统中，一般每个场地是一个集中式数据库系统，它们都有独立处理能力并能完成局部应用；而每一个场地的系统也参与全局应用程序的执行，全局应用程序可通过网络访问系统中多个场地的数据。

分布式数据库系统的特点：

- 分布性：数据库中的数据分布地存储在不同的场地(有别于集中式数据库)。
- 自治性：每个场地都是一个自主独立的数据库系统，即为集中式数据库系统(有别于分散式数据库)。
- 全局性：各自治站点协同工作使数据库逻辑上成为一个整体，以支持各用户的全局应用(有别于网络的分散式数据库)。

例如，银行中的多个支行在不同的场地，一个支行的借贷业务可以通过访问本支行的账目数据库就可以处理，这种应用称为“局部应用”。如果在不同场地的支行之间进行通兑业务或转账业务，这样要同时更新相关支行中的数据库，这就是“全局应用”。

分布式数据库系统与集中式数据库系统相比有以下优点：

- 可靠性高，可用性好。由于数据是复制在不同场地的计算机中，当某场地数据库系统的部件失效时，其他场地仍可以完成任务。
- 适应地理上分散而在业务上需要统一管理和控制的公司或企业对数据库应用的需求。
- 局部应用响应快、代价低。可以根据各类用户的需要来划分数据库，将所需要的数据分布存放在他们的场地计算机中，便于快捷响应。
- 具有灵活的体系结构。系统既可以被分布式控制，又可以被集中式处理；既可以统一管理同系统中同质型数据库，又可以统一管理异质型数据库。

分布式数据库系统的缺点：

- 系统开销大，分布式系统中访问数据的开销主要花费在通信部分上。
- 结构复杂，设计难度大，涉及的技术面宽；如数据库技术、网络通信技术、分布技术和并发控制技术等。

• 数据的安全和保密较难处理。

3. 客户机/服务器数据库系统结构

在集中式数据库系统的主机中和分布式数据库系统各场地的计算机中,都没有将DBMS功能管理程序与用户应用程序分开,而是既执行DBMS功能管理程序又执行用户应用程序。与它们不同的是,客户机/服务器(Client/Server,C/S)数据库系统将DBMS功能管理程序单独存放到网络中某个或某些场地的计算机中,而将用户应用程序安装到其余场地的计算机中。安装DBMS功能管理程序系统的计算机称为数据库服务器,简称服务器;存储用户应用程序的计算机称为客户机。

在客户机/服务器数据库系统中,客户机通过计算机网络向服务器发出计算请求,服务器经过计算,将结果返回客户机,减少了网上数据的传输量,提高了系统的性能、吞吐量和负载能力。客户机/服务器数据库系统如图1.20所示。

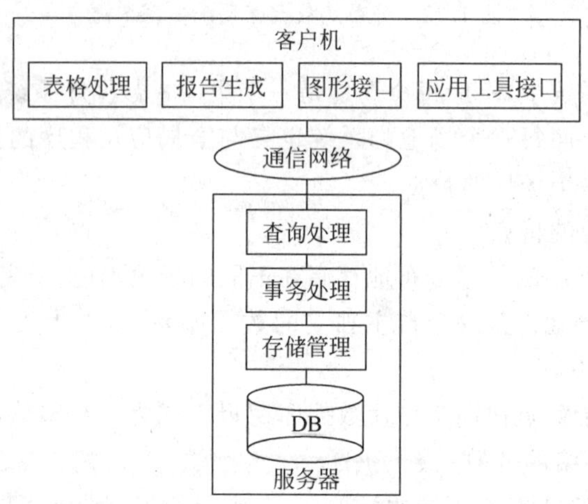

图1.20 客户机/服务器数据库系统体系结构

客户机也称为系统前端,主要由一些应用程序构成,例如,图形接口、表格处理、报告生成、应用工具接口等,实现前端应用处理。数据库服务器可以同时服务于各个客户机对数据库的请求,包括存储结构与存取方法、事务管理与并发控制、恢复管理、查询处理与优化等数据库管理的系统程序,主要完成事务处理和数据访问控制。

客户机/服务器体系结构的好处是支持共享数据库数据资源,并且可以在多台设备之间平衡负载;允许容纳多个主机,充分利用已有的各种系统。

现代客户机和服务器之间的接口是标准化的,如ODBC或其他API。这种标准化接口使客户机和服务器相对独立,从而保证多个客户机与多个服务器连接。

一个客户机/服务器系统可以有多个客户机与多个服务器。在客户机和服务器的连接上,如果是多个客户机对一个服务器,则称为集中式客户机/服务器数据库系统;如果是多个客户机对应多个服务器,则称为分布式客户机/服务器数据库系统。分布的服务器系统结构是客户机/服务器与分布式数据库的结合。

1.3.2 数据库系统的三级模式结构

数据库本身的系统结构是依据数据模型组织起来的。在 1.2 节中,详细地介绍了从用户的应用程序到数据库物理层,数据库的模型依次分为 3 个层次:外部模型、逻辑模型和物理模型,如图 1.4 所示。这 3 个层次的模型必须要用数据库的数据定义语言(DDL)定义,主要定义数据的名字、类型、取值范围和约束条件。经定义后的模型称为"模式"(Schema),即对应就有外模式、逻辑模式和内模式。将这 3 个层次的模式结构称为"数据库的三级模式结构",如图 1.21 所示。

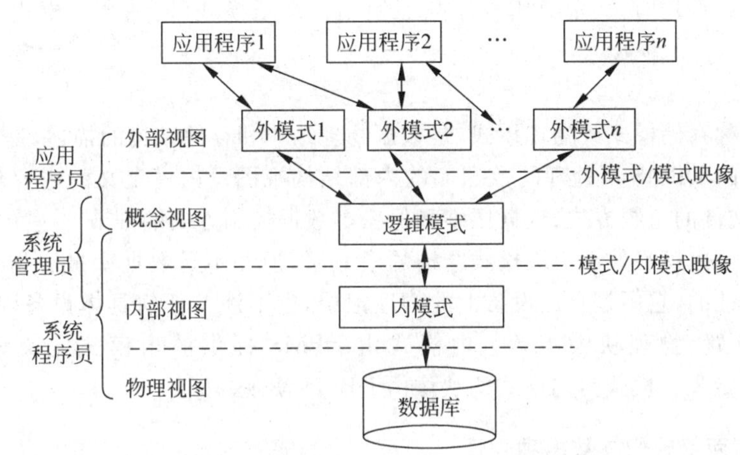

图 1.21 数据库的三级模式及两级映像结构

尽管现在数据库的产品多种多样,它们支持不同的数据模型,使用不同的数据库语言,在不同的操作系统下工作,但是大多数据库系统在总体结构上都具有三级模式和两级映像结构的特征。

1. 三级模式结构

数据库三级模式体系结构是指数据库结构由外模式、逻辑模式和内模式 3 级构成。它们分别表示数据库系统中不同用户的数据视图。

1) 逻辑模式

逻辑模式也称概念模式或简称模式,它是数据库中全部数据的整体逻辑结构和特征的描述,是所有用户的公共数据视图。模式实际上是一个数据库所采用的数据逻辑模型的数据结构的具体体现,即将数据逻辑模型用 DBMS 提供的模式定义语言(Schema DDL)定义而成。其主要定义数据逻辑结构,包括数据项的名称、类型、取值范围、数据之间的联系,以及对数据完整性和安全性要求等。

一个数据库只有一个模式。模式在数据库三级模式体系结构中处于中间层级,它的上一层是外模式层,下一层是内模式层,因此,在定义模式时,不涉及数据的存储结构、存取方法以及设备特征等;也与所使用的开发语言和应用工具及应用程序无关。

2) 外模式

外模式也称子模式或用户模式,它是应用程序员所见到的数据库局部数据的逻辑结构和特征的描述,也是数据库应用用户的数据视图,是与某一应用相关数据的逻辑表示。每一个用户可以从已定义的模式中抽取所需数据,并利用 DBMS 提供的子模式定义语言(Subschema DDL)来定义子模式,即若干子模式都可以从模式中导出,子模式是模式的逻辑子集。

一个数据库可以有多个不同的子模式。子模式处于数据库三级模式结构的最上层,是最接近应用用户的一层。由于各个用户依据应用要求在看待数据处理方式上可能存在差异,以及对数据保密要求也可能不同,因此允许用户在定义子模式时,与模式中相关数据的名称、次序、类型、长度等可以不同。子模式与模式之间这种差别的映像(即对应关系)由 DBMS 实现。在使用时,一个应用程序只能使用一个子模式,同一个子模式可以为多个应用程序所共享。

3) 内模式

内模式又称存储模式或物理模式,是数据物理结构和存储结构的描述,是数据库管理员所见到的特定的 DBMS 所处理的数据库的内部结构视图。内模定义的内容包括内部记录类型、索引和文件的组织方式、数据压缩和保密等数据控制方面的细节。一个数据库只有一个内模式。一个内模式处于三级模式结构的最底层,但并不是数据库最底物理层。内部记录仍然是逻辑性的,它不是存储设备上的物理记录,也不涉及任何具体设备限制,如磁盘的磁道或扇区位置、物理块大小等。内模式由 DBMS 提供的内模式定义语言(Internal Schema DDL)定义。模式与内模式的映像由 DBMS 实现。

2. 数据库两级映像与数据独立性

数据库三级模式是以数据库逻辑模型为依据,在 DBMS 支持下对相关用户数据视图的具体描述。并且允许外模与模式和模式与内模式之间的数据描述可以不一样,其对应关系称为映像。数据库两级映像指外模式/模式映像和模式/内模式映像。

数据库三级模式和两级映像结构的好处如下所述。

1) 极大地减轻了用户的技术压力和工作负担

三级模式结构使得数据库结构的描述与数据结构的具体实现相分离,从而使用户可以只在数据库逻辑层上对数据进行描述,而不必关心数据在计算机中的具体组织方式和物理存储结构;将数据的具体组织和实现的细节留给 DBMS 去完成。使用户在各自的数据视图范围内从事描述数据的工作,不必关心数据的物理组织,这样就可以减轻用户的技术压力和工作负担。

2) 使数据库系统具有较高的数据独立性

数据独立性是指应用程序和数据库的数据结构之间相互独立,互不影响。在修改数据结构时,尽可能不修改应用程序。数据独立性分为逻辑独立性和物理独立性。

外模式/模式映像对于每一个外模式都有一个外模式/模式映像,反映外模式与模式之间的数据不同描述的对应关系。如果模式要进行修改,例如,增加数据项和新的关系等,由系统管理员修改相应的外模/模式映像,使外模式尽可能保持不变,从而应用程序也不会被修改,保证了数据的逻辑独立性。

模式/内模式映像反映模式与内模式之间的数据不同描述的对应关系。

数据库中模式和内模式只有一个,因此模式/内模式的映像也只有一个。如果内模式要修改，即数据库存储设备和存取方法有所变化，那么只要模式/内模式映像由系统管理员做相应的修改，使模式尽量保持不变，从而保证了数据的物理独立性。当然外模式和应用程序也能尽量保持不变。

要注意的是，数据库三级模式和两级映像结构是在 DBMS 支持下实现的。三级模式结构仍然是逻辑的，内模式到物理模式的转换是由操作系统的文件系统实现的。从数据使用的角度来看，可以不考虑这一级的转换，这样可将数据库的内模式与物理模式合称为内模式或物理模式或存储模式。

1.4　数据库管理系统

数据库管理系统（DBMS）是数据库系统管理数据的核心软件。它集数据库的建立、使用和维护于一体，支持用户对数据库的应用，负责对数据库统一管理和控制。用户对数据库的一切操作，包括定义、查询、更新及各种控制，如数据完整性、安全性、事务并发、数据恢复等控制工作，都是通过 DBMS 执行的。

DBMS 的核心功能就是提供外模式、模式、内模式描述机制及三级之间的映像功能，使得用户能逻辑地、抽象地处理数据而无须顾及数据在计算机内的存储细节，保证最终用户对逻辑数据的存取能逐步转换成对存储设备上物理数据的存取。

1.4.1　DBMS 的功能

不同的 DBMS 对计算机硬件环境和软件环境的要求是不同的，其功能和性能也可能存在一定的差异。一般来讲，DBMS 主要具备以下几个方面的功能。

1. 数据库定义功能

DBMS 提供数据定义语言（DDL）定义数据库三级模式结构，包括外模式、模式、内模式及其相互之间的两级映像，定义数据完整性和安全性等约束，并存于数据字典中。

2. 数据库的操作功能

DBMS 提供数据操纵语言（DML）实现对数据库中数据操作，包括查询和更新（插入、删除、修改）操作。

3. 数据库运行管理功能

数据库运行管理是 DBMS 对整个数据库系统运行的控制，包括对用户存取控制、数据安全性和完整性检查、实施对数据库数据的查询、插入、删除以及修改等操作。

4. 数据组织存储管理功能

数据库中存储有多种数据，如用户数据、数据字典、存取路径等，需要 DBMS 分类组织、存储和管理这些数据，确定用户所需数据的文件结构和存取方式，并将用户的存取数据的 DML 语句转换成操作系统的文件系统命令，以便由操作系统存取磁盘中数据库的数据。

5. 数据库的维护功能

数据库维护主要包括初始数据的装载、运行日志、数据库性能的监控、在数据库性能变坏或需求变化时的重构与重组、备份以及当系统硬件或软件发生故障时数据库的恢复等。

6. 数据通信接口

数据库管理系统的数据通信负责处理数据的传送。这些数据可能来自于应用系统、远程终端、其他 DBMS 或文件系统,因此 DBMS 必须提供与这些数据相连接的通信接口,以便于相互通信。这一部分功能需与操作系统、数据通信管理系统协同实现。

1.4.2 DBMS 组成

从程序的角度看,DBMS 组成实际上是完成上述诸功能的程序集合。不同的 DBMS 所包含的程序模块不尽相同,但大体上可划分为以下几个部分。

1. 语言编译处理程序

语言编译处理程序包括:

1) 数据定义语言(DDL)翻译程序

DDL 翻译程序将用户定义的子模式、模式、内模式及其之间的映像和约束条件等这些源模式翻译成对应的内部表和目标模式。这些目标模式描述的是数据库的框架,而不是数据本身。它们被存放于数据字典中,作为 DBMS 存取和管理数据的基本依据。

2) 数据操纵语言(DML)翻译程序

DML 翻译程序编辑和翻译 DML 语言的语句。DML 语言分为宿主型和交互型。DML 翻译程序将应用程序中的 DML 语句转换成宿主语言的函数调用,以供宿主语言的编译程序统一处理。对于交互型的 DML 语句的翻译,由解释型的 DML 翻译程序进行处理。

2. 数据库运行控制程序

数据库运行控制程序主要有:

(1) 系统总控程序。控制、协调 DBMS 各程序模块的活动。

(2) 存取控制程序。包括核对用户标识、口令;核对存取权限;检查存取的合法性等程序。

(3) 并发控制程序。包括协调多个用户的并发存取的并发控制程序、事务管理程序。

(4) 完整性控制程序。核对操作前数据完整性的约束条件是否满足,从而决定操作是否执行。

(5) 数据存取程序。包括存取路径管理程序、缓冲区管理程序。

(6) 通信控制程序。实现用户程序与 DBMS 之间以及 DBMS 内部之间的通信。

3. 实用程序

实用程序主要有初始数据的装载程序、数据库重组程序、数据库重构程序、数据库恢复程序、日志管理程序、统计分析程序、信息格式维护程序以及数据转储、编辑等实用程序。数据库用户可以利用这些实用程序完成对数据库的重建、维护等各项工作。

1.4.3　DBMS 工作过程

在数据库系统中，当用户或一个应用程序需要存取数据库中的数据时，应用程序、DBMS、操作系统、硬件等几个方面必须协同工作，共同完成用户的请求，这一过程较为复杂。下面以一个程序 A 通过 DBMS 读取数据库中的记录为例来说明这个过程，如图 1.22 所示。

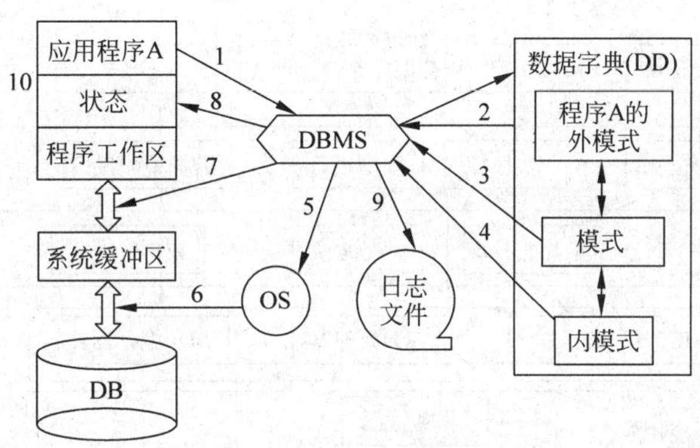

图 1.22　DBMS 存取数据操作过程

(1) 应用程序 A 中一条读记录的 DML 语句被执行时，立即启动 DBMS，并且把记录命令转给 DBMS。

(2) DBMS 按语句中的外模式名并从 DD 中调出 A 的外模式，检查该操作是否在合法的授权范围内，决定是否执行命令。

(3) 在决定执行命令后，DBMS 调出模式，根据外模式/模式映像定义，把外模式的外部记录格式转换成模式中的记录格式，确定模式应读入哪些记录。

(4) DBMS 调出内模式，依据模式/内模式映像定义，并把模式的记录格式转换成模式的内部记录格式，确定模式应从哪些文件、用什么样的存取方式、读入哪些物理记录以及相应的地址信息。

(5) DBMS 向操作系统发出从指定地址读取物理记录的命令。

(6) 操作系统执行命令并把记录从数据库读入到操作系统在内存中的系统缓冲区，并送入到数据库缓冲区，当操作结束后向 DBMS 做出回答。

(7) DBMS 收到操作系统结束的回答后，按模式、外模式定义，将系统缓冲区的记录转换成用户所需的逻辑记录格式，并送到应用程序 A 的工作区。

(8) DBMS 向应用程序的状态信息区送反映命令执行情况的状态信息，如“成功”或“数据未找到”等。

(9) DBMS 向日志数据库写入有关读记录的信息，如读取数据用户名、时间等，以便以后查询数据库的使用情况。

(10) 应用程序检查状态信息，如果成功，则对工作区中数据作正常处理；如果失败，则决定下一步如何执行。

通过此例,可以看出 DBMS 在应用程序与操作系统之间,利用外模式、模式、内模式的数据描述和各级模式之间的映像在数据操作过程所起的作用。

1.5 数据库系统的组成

所谓数据库系统(DBS)就是采用了数据库技术的计算机系统。它主要由数据库、硬件、软件和人员组成,如图 1.23 所示。

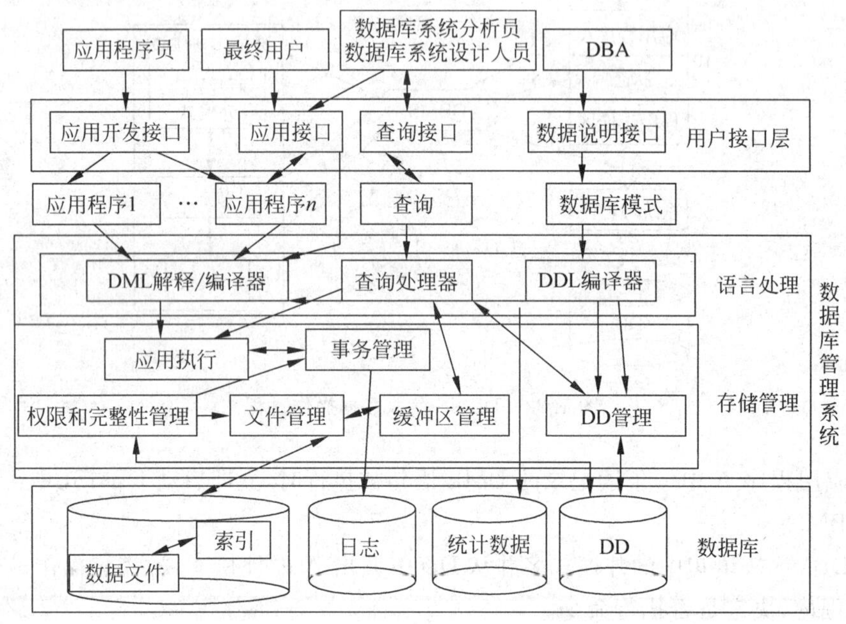

图 1.23 数据库系统结构

1. 数据库

数据库是系统数据存储的实体,存放着与一个特定组织各项应用有关的全部数据的集合。通常由两部分组成:一部分是用户应用数据的集合,称为物理数据库,它是数据库的主体;另一部分是存放三级模式和两级映像结构数据、用户信息、事务信息、程序信息、终端信息等,称为描述数据库(常称数据字典 DD),由数据字典系统(Data Dictionary System, DDS)管理。

数据字典的主要作用:

- 供 DBMS 快速查找有关对象的信息。
- 供数据库管理员 DBA 查询,以便掌握整个数据库系统的运行情况。
- 支持数据库重构、重组和系统分析。

2. 硬件

硬件是系统的物理支撑。主要包括中央处理机、内存、外存、I/O 设备、数据通道等硬件设备等。

DBS 对硬件的要求：

(1) 要有足够大的内存存放操作系统、DBMS 的核心模块和应用程序、分配数据缓冲区。

(2) 有足够大的硬盘或磁盘阵列等设备存放数据库及后备存储器。

(3) 要求系统用较高的通道能力，以提高系统的传输速度。

(4) 系统支持联网的能力以及支持的终端数。

3. 软件

软件是系统功能的体现。主要包括：

(1) DBMS。它是管理系统数据的核心软件；提供用户对数据库创建、使用和维护等功能；在操作系统的支持下工作。

(2) 操作系统。支持 DBMS 对数据库数据的存取。

(3) 支持应用开发的宿主语言及其编译系统，并且与数据库系统有良好的接口。

(4) 应用开发的支撑软件。为应用开发人员提供的高效、多功能的应用生成器、第 4 代语言等各种软件工具，如报表生成器、图形系统等。它们为应用系统的开发提供了良好的环境。

(5) 为特定应用环境开发的数据库应用程序系统。

4. 人员

开发、管理和使用数据库系统的人员，主要是数据库系统管理员、数据库系统分析员和数据库设计人员、应用程序员和最终用户。不同的人员站在各自的角度，对数据库系统中数据有不同的抽象视图，如图 1.23 所示。其各自的职责如下。

1) 数据库系统管理员(DBA)

DBA 是全面管理和控制数据库的人员，可以是一个人；在大型系统中也可以是由几个人组成的小组。DBA 是承担创建、监控和维护整个数据库结构的责任。其主要的职责有以下 5 点。

- 确定数据库结构。DBA 参与数据库设计的全过程，并与用户、应用程序员、系统分析员密切合作共同协商，确定数据库结构。
- 确定数据库存储结构和存取策略。
- 确定数据的安全性和完整性的约束条件。负责对不同的用户授予不同存取数据的权限；根据需求编写数据完整性规则。
- 监控数据库的使用与运行。DBA 通过日志处理数据库发生的故障，并使用恢复程序对受破坏的数据加以恢复；通过 DD 系统掌握系统的工作情况；利用系统分析程序考察系统的运行效率。
- 负责数据库的改进和重构。修改外模式、模式和内模式及映像；为改善系统的运行性能对数据库结构进行重组；为增加系统功能而修改数据库结构或重新设计等。

DBA 是数据库系统责任的重要承担者，一般由业务水平高、工作能力强的人员担任。

2) 系统分析员和数据库设计员

系统分析员负责应用系统需求分析的人员，他们与用户和 DBA 一起，确定系统的软硬件配置,并参与数据库的概念设计。

数据库设计员负责数据库的概念设计和逻辑设计,常与系统需求分析员一起构造数据库的概念模型,并完成数据库子模式、模式与内模式设计任务。数据库设计也可由DBA担任。

3) 应用程序员

应用程序员负责应用程序的设计、编写、调试与安装。

4) 最终用户(End User)

最终用户指使用应用程序的业务人员。他们利用应用程序提供的用户界面使用数据库,如窗口和菜单驱动、图形显示、表格操作等界面。

1.6 典型RDBMS产品介绍

自20世纪70年代以来,关系数据库管理系统(RDBMS)产品占据了市场近百分之九十的份额,其中涌现出了许多性能良好的商品化RDBMS,例如,小型数据库系统MySQL,FoxPro,Access等;中大型数据库系统Oracle,DB2,SQL Server,Ingres,Informix,Sybase等。RDBMS产品经历了从单机处理到联网处理、从集中式到分布式或到客户机/服务器处理,直到并行处理的发展过程。下面仅以典型的RDBMS产品做一个简单介绍,以供读者了解和选用时参考。

1.6.1 Oracle

Oracle公司成立于1977年,是一家专门从事研究、生产RDBMS的厂家。Oracle公司于1979年推出Oracle第2版,它采用了SQL语言为其数据库的语言,并运行于VAX小型机上。1984年又推出了适用于微机的版本;其后经不断完善于1986年推出了分布式数据库产品SQL * STAR(Oracle RDBMS V 5.1);1988年又推出了具有联机事务处理功能的Oracle V 6;1997年推出的Oracle第8版,则主要增强了对象技术,成为对象-关系数据库系统。Oracle目前比较流行的版本是Oracle 8i,9i,最新版本是10g。Oracle 10g是世界上第一个完善的、智能化的、具有无限可伸缩性与高可用性,并可在集群环境中运行商业软件的互联网数据库,是新一代电子商务平台。

目前Oracle产品可运行在大、中、小型机上,成为世界上使用非常广泛的、著名的关系数据库管理系统。其主要特点如下。

1. 兼容性(Compatibility)

Oracle采用了标准SQL语言,并经过美国国家标准技术所(National Institute of Standards and Technology,NIST)测试;它与IBM的SQL/DS,DB2,Ingres,IDMS/R等兼容。用户开发的应用软件可以在其他基于SQL的数据库上运行。

2. 可移植性(Portability)

由于Oracle可在大、中、小、微型机等几十种机上众多的操作系统(如在UNIX,VMS,Windows等)的支持下工作。Oracle系统是用ANSI C语言编写的,与机器有关的代码大约占 4%，因此，对不同的操作系统来说，移植是相当方便的。

3. 可连接性(Connectability)

由于 Oracle 可在大、中、小、微型机上使用相同的软件，因而易于联网，易于实现数据传输和共享的数据分布式处理的功能。支持各种协议，如 TCP/IP，DECnet，LU 6.2 等。

4. 高生产率(High Productivity)

Oracle 除了提供两种类型的编程接口：预编译程序接口(PROC *C)和子程序调用接口(OCT)外，还为应用开发人员提供了一批第 4 代语言工具，如 SQL * Forms，SQL * Report，SQL * Menu，SQL * Graphic，Easy * SQL 等，这些都大大地有助于加快应用开发的进程。

5. 开放性

Oracle 良好的兼容性、可移植性、可连接性和高生产率使 Oracle RDBMS 具有良好的开放性。

1.6.2 DB2

DB2 是 IBM 公司研制的一种 RDBMS，主要用于大、中、小型机上。它既可在集中式的环境中独立运行，也可以在客户机/服务器环境中运行。DB2 数据库系统的核心采用的是多进程和多线程的体系结构，可在多种不同的操作系统平台上使用，例如，服务器平台可以是 OS/400，AIX，OS/2，HP-UX，SUN Solaris 等操作系统；客户机平台可以是 OS/2，DOS，Windows，AIX，HP-UX，SUN Solaris 等操作系统。

DB2 的版本有个人版、企业版、企业扩展版和工作组版，它们的基本数据管理功能是一样的，区别在于支持远程客户的能力和分布式处理的能力。DB2 的数据管理系统主要特点如下。

(1) 适用于多平台操作系统环境下的运行。可根据相应的平台环境进行调整和优化，以便能够达到较好的工作性能。

(2) 具有较强的网络支持能力。每个子系统可以连接十几万个分布式用户，可同时激活上千个活动线程，对大型分布式应用系统尤为适用。

(3) 具有完备的查询优化功能。其外部连接改善了查询功能，并支持多任务的并行查询。

(4) 采用数据分级技术，很方便地将大型机中的数据下载到本地的数据库服务器中，使数据库本地化及远程连接透明化。

(5) 提供了高层次的数据利用性、完整性、安全性和可恢复性。

DB2 的数据库可以通过微软的开放性数据库连接(ODBC)接口、Java 数据库连接(JDBC)接口或者 CORBA 接口代理被任何应用程序访问。

1.6.3 Sybase

Sybase 是美国 Sybase 公司于 1987 年研制的一种关系型数据库系统，是一种典型的 UNIX，Windows NT 平台上客户机/服务器环境下的大型数据库系统。Sybase 提供了一套应用程序编程接口和库,可以与非 Sybase 数据源及服务器集成,允许在多个数据库之间复制数据,适于创建多层应用。系统具有完备的触发器、存储过程、规则以及完整性定义,支持优化查询,具有较好的数据安全性。Sybase 与 Sybase SQL Anywhere 一起常用于客户机/服务器环境中,前者作为服务器数据库,后者为客户机数据库。开发工具采用该公司研制的 PowerBuilder,在我国大中型系统中具有广泛的应用。

Sybase 主要有 3 种版本,一是 UNIX 操作系统下运行的版本,二是 Novell Netware 环境下运行的版本,三是 Windows NT 环境下运行的版本。对 UNIX 操作系统目前广泛应用的为 Sybase 10 及 Sybase 11 for SCO UNIX。

Sybase 的特点:

(1) 基于客户机/服务器体系结构。

(2) 它是真正开放的数据库管理系统。公开了应用程序接口 DB-LIB,鼓励第三方编写 DB-LIB 接口。

(3) 是一种高性能的数据库管理系统。

Sybase 数据库的体系结构的一个创新之处就是多线索化。一般的数据库都依靠操作系统来管理与数据库的连接。当有多个用户连接时,系统的性能就会大幅度下降。Sybase 数据库不让操作系统来管理进程,把与数据库的连接当作自己的一部分来管理。此外,Sybase 的数据库引擎还代替操作系统来管理一部分硬件资源,如端口、内存、硬盘,绕过了操作系统这一环节,提高了性能。

另外,Sybase 使用事件驱动触发器机制保证数据库的完整性,使用可编程数据库结构,支持快速查询。

Sybase 数据库系统主要由 3 个部分组成。

(1) 进行数据库管理和维护的一个联机的关系数据库管理系统 Sybase SQL Server。

Sybase SQL Server 是个可编程的数据库管理系统,它是整个 Sybase 产品的核心软件,起着数据管理、高速缓冲管理、事务管理的作用。

(2) 支持数据库应用系统的建立与开发的一组前端工具 Sybase SQL Toolset。

(3) 有可把异构环境下其他厂商的应用软件和任何类型的数据连接在一起的接口 Sybase Open Client/Open Server。

通过 Open Client 的 DB-LIB 库,应用程序可以访问 SQL Server。而通过 Open Server 的 SERVER-LIB,应用程序可以访问其他数据库管理系统。

1.6.4 SQL Server

SQL Server 是由 Microsoft 开发和推广,并在 Windows 平台上流行的一种关系数据库系统。SQL Server 是一个可扩展的、高性能的、为分布式客户机/服务器计算所设计的数据库管理系统,实现了与 Windows NT 的有机结合,提供了基于事务的企业级信息管理系统方案。近年来,SQL Server 的版本不断更新,从 SQL Server 6.5、7.0、2000 到 SQL Server 2005,功能也在不断地改进和完善。

其主要特点如下。

(1) 采用客户机/服务器的体系结构。服务器功能包括:建立与管理数据库;建立与管理表、视图、存储过程、触发程序、角色、规则、默认值等数据库对象,以及用户定义的数据类型；备份数据库和事务日志、恢复数据库；复制数据库；设置任务调度；设置警报；提供跨服务器的拖放控制操作；管理用户账户等。

(2) 系统管理先进，支持 Windows 图形化管理工具，支持本地和远程的系统管理和配置。

(3) 强壮的事务处理功能，采用各种方法保证数据的完整性，并且使管理并发修改数据库开销最小。

(4) 支持对称多处理器结构、存储过程、ODBC，并具有自主的 SQL 语言。SQL Server 以其内置的数据复制功能、强大的管理工具、与 Internet 的紧密集成和开放的系统结构为广大的用户、开发人员和系统集成商提供了一个出众的数据库平台。

(5) 提供了数据仓库的功能。

1.6.5　MySQL

MySQL 是瑞典 MySQLAB 公司开发的一种小型关系数据库管理系统。它可以运行在 Windows 平台和大多数的 Linux 平台上。其版本有 MySQL 4.4、3.23 和 5.1。该数据库管理系统的主要特点为源代码开放、体积小、速度快、总体成本低。与大型数据库管理系统相比，不足之处在于规模小、功能有限，例如，它缺乏标准的参考完整性机制，所有的参考完整必须由程序员强制保证。在不需要事务化处理的情况下，大多数人认为选择使用 MySQL 管理数据还是比较好的。

MySQL 使用的数据库语言是 SQL，其语言包装器提供了面向 C/C++，Eiffel，Java，Perl，PHP，Python 等编程语言的编程接口(API)。使用 MySQL，应用程序接口简单一致并且相当完整，而且多平台的 ODBC 驱动程序都能够自由获得。利用系统核心提供的多线程机制实现了完全的多线程运行模式。同时，由于 MySQL 客户库是客户机/服务器结构的 C 语言库，这意味着一个客户能查询驻留在另一台机器的一个数据库。

小结

本章介绍的主要内容：

- 数据管理技术及数据库技术。
- 数据模型。
- 数据库系统结构。

其中数据模型和数据库系统结构两部分的内容是本章的重点。

1. 数据管理技术及数据库技术

1) 数据管理技术的发展

数据管理技术大致经历了 3 个发展阶段：人工管理阶段、文件系统管理阶段和数据库系统管理阶段。

数据库系统是在文件系统的基础上发展而成的，与文件系统相比，数据库系统提供了更有效的数据管理方式，它具有以下几个重要的特征。

(1) 采用数据模型组织和管理数据，不仅有效地描述了数据本身的特性，而且描述了它们之间的联系。

(2) 具有较高的数据独立性,即数据格式、大小等发生了改变,可使得应用程序不受影响。

(3) 数据共享程度更高,冗余度比较小。

(4) 由 DBMS 软件提供了对数据统一控制功能,如安全性控制、完整性控制、并发控制和恢复功能。

(5) 由 DBMS 软件提供了用户方便使用的接口。

数据库系统管理数据是目前计算机管理数据的高级阶段,数据库技术已成为计算机领域中最重要的技术之一。

2) 数据库技术中的基本概念

数据和信息、数据库、数据库系统、数据库管理系统、数据库技术是数据库技术中密切相关的几个基本概念,应该记识。

2. 数据模型

数据模型是构建数据库结构的基础和核心。从现实世界的对事物描述的数据到数据库中数据的存储,是一个逐步抽象和用不同类型数据模型逐级表示的过程,分成 4 个级别:概念模型、逻辑模型、外部模型和内部模型。其中概念模型属于语义模型;逻辑模型、外部模型和内部模型属于结构模型。

(1) 概念模型。它是在用户需求观点下,对现实世界事物及联系的抽象,是一种高层的数据模型。常用的是用 E-R 图表示的实体联系模型。数据库的逻辑结构模型由它转换而来,因此,它在数据库结构设计中起着重要的作用;概念模型的设计好坏将会直接影响到数据库结构的设计质量。

(2) 逻辑模型。它是用某种 DBMS 软件对 DB 管理数据的结构描述。逻辑模型有层次、网状和关系模型 3 种,关系模型是当今使用最为广泛的模型。

(3) 外部模型。它是逻辑模型的逻辑子集,是用户使用的数据模型。

(4) 内部模型。它是对逻辑模型的物理实现。

3. 数据库系统结构

1) 数据库三级模式和两级映像结构

数据库模式是在 DBMS 的支持下依据数据模型定义而成的。

从用户到数据库之间,数据库的数据结构经历了外模式、逻辑模式和内模式三个层次和两级映像的定义过程。这样使用户能在数据的逻辑层次上设计和使用数据库,而把数据库的物理实现留给 DBMS 去完成,减轻了用户组织和实现数据库的负担,并且使数据库系统具有较高的数据独立性:逻辑数据独立性和物理数据独立性。数据独立性是指在修改某个层次上的模式时,而不影响高一个层次模式的修改能力。

2) DBS 与 DBMS

(1) DBS

数据库系统(DBS)指引进了数据库技术后的计算机系统。由 4 个部分构成:数据库、硬件、DBMS 及相关软件和人员。

① 数据库(DB)是长期存储在计算机内、有组织的可共享的数据的集合。

② 硬件是DBS的物理支撑。需要有足够大的内存和磁盘等联机设备。

③ DBMS及相关软件：软件是DBS功能体现。包括DBMS、操作系统及编译系统等软件。

④ 人员：使用、操纵、管理和维护数据库系统的人员。包括专业用户、最终用户、应用程序员和DBA。

(2) DBMS

数据库管理系统(DBMS)是用于建立、使用、管理和维护数据库的系统软件，是DBS的核心部分。目前常用的DBMS有Oracle、DB2等。

DBMS的主要功能为数据库定义功能、数据库操纵功能、数据库保护功能、数据库维护功能、数据字典。

DBMS由一些实现上述功能的相关程序组成，主要包括：

① 数据定义语言及编译处理程序。

② 数据操纵语言及编译(或解释)程序。

③ 数据库运行控制程序，主要有：

- 权限和完整性管理程序。
- 事务管理程序。
- 文件管理程序。
- 缓冲区管理程序。

④ 实用维护管理程序，包括数据初始装入程序、数据转储程序、数据库恢复程序、性能监控程序、数据库再组织程序、数据转换程序、通信程序等。

习题 1

1. 名词解释

DB，DBMS，DBS，数据库技术，数据模型，层次模型，网状模型，关系模型，概念模型，外模式，模式，内模式，数据独立性，逻辑数据独立性，物理数据独立性，DDL，DML，数据库字典，DBA。

2. 简答题

(1) 数据管理的主要内容是什么？

(2) 数据管理技术的发展经历了哪几个阶段？

(3) 数据库系统与文件系统有哪些区别与联系？

(4) 什么是数据模型？数据模型三要素是什么？

(5) 在数据库组织结构中，有哪几种数据模型？它们之间有何区别？

(6) 何谓数据库三级模式和两级映像结构？其主要好处是什么？

(7) 什么是数据库的数据独立性？有什么好处？

(8) 何谓数据库管理系统？它的主要功能是什么？

(9) 什么是DBS中的数据库字典？它有哪些作用？

(10) DBA有何职责？

(11) DBS 与 DBMS 的主要区别是什么?

(12) 在数据库物理结构中,存储着哪几种形式的数据结构?

3. 设计题

(1) 在教师指导学生过程中,教师通过指导与学生发生联系,假定在某个时间某个地点一位教师可指导多个学生,但某个学生在某一时间和地点只能被一位教师所指导。试画出教师与学生联系的 E-R 图。

假定:“教师”实体包括教师号、姓名、职称、专业属性。

“学生”实体包括学号、姓名、专业、入学时间属性。

“指导”包括时间、地点属性。

(2) 一个售书系统中有以下 3 个实体集。

书店:店名、地址、电话、经理名。

图书:书号、书名、数量、单价、作者名。

出版社:出版社名、社长、地址、电话。

一个书店销售多种图书,一种图书可由多个书店销售;一个出版社可出版多种图书,一种图书仅由一个出版社出版。

试设计该系统的 E-R 模型。

第2章 关系数据库

关系数据库是创建在关系模型基础上的数据库，借助于集合代数等数学概念和方法来处理数据库中的数据。现实世界中的各种实体以及实体之间的各种联系均用关系模型来表示。

关系模型由 3 个部分组成：关系数据结构、关系操作、关系完整性约束。本章重点介绍基于数学的关系操作，包括关系代数运算和关系演算。

2.1 关系数据结构

2.1.1 关系

关系是关系模型中的单一的数据结构。在关系模型中，无论是实体还是实体之间的联系均用单一的类型结构——关系来表示。

关系模型的物理表示为二维表格、数学表示为笛卡儿积上有意义的子集。直观地说就是用二维表格表示实体集，外键表示实体间联系的数据模型。

关系模型的物理表示如图 2.1 所示，可以得出：关系模型＝关系模式＋关系。

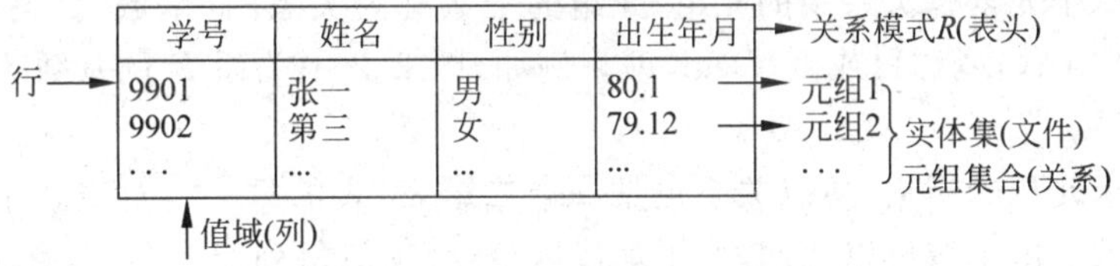

图 2.1　关系模型的物理表示

其中，关系模式是由二维表的表头数据（又称列或属性）构成。关系则是由二维表的表体中各行（又称元组）组成的值集。

1. 域

【定义 2.1】 域是一组具有相同数据类型的值的集合。比如非负整数、整数、实数、长度小于 25 字节的字符串集合、大于等于 0 且小于等于 100 的正整数等都可以是域。

2. 笛卡儿积

【定义 2.2】 给定一组域 $D_1, D_2, \cdots, D_n$，这些域可以完全不同，也可以部分或者全部相同；$D_1,D_2,\cdots,D_n$ 的笛卡儿积为：

$$D_1 \times D_2 \times \cdots \times D_n = \{(d_1,d_2,\cdots,d_n) \mid d_i \in D_j,\quad i=1,2,\cdots,n\}$$

其中，每一个元素$(d_1,d_2,\cdots,d_n)$叫作一个 n 元组，或简称元组(Tuple)，元素中的每一个值 d_i 叫作一个分量(Component)。若 $D_i(i=1,2,\cdots,n)$为有限集，其基数(Cardinal Number)为 $m_i(i=1,2,\cdots,n)$，则 $D_1\times D_2\times\cdots\times D_n$ 的基数为：

$$M = \prod_{i=1}^{n} m_i$$

笛卡儿积是一个以元组为元素的集合，具有集合的性质，且笛卡儿积可以表示一个二维表，表中的每行对应一个元组，每列对应一个域。

例如，给定 $D_1=\{0,1\}$，$D_2=\{a,b,c\}$，则：

$D_1\times D_2=\{(0,a),(0,b),(0,c),(1,a),(1,b),(1,c)\}$(即每个元组的第一个分量取值为 D_1，第二个分量取值为 D_2，…)。并且 $D_1\times D_2$ 的基数：$M=2\times3=6$。

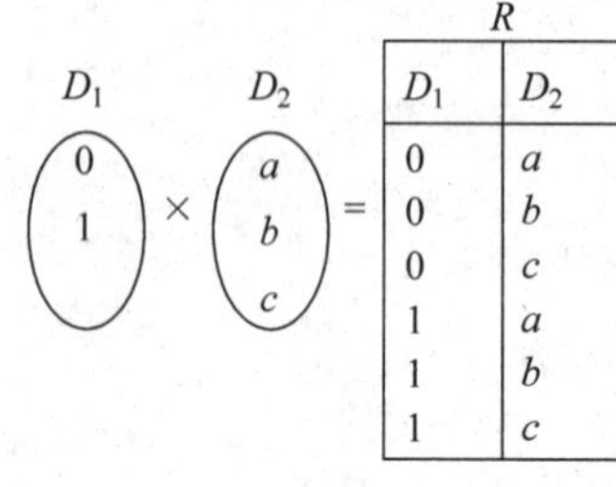

图 2.2　笛卡儿积的二维表示

笛卡儿积的二维表示如图 2.2 所示。

注意，实际关系数据库中的每一个关系都是一个笛卡儿积的有意义的子集，即其中的每个元组必须符合实际意义。

例如，设 $D_1=$ {张三，李四}，$D_2=$ {男，女}，则有 $D_1\times D_2=$ {(张三，男)，(张三，女)，(李四，男)，(李四，女)}。

假定张三是男，李四是女，显然(张三，女)和(李四，男)是没有意义的元组。

3. 关系(Relation)

【定义 2.3】 $D_1\times D_2\times\cdots\times D_n$ 的子集叫作在域 $D_1,D_2,\cdots,D_n$ 上的关系，用 $R(D_1,D_2,\cdots,D_n)$表示。这里 R 表示关系的名字，D_i 又称为属性，n 为属性个数。

关系中的每个元素是关系中的元组，元组的个数称为关系的"基数"。关系中属性的个数称为"元数"(Arity)或称目或度(Degree)。例如，图 2.2 中关系 R 的基数为 6，元数为 2，即它是二元关系。

关系是笛卡儿积的子集，所以关系也是一个二维表，表的每一行对应一个元组，表的每一列对应一个域。由于域可以相同，为了加以区分，必须对每列起个名字，称为属性，n 目关系必须有 n 个属性。

关系有 3 种类型：基本关系(基本表或基表)、查询表和视图表。基本表是实际存在的表，是实际存储数据的逻辑表示。查询表是查询结果对应的表。视图表是有基本表或其他视图导出的表，是虚表，不对应实际存储的数据。

严格地讲，关系是一种规范化的二维表格，其规范性的限制如下。

- 列是同质的，即每一列中的分量是同一类型的数据，来自同一个域。
- 不同的列可出自同一个域，称其中的每一个列为一个属性，不同的属性要给予不同的属性名。
- 行或列的顺序无关紧要，即行或列的次序可以任意交换。
- 任意两个元组不能完全相同。
- 分量必须取原子值，即每一分量都必须是不可分的数据项。

2.1.2 关系模式

关系模式是对关系的描述。关系模式必须描述关系的结构,即它是由哪些属性构成,这些属性来自哪些域,以及属性与域之间的映像关系。

关系模式的组成是取自二维表的表头中的数据。

关系通常是由赋予它的元组语义来确定的,元组语义实际上是一个 n 目谓词,凡是使该 n 目谓词为真的笛卡儿积中的元素的全体就构成了该关系模式的关系。不论关系模式的关系如何变化,关系模式都应该满足属性取值范围限定或者属性值间的相互关联等完整性约束。

由此可知关系模式应当是一个五元组。

【定义 2.4】 关系的描述称为关系模式(Relation Schema),它可以形式化地定义为一个五元组:$R(U,D,\mathrm{DOM},F)$,其中 R 为关系名;U 为组成该关系的属性名集合;D 为属性组 U 中属性所来自的域;DOM 为属性向域的映像集合;域名及属性向域的映像可直接说明为属性的类型和长度;F 为属性间数据的依赖关系集合。

由于 D 和 DOM 对模式设计关系不大,因此,为了方便讨论,将关系模式五元组简记为一个三元组 $R(U,F)$ 或一个二元组 $R(U)$。

关系模式是用来定义关系的,一个关系数据库包含了一组关系,定义的这组关系的关系模式的全体就构成了该数据库的模型。

关系实际就是关系模式在某一个时刻的状态或内容。关系模式是型,关系是它的值。关系模式是静态的、相对稳定不变的;关系是动态的、随操作而改变的。在实际使用中常常把关系模式和关系统称为关系,读者可以通过上下文加以区别。

2.1.3 关系数据库的概念

在一个给定的现实世界领域中,相应于所有实体及实体之间联系的关系的集合构成一个关系数据库。关系数据库也有型和值之分,关系数据库的型称为关系数据库模式,是对关系数据库的描述,它包括若干域的定义以及在这些域上定义的若干关系模式。关系数据库的值也称为关系数据库,是这些关系模式在某一个时刻对应的关系的集合。关系数据库模式与关系数据库统称为关系数据库。

2.2 关系的完整性

关系的完整性是对关系的某种约束条件。关系模型中有 3 类完整性约束:实体完整性、参照完整性和用户定义的完整性。其中前两种完整性是关系模型必须满足的完整性约束条件,应该由关系系统自动支持。

2.2.1 实体完整性

现实世界中的一个实体集就是一个基本关系。如学生的集合是一个实体,对应学生关系。实体是可区分的,即它们具有某种唯一性标识。在关系模型中用主关键字作为实体唯一性标识。主关键字的属性值不能取空值(即不知道或者无意义的值)。

实体完整性规则：如果属性 A 是基本关系 R 的主属性，则属性 A 不能取空值。这里的属性包括基本关系的所有主属性，而不仅仅是主关键字整体。其中，组成候选关键字的属性称为主属性。

例如，学生选课关系(学号，课程号，成绩)中，(学号，课程号)为主属性，则学号和课程号均不能为空。

2.2.2 参照完整性

实际的实体之间往往存在某种联系，在关系模型中实体及实体间的联系都是用关系来描述的。这样就自然存在关系与关系间的引用。

例如，学生实体和专业实体可以用下面的关系表示，其中主关键字用下划线表示。

学生(<u>学号</u>，姓名，性别，专业，年龄)；

专业(<u>专业号</u>，专业名)。

可见学生关系引用了专业关系的主关键字"专业号"，显然，学生关系中的专业号值必须是确实存在的专业的专业号，即专业关系中有该专业的记录。这就是说学生关系中的某个属性的取值需要参照专业关系的属性取值。

例如，学生、课程、学生与课程之间的多对多联系可以用下述关系来表示。

学生(<u>学号</u>，姓名，性别，专业，年龄)；

课程(<u>课程号</u>，课程名，学分)；

选修(<u>学号</u>，课程号，成绩)。

同样这 3 个关系之间存在属性的引用，分析后发现，选修关系中的某些属性取值需要参照其他关系的属性取值。

参照完整性的规则简单来说就是不引用不存在的实体。

例如，有关系模式 s(sno，name，sex，age)，sc(sno，cno，grade)。

其中，sno 是 s 的主关键字，也是 sc 中的外键，它联系着 s 与 sc，这时称 s 为参照关系；sc 为被参照关系(或称依赖关系)。

如果关系 sc 中有一个元组(s7，c4，80)，此时学号 s7 在关系 s 中找不到，则认为在 sc 中引用了一个不存在的学生实体，这就违反了参照完整性规则。

【定义 2.5】 设 F 是基本关系 R 的一个或者一组属性，但不是关系 R 的关键字，如果 F 与基本关系 S 的主关键字 Ks 相对应，则称 F 是基本关系 R 的外关键字，并称基本关系 R 为参照关系；S 为被参照关系。R 与 S 可以是同一关系。

参照完整性：如果属性(组)F 是基本关系 R 的外关键字，它与基本关系 S 的主关键字 Ks 相对应(基本关系 R 与 S 不一定是不同的关系)，则对于 R 中的每个元组在 F 上的值必须取空值(F 的每个属性都为空)或者等于 S 中某个元组的主关键字值。

注意：

(1) 外关键字和相应的主关键字可以不同名，只要定义在相同的值域上即可。

(2) R 和 S 也可以是同一关系模式，表示属性间的联系。

(3) 外关键字是否允许空应视具体问题而定。

例如，在学生关系中每个元组的专业号属性只能取下面两类值。

- 空值，表示尚未为该学生分配专业。
- 非空值，该值必须是专业关系中某个元组的专业号值，表示学生不可能分配到一个不存在的专业中。

2.2.3 用户定义的完整性

用户定义的完整性是针对某一具体关系数据库的约束条件，它反映某一具体应用所涉及的数据必须满足的语义要求（如定义取值范围）。例如年龄属性，如果属于某一个学生主体，则可能要求年龄在 17 岁到 25 岁之间，而如果年龄属性属于某一个公司员工主体，则可能要求年龄在 18 岁到 55 岁之间。不同的应用有着不同的具体要求，这些约束条件就是用户根据需要自己定义的。对于这类完整性，关系模型只提供定义和检验这类完整性的机制，以使用户能够满足自己的需求，而关系模型自身并不去定义任何这类完整性规则。

2.3 关系代数

关系代数是一组施加于关系上的代数运算，每个运算都以一个或多个关系作为它的运算对象，并生成另一个关系作为该运算的结果。由于它的运算直接施加于关系之上而且其运算结果也是关系，所以也可以说它是对关系的操作；从数据操作的观点来看，也可以说关系代数是一种查询语言。

关系代数是一种抽象的查询语言，是关系数据操纵语言的一种传统表达方式，它是用对关系的运算来表达查询的。

任何一种运算都是将一定的运算符作用于一定的运算对象上，得到预期的运算结果。所以，运算对象、运算符、运算结果是运算的 3 大要素。

关系代数的运算对象是关系，运算结果亦为关系。关系代数用到的运算符包括 4 类：集合运算符、专门的关系运算符、算术比较符和逻辑运算符，如表 2.1 所示。

表 2.1 关系运算符表

运算符		含义	运算符		含义
集合运算符	$\cup$ $-$ $\cap$ $\times$	并 差 交 笛卡儿积	比较运算符	$>$ $\geqslant$ $<$ $\leqslant$ $= \ \neq$	大于 大于等于 小于 小于等于 等(不等)于
专门的关系运算符	σ Π $\bowtie$ $\div$	选择 投影 连接 除	逻辑运算符	$\neg$ $\wedge$ $\vee$	非 与 或

关系代数运算分为两类：基于集合的运算和专门关系运算。基于集合的运算包括并、交、差、笛卡儿积。专门关系运算包括选择、投影、连接或自然连接、笛卡儿积的逆运算除法

运算等。

2.3.1 关系代数的5种基本运算

基本运算是指执行运算最基础的算法。在关系代数运算中,有5种基本运算,它们是并(∪)、差(−)、投影(Π)、选择(σ)、笛卡儿积(×),其他运算均可通过这5种基本运算导出。即这5种运算组成了关系代数运算的完备集。

1. 并(Union)

设R与S是同类关系(属性个数相同,且相应的属性取自同一个域),则R与S的并关系(记作:$R\cup S$)是与R或S同类,且它由属于R或属于S的元组组成。

$R\cup S$的运算如表2.2所示。

表2.2 $R\cup S$的运算

(a) R

A	B	C
a	b	c
d	a	f
c	b	d

(b) S

A	B	C
b	g	a
d	a	f

(c) $R\cup S$

A	B	C
a	b	c
d	a	f
c	b	d
b	g	a

并的特征:∪为二目运算,从"行"上取值。作用是在一个关系中插入一个数据集合,自动去掉相同元组。即在并的结果关系中,相同的元组只保留一个。

并的元组表达式为:$R\cup S=\{t \mid t\in R \vee t\in S\}$。其中,等式右边大括号中的$t$是一个元组变量,表示结果集合由元组$t$构成。竖线"|"右边是对$t$约束条件,或者说是对$t$的解释。其他运算的定义方式与此类似。

2. 差(Difference)

设R与S是同类关系(属性个数相同,且相应的属性取自同一个域),则R与S的差关系(记作:$R-S$)是与R或S同类,且它由属于R而不属于S的元组组成。

例如表2.2中的R和S,则$R-S$的运算结果如表2.3所示。

差的作用是从某关系中删去另一关系。差的元组表达式为:

$$R-S=\{t \mid t\in R \wedge t\notin S\}$$

表2.3 $R-S$的运算结果

A	B	C
a	b	c
c	b	d

3. 选择(Selection)

选择又称为限制(Restriction)。它是在关系R中选择满足给定条件的诸元组,记作$\sigma_F(R)$。

其中,F表示选择条件,它是一个逻辑表达式,取逻辑值"真"或"假"。

逻辑表达式F由逻辑运算符¬,∧,∨连接各算术表达式组成。算术表达式的基本形式为:$X_1\theta Y_1$。

其中，θ 表示比较运算符，它可以是$>$，$\geqslant$，$<$，$\leqslant$，$=$ 或 $\neq$。X_1，Y_1 等是属性名，或为常量，甚至为简单函数；属性名也可以用它的序号来代替。

选择运算实际上是从关系 R 中选取使逻辑表达式 F 为真的元组，这是从行的角度进行的运算，如表 2.4 所示。

表 2.4 选择运算

(a) R

A	**B**	**C**
a	b	c
d	c	b
c	b	d

(b) $\sigma_{B='b'}(R)$

A	**B**	**C**
a	b	c
c	b	d

设有一个学生-课程数据库，包括学生关系 Student、课程关系 Course 和选修关系 SC，如表 2.5 所示。下面将对这 3 个关系进行运算。

表 2.5 学生-课程数据表

(a) Student 表

学号 **Sno**	姓名 **Sname**	性别 **Ssex**	年龄 **Sage**	所在系 **Sdept**
95001	李勇	男	20	CS
95002	张松	女	19	IS
95003	王威	男	18	MA
95004	赵林	女	19	IS

(b) Course 表

课程号 **Cno**	课程名 **Cname**	先行课 **Cpno**	学分 **Ccredit**
1	数据库	5	4
2	数学		2
3	信息系统	1	4
4	操作系统	6	3
5	数据结构	7	4
6	计算机基础		2
7	C 语言	6	4

(c) SC 表

学号 **Sno**	课程号 **Cno**	成绩 **Grade**
95001	1	92
95001	2	85
95001	3	88
95002	2	90
95002	3	80

【例 2.1】 查询信息系(IS)全体学生。

$$\sigma_{Sdept='IS'}(Student) \text{ 或 } \sigma_{5='IS'}(Student)$$

其中,下角标“5”为 Sdept 的属性列号。

结果如表 2.6 所示。

表 2.6　$\sigma_{Sdept='IS'}(Student)$

Sno	Sname	Ssex	Sage	Sdept
95002	张松	女	19	IS
95004	赵林	女	19	IS

【例 2.2】 查询年龄小于 20 岁的学生。

$$\sigma_{Sage<20}(Student) \text{ 或 } \sigma_{4<20}(Student)$$

结果如表 2.7 所示。

表 2.7　$\sigma_{Sage<20}(Student)$

Sno	Sname	Ssex	Sage	Sdept
95002	张松	女	19	IS
95003	王威	男	18	MA
95004	赵林	女	19	IS

选择的元组表达式为:

$$\sigma_F(R) = \{t \mid t \in R \land F(t) = '真'\}$$

4. 投影(Projection)

关系 R 上的投影是从 R 中选择出若干属性列组成新的关系。记作:

$$\pi_A(R)$$

其中,A 为 R 中的属性名。

投影操作是从列的角度进行的运算。

注意:由于投影只是将指定的那些列投射下来构成一个新关系,因此,投影的结果关系中可能会有重复元组。投影的结果关系中如有重复元组应将重复的元组去掉。也就是说,在结果关系中,相同的元组只保留一个,如表 2.8 所示。

表 2.8　关系 R 上的投影运算

(a) R

A	B	C
1	2	3
4	5	6
7	8	9

(b) $\pi_{A,C}(R)$

A	C
1	3
4	6
7	9

投影的特征:运算对象为单个关系,在“列”上为纵向分割关系。其作用是在关系中选取某些列组成一个新关系。

【例 2.3】 在表 2.5(a)中,查询学生的姓名和所在系,即求 Student 关系在学生姓名和所在系两个属性上的投影。

$$\pi_{Sname,Sdept}(Student) \quad 或 \quad \pi_{2,5}(Student)$$

投影之后不仅取消了原关系中的某些列，而且还可能取消某些元组，因为取消了某些属性列后，就可能出现重复行，应取消这些完全相同的行。

结果如表 2.9 所示。

【例 2.4】 查询学生关系 Student 中都有哪些系，即查询关系 Student 在所在系属性上的投影。

$$\pi_{Sdept}(Student)$$

Student 关系原来有 4 个元组，而投影结果取消了重复的 IS 元组，因此只有 3 个元组。结果如表 2.10 所示。

表 2.9 $\pi_{Sname,Sdept}$(Student)

Sname	Sdept
李勇	CS
张松	IS
王威	MA
赵林	IS

表 2.10 π_{Sdept}(Student)

Sdept
CS
IS
MA

投影的元组表达式为：$\pi_A(R)=\{t(A)\mid t\in R\}$。

5. 笛卡儿积

设关系 R 和 S 中元数分别为 r 和 s，R 与 S 的笛卡儿积是一个 $(r+s)$ 元的元组集合，每个元组的前 r 个分量（属性值）来自 R 的一个元组，后 s 个分量来自 S 的一个元组，记作 $R\times S$，如表 2.11 所示。

表 2.11 *R* 与 *S* 的笛卡儿积

(a) R

A	*B*	*C*
1	2	3
4	5	6

(b) S

D	*E*
a	*b*
c	*d*

(c) $R\times S$

A	*B*	*C*	*D*	*E*
1	2	3	*a*	*b*
1	2	3	*c*	*d*
4	5	6	*a*	*b*
4	5	6	*c*	*d*

笛卡儿积的特征："列"合并，"行"组合。作用是将两个关系（同类或不同类）无条件地连成一个新关系。

笛卡儿积的元组表达式为：

$$R\times S=\{<x,y> \mid x\in R\wedge y\in S\}$$

笛卡儿积有以下运算性质。

(1) 对任意关系 R，根据定义有

$$R\times\varphi=\varphi,\quad \varphi\times R=\varphi$$

(2) 一般地说，笛卡儿积运算不满足交换律，即

$$R\times S\neq S\times R(当\ R\neq\varphi\wedge S\neq\varphi\wedge R\neq S\ 时)$$

(3) 笛卡儿积运算不满足结合律,即

$$(A\times B)\times C\neq A\times(B\times C)(\text{当 }A\neq\varnothing\wedge B\neq\varnothing\wedge C\neq\varnothing\text{ 时})$$

(4) 笛卡儿积运算对并和交运算满足分配律,即

$$A\times(B\cup C)=(A\times B)\cup(A\times C)$$
$$(B\cup C)\times A=(B\times A)\cup(C\times A)$$
$$A\times(B\cap C)=(A\times B)\cap(A\times C)$$
$$(B\cap C)\times A=(B\times A)\cap(C\times A)$$

2.3.2 关系代数的4种组合运算

1. 交(Intersection)

设 R 与 S 是同类关系(属性个数相同,且相应的属性取自同一个域),则 R 与 S 的交关系(记作: $R\cap S$)是与 R 或 S 同类,且它由既属于 R 又属于 S 的元组组成。

例如,表2.12(a)、(b)中的 R 和 S,则 $R\cap S$ 的运算结果如表2.12(c)所示。

表2.12 R与S的交运算

(a) R

A	B	C
a	1	b
b	2	c
c	4	d

(b) S

A	B	C
a	3	b
b	2	c

(c) $R\cap S$

A	B	C
b	2	c

交的特征:关系模式不变,从两关系中取相同的元组。

交的元组表达式为: $R\cap S=\{t\mid t\in R\wedge t\in S\}$。由于关系的交可以用差来表示,即 $R\cap S=R-(R-S)$,因此交操作不是一个基本的操作。

2. 连接

连接也称为 θ 连接。它是从两个关系的笛卡儿积中选取属性间满足一定 θ 条件的元组组成的关系。记作:

$$R\underset{A\theta B}{\bowtie}S$$

其中,A 和 B 分别为 R 和 S 上元数相等且可比的属性组。θ 是比较运算符。连接运算从 R 和 S 的广义笛卡儿积 $R\times S$ 中选取(R 关系)在 A 属性组上的值与(S 关系)在 B 属性组上值满足比较关系 θ 的元组,如表2.13所示。

连接的特征:两个关系不一定有公共属性,也不需要去掉重复属性。作用是将两个关系按一定的条件连接在一起。

连接的元组表达式为:

$$R\underset{A\theta B}{\bowtie}S=\{\widehat{t_rt_s}\mid t_r\in R\wedge t_s\in S\wedge t_r[A]\theta t_s[B]\}$$

连接运算中有两种最为重要也最为常用的连接,一种是等值连接(Equi-join),另一种是自然连接(Natural Join)。

表 2.13 R与S的θ连接

(a) R

A	B	C
1	2	3
4	5	6
7	8	9

(b) S

D	E
a	7
b	8

(c) $R\times S$

A	B	C	D	E
1	2	3	a	7
1	2	3	b	8
4	5	6	a	7
4	5	6	b	8
7	8	9	a	7
7	8	9	b	8

(d) $\sigma_{3>2}(R\times S)$

A	B	C	D	E
7	8	9	a	7
7	8	9	b	8

(e) $R\underset{1=2}{\bowtie}S$

A	B	C	D	E
7	8	9	a	7

θ为"="的连接运算称为等值连接。它是从关系R与S的广义笛卡儿积中选取A,B属性值相等的那些元组,即等值连接为:

$$R\underset{A=B}{\bowtie}S$$

等值连接的元组表达式为:

$$R\underset{A=B}{\bowtie}S=\{\ \widehat{t_r t_s}\mid t_r\in R\wedge t_s\in S\wedge t_r[A]\theta t_s[B]\}$$

3. 自然连接

自然连接是一种特殊的等值连接,它要求两个关系中进行比较的分量必须是相同的属性组,并且在结果中把重复的属性列去掉。即若R和S具有相同的属性组B,则自然连接可记作:

$$R\bowtie S$$

一般的连接操作是从行的角度进行运算。但自然连接还需要取消重复列,所以是同时从行和列的角度进行运算。

例:设表 2.14(a)和表 2.14(b)分别为关系R和关系S,表 2.14(c)为$R\underset{C<E}{\bowtie}S$的结果,表 2.14(d)为等值连接$R\underset{R.B=S.B}{\bowtie}S$的结果,表 2.14(e)为自然连接$R\bowtie S$的结果。

自然连接的元组表达式为:

$$R\bowtie S=\{\ \widehat{t_r t_s}\mid t_r\in R\wedge t_s\in S\wedge t_r[B]\theta t_s[B]\}$$

注意:

(1) 在无公共属性时,自然连接变化为笛卡儿积。

(2) 等值连接与自然连接的区别:

① 等值连接要求相等的属性不一定相同。自然连接要求相等的属性一定相同。

② 等值连接不要求去掉重复属性。自然连接要求去掉重复属性。

(3) 自然连接是关数据库中最重要的操作之一。

表 2.14 关系 R,S 的连接

(a) R

A	B	C
a_1	b_1	5
a_1	b_2	6
a_2	b_3	8
a_2	b_4	12

(b) S

B	E
b_1	3
b_2	7
b_3	10
b_4	2
b_5	2

(c) $R \underset{C<E}{\bowtie} S$

A	R.B	C	S.B	E
a_1	b_1	5	b_2	7
a_1	b_1	5	b_3	10
a_1	b_2	6	b_2	7
a_1	b_2	6	b_3	10
a_2	b_3	8	b_3	10

(d) $R \underset{R.B=S.B}{\bowtie} S$

A	R.B	C	S.B	E
a_1	b_1	5	b_1	3
a_1	b_2	6	b_2	7
a_2	b_3	8	b_3	10
a_2	b_4	12	b_4	2

(e) $R \bowtie S$

A	B	C	E
a_1	b_1	5	3
a_1	b_2	6	7
a_2	b_3	8	10
a_2	b_4	12	2

4. 除

给定关系 $R(X,Y)$ 和 $S(Y,Z)$，其中 X,Y,Z 为属性组。R 中的 Y 与 S 中的 Y 可以有不同的属性名，但必须出自相同的域集。R 与 S 的除运算得到一个新的关系 $P(X)$。记作：

$$R \div S$$

除操作是同时从行和列角度进行运算。

设关系 R,S 分别为表 2.15 中的(a)和(b)，$R\div S$ 的结果为表 2.15(c)。

表 2.15 关系 R,S 的除法

(a) R

A	B	C
a_1	b_1	c_2
a_2	b_3	c_7
a_2	b_4	c_6
a_1	b_2	c_3
a_4	b_6	c_6
a_2	b_2	c_3
a_1	b_2	c_1

(b) S

B	C	D
b_1	c_2	d_1
b_2	c_1	d_1
b_2	c_3	d_2

(c) $R\div S$

A
a_1

在关系 R 中，A 可以取 4 个值$\{a_1,a_2,a_3,a_4\}$。其中：

a_1 的象集为$\{(b_1,c_2),(b_2,c_3),(b_2,c_1)\}$；

a_2 的象集为$\{(b_3,c_7),(b_2,c_3)\}$；

a_3 的象集为$\{(b_4,c_6)\}$；

a_4 的象集为$\{(b_6,c_6)\}$。

S 在(B,C)上的投影为$\{(b_1,c_2),(b_2,c_1),(b_2,c_3)\}$。

显然，只有 a_1 的象集包含了 S 在 (B,C) 属性组上的投影，所以 $R\div S=a_1$。

除的元组表达式为：

$$R \div S = \{t_r[X] \mid t_r \in R \wedge \pi_y(S) \subseteq Y_x\}$$

其中，Y_x 为 x 在 R 中的象集，$x=t_r[x]$。

下面给出用关系代数表达式表示查询的例子。

【例 2.5】 设 DB 中有以下 3 个关系模式。

学生关系：S(s#，Sname，age，sex)；

学习关系：SC(s#，c#，grade)；

课程关系：C(c#，Cname，teacher)。

用关系代数表达式表示下列各种查询。

(1) 查找学习课程为 $C2$ 的学生的学号与成绩。

$$\pi_{s\#,\mathrm{grade}}(\sigma_{c\#='c2'}(\mathrm{sc}))$$

(2) 查找选修课程为 $C2$ 或为 $C4$ 的学生的学号。

$$\pi_{s\#}(\sigma_{c\#='c2' \vee c\#='c4'}(\mathrm{sc}))$$

或

$$\pi_{s\#}(\sigma_{c\#='c2' \vee c\#='c4'}(\pi_{s\#,c\#}(\mathrm{sc})))$$

注意：关系代数表达式并不是唯一的。

(3) 查找至少学习 $C2$ 和 $C4$ 课程的学生的学号。

$$\pi_1(\sigma_{1=4 \wedge 2='c2' \wedge 5='c4'}(\mathrm{sc} \times \mathrm{sc}))$$

(4) 查找不学习 $C2$ 课程的学生的姓名与学号。

$$\pi_{\mathrm{Sname},s\#}(\mathrm{s}) - \pi_{\mathrm{Sname},s\#}(\sigma_{c\#='c2'}(\mathrm{s} \bowtie \mathrm{sc}))$$

错误写法：$\pi_{\mathrm{Sname},s\#}(\sigma_{c\#\neq'c2'}(\mathrm{s} \bowtie \mathrm{sc}))$。

(5) 查找选修全部课程的学生姓名。

$$\pi_{\mathrm{Sname}}(\mathrm{s} \bowtie (\pi_{s\#,c\#}(\mathrm{sc}) \div \pi_{c\#}(\mathrm{c})))$$

(6) 查找学习课程名为 DB 的学生姓名。

$$\pi_{\mathrm{Sname}}(\mathrm{s} \bowtie \pi_{s\#}(\mathrm{sc} \bowtie \pi_{c\#}(\sigma_{\mathrm{Cname}='\mathrm{DB}'}(\mathrm{c}))))$$

或

$$\pi_{\mathrm{Sname}}(\pi_{s\#,\mathrm{Sname}}(\mathrm{s}) \bowtie \pi_{s\#}(\pi_{s\#,c\#}(\mathrm{sc}) \bowtie \pi_{c\#}(\sigma_{\mathrm{Cname}='\mathrm{DB}'}(\mathrm{c}))))$$

2.3.3 关系代数表达式的优化

随着各个应用领域信息化程度日益提高，数据库中的数据量迅猛增长，导致数据库系统的查询性能下降。但是，一个数据库应用系统的查询性能直接影响到系统的推广和应用，因此，数据库系统性能和查询优化成为数据库应用领域备受关注的热点问题。

影响数据库系统性能的因素很多，包括数据库连接方式、应用系统架构、数据库设计、管理等。其中，最本质又至关重要的是数据库管理系统本身的查询优化技术。在数据库系统开发中，用户业务逻辑必须转换成数据库查询语言执行，或将数据库查询语言嵌入在宿主语言程序中执行。通过分析关系代数表达式的等价变换准则及查询代价，对给定的 SQL 查询与关系代数表达式对应关系，研究并分析基于关系代数等价变换规则的 SQL 查询优化。

1. 关系代数表达式的优化问题

(1) 查询处理：是指从数据库中提取数据的一系列活动。这一系列活动包括将高级数据库语言表示的查询语句翻译成为能在文件系统这一物理层次上实现的表达式、为优化查询进行各种转换，以及查询的实际执行。

(2) 查询处理的代价：通常取决于对磁盘的访问，对磁盘的访问比对内存的访问速度要慢。对于一个给定的查询，可以有许多可能的处理策略，复杂查询更是如此。就所需的磁盘访问次数而言，策略好坏差别很大，有时甚至相差几个数量级。所以，多花一点时间选择一个较好的查询策略是很值得的。

(3) 查询优化：是为了查询选择最有效的查询计划的过程。查询优化一方面是在关系代数级进行优化，要做的是力图找出与给定表达式等价，但执行效率更高的一个表达式。查询优化的另一方面涉及查询语句处理的详细策略的选择，例如，选择执行运算所采用的具体算法，以及将使用的特定索引等。

一个查询往往会有许多实现办法，关键是如何找出一个与之等价的且操作时间又少的表达式。

2. 关系代数等价变换规则

关系系统的查询优化既是关系数据库管理系统实现的关键技术，又是关系系统的优点。因为用户只需提出“干什么”，不必指出“怎么干”。

在关系代数表达式中需要指出若干关系的操作步骤，问题是怎样做才能保证省时、省空间、效率高，这就是查询优化的问题。需要注意的是，在关系代数运算中，笛卡儿积、连接运算最费时间和空间，那么究竟应采用什么样的策略，才能节省时间和空间？这就是优化的准则。

1) 优化的准则

(1) 提早执行选取运算。对于有选择运算的表达式，应优化成尽可能先执行选择运算的等价表达式，以得到较小的中间结果，减少运算量和从外存读块的次数。

(2) 合并乘积与其后的选择运算为连接运算。在表达式中，当乘积运算后面是选择运算时，应该合并为连接运算，使选择与乘积一道完成，以避免做完乘积后，需再扫描一个大的乘积关系进行选择运算。

(3) 将投影运算与其后的其他运算同时进行，以避免重复扫描关系。

(4) 将投影运算和其前后的二目运算结合起来，使得没有必要为去掉某些字段再扫描一遍关系。

(5) 在执行连接前对关系适当地预处理，就能快速地找到要连接的元组。方法有两种：索引连接法和排序合并连接法。

(6) 存储公共子表达式。对于有公共子表达式的结果应存于外存(中间结果)，这样，当从外存读出它的时间比计算的时间少时，就可节约操作时间。

2) 关系代数表达式的等价变换规则

优化的策略均涉及关系代数表达式，所以，讨论关系代数表达式的等价变换规则显得十分重要。常用的等价变换规则有如下 10 种。

(1) 连接与笛卡儿积交换律

设 E_1 和 E_2 是关系代数表达式，F 是连接运算的条件，则有

$$E_1 \times E_2 \equiv E_2 \times E_1$$

$$E_1 \underset{F}{\bowtie} E_2 \equiv E_2 \underset{F}{\bowtie} E_1$$

(2) 连接与笛卡儿积结合律

设 E_1, E_2, E_3 是关系代数表达式，F_1, F_2 是连接运算的条件，则有

$$(E_1 \times E_2) \times E_3 \equiv E_1 \times (E_2 \times E_3)$$

$$(E_1 \underset{F_1}{\bowtie} E_2) \underset{F_2}{\bowtie} E_3 \equiv E_1 \underset{F_1}{\bowtie} (E_2 \underset{F_2}{\bowtie} E_3)$$

(3) 投影的串接定律

设 E 是关系代数表达式，$A_1, \cdots, A_n$ 和 $B_1, \cdots, B_m$ 是属性名，且 $B_1, \cdots, B_m$ 是 $A_1, \cdots, A_n$ 的子集，则有

$$\pi_{A_1, \cdots, A_n}(\pi_{B_1, \cdots, B_m}(E)) \equiv \pi_{A_1, \cdots, A_n}(E)$$

该规则的目的是使一些投影消失。

(4) 选择的串接定律

设 E 是关系代数表达式，F_1, F_2 是选取条件表达式，选择的串接定律说明选择条件可以合并，则有

$$\sigma_{F_1}(\sigma_{F_2}(E)) = \sigma_{F_1 \wedge F_2}(E)$$

(5) 选择与投影的交换律

设 E 是关系代数表达式，F 是选取条件表达式，并且只涉及 $A_1, \cdots, A_n$ 属性，则有

$$\sigma_F(\pi_{A_1, \cdots, A_n}(E)) \equiv \pi_{A_1, \cdots, A_n}(\sigma_F(E))$$

若 F 中有不属于 $A_1, \cdots, A_n$ 属性，$B_1, \cdots, B_m$，那么有更一般的规则

$$\sigma_F(\pi_{A_1, \cdots, A_n}(E)) \equiv \pi_{A_1, \cdots, A_n}(\sigma_F(E))$$

$$\sigma_F(\pi_{A_1, \cdots, A_n}(E)) \equiv \pi_{A_1, \cdots, A_n}(\sigma_F(\pi_{A_1, \cdots, A_n, B_1, \cdots, B_m}(E)))$$

该规则可将投影分裂为两个，使得其中的一个可能被移到树的叶端。

(6) 选择与笛卡儿积的交换律

若 F 涉及的都是 E_1 中的属性，则

$$\sigma_F(E_1 \times E_2) \equiv \sigma_F(E_1) \times E_2$$

如果 $F = F_1 \wedge F_2$，并且，F_1 只涉及 E_1 中的属性，F_2 只涉及 E_2 中的属性，则有

$$\sigma_F(E_1 \times E_2) \equiv \sigma_{F_1}(E_1) \times \sigma_{F_2}(E_2)$$

(7) 选择与并的交换律

设 $E = E_1 \cup E_2$，E_1, E_2 有相同的属性，则

$$\sigma_F(E_1 \cup E_2) \equiv \sigma_F(E_1) \cup \sigma_F(E_2)$$

(8) 选择与差的交换律

设 E_1, E_2 有相同的属性，则

$$\sigma_F(E_1 - E_2) \equiv \sigma_F(E_1) - \sigma_F(E_2)$$

(9) 投影与笛卡儿积的交换律

设 E_1, E_2 是两个关系表达式，$A_1, \cdots, A_n$ 是 E_1 中的属性，$B_1, \cdots, B_m$ 是 E_2 中的属性，则

$$\pi_{A_1, \cdots, A_n, B_1, \cdots, B_m}(E_1 \times E_2) \equiv \pi_{A_1, \cdots, A_n}(E_1) \times \pi_{B_1, \cdots, B_m}(E_2)$$

(10) 投影与并的交换律

设 E_1, E_2 有相同的属性，则

$$\pi_{A_1, \cdots, A_n, B_1, \cdots, B_m}(E_1 \cup E_2) \equiv \pi_{A_1, \cdots, A_n}(E_1) \cup \pi_{A_1, \cdots, A_n}(E_2)$$

关系代数等价变换规则小结如下。

(1),(2):连接与笛卡儿积的交换律、结合律。

(3):合并或分解投影运算。

(4):合并或分解选择运算。

(5)~(8):选择运算与其他运算交换。

(5),(9),(10):投影运算与其他运算交换。

3. 关系代数表达式的优化算法

从优化的角度考虑,规则(1)与规则(2)等价变换前后的中间结果规模几乎不发生变化,因此无须考虑优化问题。但规则(3)~(10)变换前后中间结果规模会发生变化,例如,规则(3)若选取的条件 F 只与 E_1 有关,那么先进行 E_1 的条件选取,再与 E_2 做笛卡儿积的时间代价将大大减少。

算法:关系代数表达式的优化。

输入:一个关系代数表达式的语法树。

输出:计算该表达式的程序。

方法:

(1) 分解选择运算。利用规则(4)把形如 $\sigma F_1 \wedge F_2 \wedge \cdots \wedge F_n(E)$ 变换为

$$\sigma F_1(\sigma F_2(\cdots(\sigma F_n(E))\ \cdots))$$

(2) 通过交换选择运算,将其尽可能移到叶端。对每一个选择,利用规则(4)~(8)尽可能把它移到树的叶端。

(3) 通过交换投影运算,将其尽可能移到叶端。对每一个投影利用规则(3),(5),(9),(10)中的一般形式尽可能把它移到树的叶端。

注意:规则(3)使一些投影消失,而规则(5)的更一般形式把一个投影分裂为两个,其中一个有可能被移向树的叶端。

(4) 合并串接的选择和投影,以便能同时执行或在一次扫描中完成。

- 利用规则(3)~(5)把选择和投影的串接合并成单个选择、单个投影或一个选择后跟一个投影。
- 使多个选择或投影能同时执行,或在一次扫描中全部完成。
- 虽然这种变换似乎违背“投影尽可能早做”的原则,但这样做效率更高。

(5) 对内节点分组:

- 把上述得到的语法树的内节点分组。即每一双目运算(×,∞,∪,-)和它所有的直接祖先为一组(这些直接祖先是 σ,π 运算)。
- 如果其后代直到叶子全是单目运算,也将它们并入该组。
- 当双目运算是笛卡儿积(×),而且其后的选择不能与它结合为等值连接时,把这些单目运算单独分为一组。

(6) 生成程序:

- 生成一个程序,每组节点的计算是程序中的一步。
- 各步的顺序是任意的,但是要保证任何一组的计算不会在它的后代组之后计算。

4. 优化的一般步骤

【例 2.6】 设 DB 中有 3 个关系模式：

学生关系：Student(Sno,Sname,age,sex)；

学习关系：SC(Sno,Cno,grade)。

求选修了课程 Cno='2'的学生姓名。优化步骤如下所述。

(1) 把查询转换成某种内部表示(如语法树)。

关系代数语法树如图 2.3 所示。

(2) 代数优化：利用优化算法把关系代数语法树转换成标准(优化)形式。

利用等价规则(4),(6)把选择 $\sigma_{SC.Cno='2'}$ 移到叶端形成标准(优化)图,如图 2.4 所示。

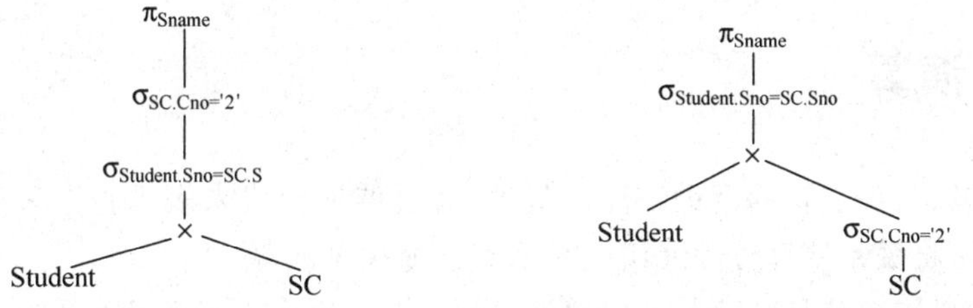

图 2.3 关系代数语法树　　图 2.4 优化后的关系代数语法树

(3) 物理优化：选择底层的存取路径(系统实现)。

利用优化器查找数据字典获得当前数据库状态信息。

- 获得选择字段上是否有索引。
- 获得连接的两个表是否有序。
- 获得连接字段上是否有索引。

根据一定的优化规则选择存取路径。如本例中若 SC 表上建有 Cno 的索引,则应该利用这个索引,而不必顺序扫描 SC 全表。

(4) 生成查询计划,选择代价最小的(系统实现)。

在做连接运算时,若两个表(设为 R_1,R_2)均无序,连接属性上也没有索引,则可以有下面几种查询计划。

- 对两个表做排序预处理。
- 对 R_1 在连接属性上建索引。
- 对 R_2 在连接属性上建索引。
- 在 R_1,R_2 的连接属性上均建索引。

对不同的查询计划的计算代价,选择代价最小的一个。

在计算代价时主要考虑磁盘读写的 I/O 数,内存 CPU 处理时间在粗略计算时可不考虑。

优化的标准语法树的画法(实际优化的转化步骤)：

(1) 写出关系代数表达式。

(2) 画出关系代数表达式的语法树。

(3) 采用优化准则和关系代数等价变化规则写出优化关系代数表达式。

(4) 根据优化关系代数表达式画出标准(优化)形式语法树。

系统可以用多种等价的关系代数表达式来完成查询,因此可能会画出各种不同的优化树,但是都应遵循查询优化的一般准则。

5. 物理优化

代数优化改变的只是查询语句中操作的次序和组合,不涉及底层的存取路径。而对于一个查询语句有许多存取方案,它们的执行效率不同,仅仅进行代数优化是不够的。而物理优化就是要在代数表达式中的每个操作上,选择高效合理的操作算法(简单全表扫描算法,索引扫描,排序合并方法,Hash 法)或存取路径,使系统求得优化的查询计划,达到优化的目的。

物理优化的方法主要有以下几种:基于规则的启发式优化、基于代价估算的优化以及两者结合的优化方法。

2.4 关系演算

关系演算是以数理逻辑的谓词演算为基础,通过谓词形式来表示查询表达式。根据谓词变元的不同,可将关系演算分为元组关系演算和域关系演算。

关系模型的操作部分是基于关系代数的,同样也可以说它是基于关系演算的。即关系代数和关系演算是可以相互替代的。它们之间的基本区别是:关系代数提供了像连接、并和投影等明确的集合操作符,并且这些集合操作符告诉系统如何从给定关系构造所要求的关系;而关系演算仅提供了一种描述来说明所要求的关系的定义。例如,查询提供零件 P2 的供应商的号码和所在城市。此查询的一个代数操作形式可以描述如下。

首先,根据供应商号(*S*#)连接供货商表(supplier)和供货表(shipment)中的元组。

其次,在上述连接结果中选择零件号为 P2 的元组。

最后,将上述选择结果在供应商号(*S*#)和供应商所在城市(city)列上投影。

相比而言,一个演算形式可以简单地描述为:

查取供应商号(*S*#)和供应商所在城市(city),当且仅当在关系供货中存在这样的一个元组:它具有同样的供应商号(*S*#),且它的零件号(*P*#)取值为 P2。在后一种形式中,用户仅仅描述了所要求结果的定义,而把具体的连接、选择等操作留给了系统。

可以说关系演算是描述性形式的,而关系代数是说明性形式的。关系演算描述了问题是什么,而关系代数说明了解决问题的过程。或者说,关系代数是过程化的,而关系演算是非过程化的。

然而,上述区别仅仅是表面上的。实际上,关系代数和关系演算在逻辑上是等价的。即每一个代数表达式都有一个等价的演算表达式,每一个演算表达式都有一个等价的代数表达式,两者是一一对应的关系,所以区别仅仅是形式上的。关系演算更接近自然语言,而关系代数更像程序语言,没有哪一种方法真正地比另外一种更加非过程化。

关系演算是基于谓词演算,它是数理逻辑的一个分支。使用谓词演算作为查询语言的基础的思想起源于 Kuhns 的一篇论文。关系演算的概念最早由 Codd 提出;Codd 在另外一篇论文中提出了一种基于关系演算的语言,称作数据子语言 ALPHA。

由于对值为元组的范围变量的依赖性,所以,起初关系演算就是元组演算。后来,

Lacroix 和 Pirotte 提出了另一种演算形式，即域演算。这种演算的范围变量的取值限制在域上而不是在关系上。在所有已提出的域演算语言的文献中，可能 Query-By-Example 语言（QBE）是最有名的（尽管实际上 QBE 混合了某些元组演算成分）。现在 QBE 已经在商业上实现了。

2.4.1　元组关系演算

元组关系演算以元组变量作为谓词变元的基本对象。

为了讨论方便，先允许关系（的基数）是无限的。然后再对这种情况下定义的演算作适当的修改，保证关系演算中的每一个公式表示的是有限关系。

在元组关系演算中，元组关系演算表达式（简称为元组表达式）用表达式$\{t|\varphi(t)\}$来表示，其中 t 是元组变量，它表示一个定长的元组，$\varphi(t)$为元组关系演算公式，简称公式。公式是由原子公式组成的。原子公式有下列 3 种形式。

(1) $R(s)$，其中 R 是关系名，s 是元组变量。它表示这样的一个命题“s 是关系 R 的一个元组”。于是，关系 R 可表示为

$$\{S \mid R(S)\}$$

(2) $s[i]\theta u[j]$，其中 s 和 u 都是元组变量，θ 是算术比较运算符。该原子公式表示这样的命题“元组 s 的第 i 个分量与元组 u 的第 j 个分量之间满足 θ 关系”。例如，$s[1]<u[2]$表示元组 s 的第一个分量必须小于元组 u 的第二个分量。

(3) $s[i]\theta a$ 或 $a\theta s[j]$，这里 a 是一个常量。该公式表示这样的命题“元组 s 的第 i 个分量与常量 a 之间满足 θ 关系”。

在一个公式中，如果一个元组变量的前面没有存在量词∃或全称量词∀等符号，那么称为自由元组变量，否则称为约束元组变量。元组表达式的一般形式$\{t|\varphi(t)\}$中，t 是 φ 中唯一的自由元组变量。

公式可以递归定义如下。

(1) 每个原子公式是公式。

(2) 如果 φ_1 和 φ_2 是公式，则 $\varphi_1 \wedge \varphi_2$，$\varphi_1 \vee \varphi_2$，$\neg\varphi_1$ 也是公式。分别表示：

如果 φ_1 和 φ_2 同时为真，则 $\varphi_1 \wedge \varphi_2$ 才为真，否则为假；

如果 φ_1 和 φ_2 中一个或同时为真，则 $\varphi_1 \vee \varphi_2$ 为真，仅当 φ_1 和 φ_2 同时为假时，$\varphi_1 \vee \varphi_2$ 才为假；

如果 φ_1 真，则$\neg\varphi_1$ 为假。

(3) 若 φ 是公式，则$\exists t(\varphi)$也是公式。其中符号∃是存在量词符号，$\exists t(\varphi)$表示：

若有一个 t 使 φ 为真，则$\exists t(\varphi)$为真，否则$\exists t(\varphi)$为假。

(4) 若 φ 是公式，则$\forall t(\varphi)$也是公式。其中符号∀是全称量词符号，$\forall t(\varphi)$表示：

如果对所有 t 都使 φ 为真，则$\forall t(\varphi)$为真，否则$\forall t(\varphi)$为假。

在元组演算公式中，各种运算符的优先次序为：

(1) 算术比较运算符最高。

(2) 量词次之，且∃的优先级高于∀的优先级。

(3) 逻辑运算符最低，且¬的优先级高于∧的优先级，∧的优先级高于∨的优先级。

(4) 加括号时，括号中运算符优先，同一括号内的运算符之优先级遵循(1)，(2)，(3)各项。

一个元组演算表达式$\{t|\varphi(t)\}$表示了使$\varphi(t)$为真的元组集合。

关系代数的6种运算均可用元组表达式来表示(反之亦然)。

(1) 并：$R\cup S=\{t|R(t)\vee S(t)\}$。

(2) 交：$R\cap S=\{t|R(t)\wedge S(t)\}$。

(3) 差：$R-S=\{t|R(t)\wedge\neg S(t)\}$。

(4) 投影：$\pi_{i1,i2,\cdots,ik}(R)=\{t|(\exists u)(R(u)\wedge t[1]=u[i1]\wedge t[2]=u[i2]\wedge\cdots t[k]=u[ik])\}$。

(5) 选择：$\sigma_F(R)=\{t|R(t)\wedge F'\}$。

其中F'是F的等价表示形式。

(6) 连接：

$$R\underset{F}{\bowtie}S=\{t|(\exists u)(\exists v)(R(u)\wedge S(V)\wedge t[1]=u[1]\wedge t[2]=u[2]\wedge\cdots t[n]=u[n]\wedge t[n+1]=v[1]\wedge\cdots t[n+m]=v[m]\wedge F')\}$$

例如,有两个关系R和S,如表2.16(a)、(b)所示。计算：

(1) $R_1=\{t|R(t)\wedge\neg S(t)\}$。

(2) $R_2=\{t|R(t)\wedge t[2]=a\}$ 等价的关系代数表达式：$\sigma_{[2]=a}(R)$。

(3) $R_3=\{t|(\exists u)(R(t)\wedge S(u)\wedge t[1]<u[3]\wedge t[2]\neq b)\}$。

等价的关系代数表达式：$\sigma_{R.[2]<S.[2]\wedge R.[2]\neq b}(R\times S)$。

(4) $R_4=\{t|(\exists u)(R(u)\wedge t[1]=u[3]\wedge t[2]=u[1])\}$。

等价的关系代数表达式：$\Pi_{[3],[1]}(R)$。

(5) $R_5=\{t|(\exists u)(\exists v)(R(u)\wedge S(v)\wedge u[1]>v[1]\wedge t[1]=u[2]\wedge t[2]=v[2]\wedge t[3]=u[1])\}$。

结果如表2.16(c)、(d)、(e)、(f)、(g)所示。

表2.16 R,S的关系元组运算

(a) R

A_1	A_2	A_3
1	a	1
3	a	5
4	c	4
2	b	0

(b) S

A_1	A_2	A_3
1	a	1
7	f	8
9	e	9
0	c	5

(c) R_1

A_1	A_2	A_3
3	a	5
4	c	4
2	b	0

(d) R_2

A_1	A_2	A_3
1	a	1
3	a	5

(e) R_3

A_1	A_2	A_3
1	a	1
4	c	4
3	a	5

(f) R_4

A_3	A_1
1	1
5	3
4	4
0	2

(g) R_5

$R.A_2$	$S.A_2$	$R.A_1$
a	a	3
a	c	3
c	a	4
c	c	4
b	a	2
b	c	2
a	c	1

用元组演算表达式表示查询的例子如下。

【例 2.7】 已知学生关系模式 S(Sno,Sname,age,sex),用元组演算表达式表示查询所有男同学姓名和学号。

$$\{t \mid (\exists u)(S(u) \land u[4] = '男' \land t[1] = u[2] \land t[2] = u[1])\}$$

2.4.2 域关系演算

域关系演算是以元组变量的分量即域变量作为谓词变元的基本对象。

域演算表达式的定义类似于元组演算表达式的定义,所不同的是公式中的元组变量由域变量替代。域变量是表示域的变量。关系的属性名可以视为域变量。

域演算表达式的一般形式为:

$$\{t_1 t_2 \cdots t_k \mid \varphi(t_1, t_2, \cdots, t_k)\}$$

其中,$t_1 t_2 \cdots t_k$ 分别是域变量,φ 是域演算公式。域关系演算公式由原子公式和运算符组成。原子公式有以下 3 类。

1. $R\ \{t_1, t_2, \cdots, t_k\}$

R 是 k 元关系,t_i 是域变量或常量。$R\{t_1, t_2, \cdots, t_k\}$表示由分量 $t_1, t_2, \cdots, t_k$ 组成的元组属于关系 R。于是,关系 R 可表示为:

$$\{t_1 t_2 \cdots t_k \mid R(t_1, t_2, \cdots, t_k)\}$$

2. $t_i \theta u_j$

t_i, u_j 为域变量,θ 为算术比较运算符。$t_i \theta u_j$ 表示 t_i, u_j 满足比较关系 θ。

3. $t_i \theta C$ 或 $C \theta t_i$

t_i 为域变量;C 为常量;θ 为算术比较符。该公式表示 t_i 与常量 C 满足比较关系 θ。

域演算和元组关系演算具有相同的运算符,也有“自由域变量”和“约束域变量”的概念。公式可以递归定义如下。

(1) 每个原子公式是公式。

(2) 如果 φ_1 和 φ_2 是域关系演算公式,则 $\varphi_1 \land \varphi_2, \varphi_1 \lor \varphi_2, \neg\varphi_1$ 也是域关系演算公式。

(3) 若 φ 是域关系演算公式,则$\exists t_i(\varphi)(i=1,2,\cdots,k)$也是域关系演算公式。

(4) 若 φ 是域关系演算公式,则$\forall t_i(\varphi)(i=1,2,\cdots,k)$也是域关系演算公式。

(5) 域关系演算公式中运算符优先级与元组关系演算公式中运算符优先级的规定相同。

(6) 域关系演算公式是有限次应用上述规则得到的公式,其他公式不是域关系演算公式。

域演算表达式$\{t_1 t_2 \cdots t_k \mid \varphi(t_1, t_2, \cdots, t_k)\}$表示所有使得 φ 为真的那些 $t_1, t_2, \cdots, t_k$ 组成的元组集合。同元组演算表达式一样,域演算表达式也必须满足类似的 3 个条件才是安全的。

【例 2.8】 设关系 R 和 S,W 如表 2.17 所示。

表 2.17 关系 R,S,W

(a) R

A	B	C
5	b	1
4	a	6
1	c	8

(b) S

A	B	C
5	b	6
5	d	3
2	c	4

(c) W

D	E	F
2	a	d
5	b	e
4	c	f

计算:

(1) $R_1=\{xyf \mid R(xyf)\wedge(f>5\vee y=a)\}$。

(2) $R_2=\{xyf \mid R(xyf)\vee S(xyf)\wedge x=5\wedge f\neq 6\}$。

(3) $R_3=\{xyf \mid (\exists v)(\exists u)(R(yxu)\wedge w(vTf)\wedge u>v)\}$。

结果如表 2.18 所示。

表 2.18 结果关系 R_1,R_2,R_3

(a) R_1

A	B	C
4	a	6
1	c	8

(b) R_2

A	B	C
5	b	1
4	a	6
1	c	8
5	d	3

(c) R_3

A	B	C
a	4	d
a	4	e
a	4	f
c	1	d
c	1	e
c	1	f

【例 2.9】 已知关系 SC(Sno,Cno,grade),用域表达式表示下列查询。

查找课程号为“1”的学生学号和成绩。

第一步,首先写成元组表达式:

$$\{t \mid (\exists u)(\mathrm{SC}(u)\wedge u[2]='1'\wedge t[1]=u[1]\wedge t[2]=u[3])\}$$

第二步,将元组表达式转换域表达式:

$$\{t_1t_2 \mid (\exists u_1)(\exists u_2)(\exists u_3)(\mathrm{SC}(u_1u_2u_3)\wedge u_2='1'\wedge t_1=u_1\wedge t_2=u_3)\}$$

化简为:

$$\{t_1t_2 \mid \mathrm{SC}(t_1,'1',t_2)\}$$

小结

本章从关系模型的 3 个方面系统地介绍了关系数据库的重要概念,包括关系模型的数据结构、关系的完整性以及关系操作。介绍了用代数方式或逻辑方式来表达的关系语言数学基础,即关系代数、元组关系演算和域关系演算。

习题 2

1. 简述关系模型的 3 类完整性规则。
2. 关系查询语言根据其理论基础的不同分为哪两类?
3. 关系演算有哪两种?
4. 为什么要对关系代数表达式进行优化?
5. 简述查询优化的优化策略。
6. 笛卡儿积、等值连接、自然连接这 3 者之间有什么区别?
7. 试述关系模型的 3 个组成部分。
8. 试述关系数据语言的特点和分类。
9. 定义并理解下列术语,说明它们之间的联系与区别。
(1) 域,关系,元组,属性。
(2) 关系模式,关系,关系数据库。
10. 在参照完整性中,为什么外关键字属性的值也可以为空? 什么情况下才可以为空?
11. 供应商数据库中有供应商、零件、项目、供应 4 个基本表。
S(Sno,Sname,Status,City),*P*(Pno,Pname,Color,Weight),
J(Jno,Jname,City),SPJ(Sno,Pno,Jno,Qty)。
查询要求: 检索使用上海供应商生产的红色零件的工程号。
(1) 写出该查询的关系代数表达式。
(2) 写出查询优化的关系代数表达式。
(3) 使用优化算法对语法树进行优化,并画出优化前后的语法树。
12. 教学数据库:
S(Sno,Sname,age,sex);
SC(Sno,Cno,Grade);
C(Cno,Cname,Teacher)。
有一项查询: 查询至少学习 LI 老师所授一门课的女学生的学号与姓名。
(1) 写出该查询的关系代数表达式。
(2) 建立语法树。
(3) 使用优化算法对语法树进行优化,并画出优化后的语法树。
13. 设有关系 *R* 和 *S*,如表 2.19 所示。

表 2.19 关系 *R*,*S*

(a) *R*

A	*B*	*C*
3	6	7
2	5	7
7	2	3
4	4	3

(b) *S*

A	*B*	*C*
3	4	5
7	2	3

计算：$R\cup S, R-S, R\cap S, R\times S, \pi_{3,2}(S), \sigma_{E<'5'}(R), R\underset{2<2}{\bowtie}S, R\bowtie S$。

14. 设有两个关系 $R(A,B,C)$ 和 $S(D,E,F)$，试把下列关系代数表达式转换成等价的元组表达式和域表达式。

(1) $\pi_A(R)$；　　(2) $\sigma_{B='17'}(R)$；

(3) $R\times S$；　　(4) $\pi_{A,F}(\sigma_{c=D}(R\times S))$。

15. 设有如表 2.20 所示的关系 S，SC，C，试用关系代数表达式表示下列查询。

表 2.20　关系 S，C，SC

(a) 关系 S

S#	Sname	age	sex
1	李强	23	男
2	刘丽	22	女
3	张友	22	男

(b) 关系 C

C#	Cname	Teacher
K1	C 语言	王华
K5	数据库原理	程军
K8	编译原理	程军

(c) 关系 SC

S#	C#	Grade
1	K1	83
2	K1	85
5	K1	92
2	K5	90
5	K5	84
5	K8	80

(1) 检索“程军”老师所授课程的课程号(C#)和课程名(Cname)。

(2) 检索年龄大于 21 的男学生的学号(S#)和姓名(Sname)。

(3) 检索至少选修“程军”老师所授全部课程的学生姓名。

(4) 检索“李强”同学不学课程的课程号。

(5) 检索至少选修两门课程的学生学号(S#)。

(6) 检索全部学生都选修的课程的课程号(C#)和课程名(Cname)。

(7) 检索选修课程包含“程军”老师所授课程之一的学生学号(S#)。

(8) 检索选修课程号为 K1 和 K5 的学生学号(S#)。

(9) 检索选修全部课程的学生姓名(Sname)。

(10) 检索选修课程包含学号为 2 的学生所修课程的学生学号(S#)。

(11) 检索选修课程名为“C 语言”的学生学号(S#)和姓名(Sname)。

16. 设有下列关系模式：STUDENT(Sno，Sname，age，sex，Dno)。其中，Sno 表示学号，Sname 表示姓名，age 表示年龄，sex 表示性别，Dno 表示院系号。

SC(Sno，Cno，grade)，其中 Sno 表示学号，Cno 表示课程号，grade 表示成绩。

COURSE(Cno，Cname)，其中 Cno 表示课程号，Cname 表示课程名。

请用关系代数表达式表示下列查询。

(1) 检索年龄小于 16 的女学生的学号和姓名。

(2) 检索成绩大于 85 分的女学生的学号、姓名。

(3) 检索选修课程为 C1 或 C2 的学生的学号。

(4) 检索至少选修了课程号为 C1 和 C2 的学生的学号。

(5) 检索选修课程号为 C1 的学生的学号、姓名、课程名和成绩。

(6) 检索选修了全部课程的学生的学号、姓名和年龄。

第3章 关系数据库标准语言SQL

关系数据库的标准语言是结构化查询语言，简称 SQL(Structured Query Language)语言。它是一种通用的、功能强大的、集数据库的定义、操纵和控制于一体的关系数据库语言。目前几乎所有的关系数据库管理系统都支持 SQL 语言，即它作为国际化的标准语言广泛应用于关系数据库管理系统之中。本章将详细介绍 SQL 语言的查询、插入、删除、修改和控制等语句的语法及其使用，重点是查询语句中查询条件的组织和表示问题。

3.1 SQL 概述

SQL 语言是用于访问数据库的标准语言，也是关系数据库系统的管理与使用、数据库设计与编程等至关重要的数据库语言。为了学习好 SQL 语言，需要了解 SQL 语言的标准、组成及其特点。

3.1.1 SQL 简介

SQL 语言是于 1974 年由 Boyce 和 Chamberlin 提出的，IBM 公司在 1975—1979 年间研制出著名的关系数据库管理系统原型 System R，并在该系统上实现了这种语言。1986 年 10 月，美国国家标准局 ANSI 批准了 SQL 作为关系数据库语言的美国标准，同年发布了 SQL 标准文本(简称 SQL-86 标准)。1987 年此标准也获得了国际标准化组织 ISO 的认可，成为国际标准语言。此后 ANSI 不断修改和完善 SQL 标准，并于 1989 年发布了 SQL-89 标准，1992 年又发布了 SQL-92 标准(也称 SQL2)，1999 年发布了 SQL-99 标准(SQL3)，2003 年发布了 SQL2003 标准，2006 年发布了 SQL2006 标准，2008 年发布了 SQL2008 标准。从 SQL-99 到 SQL2008，可以看到标准修订的周期越来越短，反映了技术的需求变化非常快。

SQL 语言成为国际标准语言以后，随着数据库技术的发展不断发展。各个数据库厂商纷纷推出了自己的数据库系统软件或与 SQL 相关的接口软件。这使大多数数据库均用 SQL 作为共同的数据存取语言和标准接口，使不同数据库系统之间的相互操作有了共同的基础。SQL 语言已经成为数据库领域中的主流核心语言。

3.1.2 SQL 数据库结构

支持 SQL 的关系数据库管理系统同样支持关系数据库三级模式结构，如图 3.1 所示。

1）视图和部分基本表构成了关系数据库的外模式

图3.1中外模式对应于视图和部分基本表。视图是从一个或几个基本表导出的表。视图本身不独立存储在数据库中，即数据库中只存放视图的定义而不直接存放视图对应的数据。这些数据仍存放在与视图相关的基本表中。因此，视图可以称为虚表。

用户可用SQL对基本表和视图进行查询或其他操作，基本表和视图一样，都是关系。在数据查询时，SQL对基本表和视图等同对待。

2）全体基本表构成了关系数据库的模式

基本表是本身独立存在的表，SQL中一个关系对应一个基本表。一个或多个基本表对应一个存储文件，一个表可以带有若干索引，索引也存放在存储文件中。

3）数据库的存储文件构成了关系数据库的内模式

基本表对应的存储文件及索引文件等的逻辑结构组成了关系数据库的内模式。

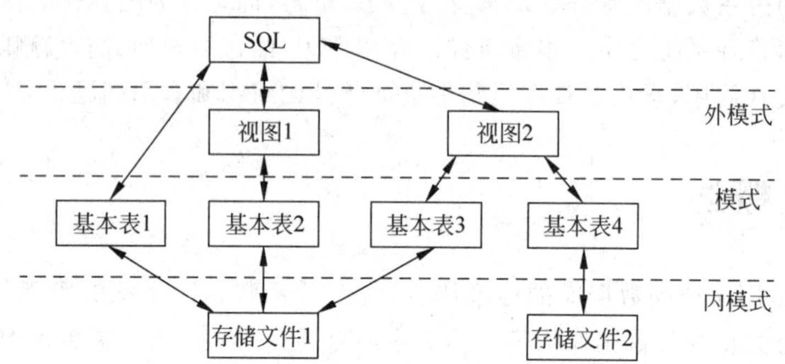

图3.1 SQL对关系数据库模式的支持

3.1.3 SQL的组成及特点

1. SQL的组成

SQL语言是一个通用的、功能极强的关系数据库语言。SQL的功能组成可以分为以下3类。

1）数据定义

SQL的数据定义功能是通过DDL(数据定义语言)来实现的，用来定义关系数据库的模式、外模式和内模式，以实现对基本表、视图以及索引文件的定义、修改和删除等操作。

2）数据操纵

SQL的数据操纵功能是通过DML(数据操作语言)来实现的。DML包括数据查询和数据更新两种数据操作语句。其中，数据查询语句是对数据库中的数据查询、统计、分组、排序、检索等操作，数据更新语句是数据的插入、删除和修改等操作。

3）数据控制

数据库的控制是指数据的安全性和完整性控制。SQL的数据控制功能是通过DCL(数据控制语言)来实现的。SQL通过对数据库用户的授权和回收命令来实现数据的存取控制，以保证数据库的安全性。当然SQL还提供了数据完整性约束条件的定义和检查机制来保障数据库的完整性。

2. SQL的特点

SQL之所以能够被用户和数据库行业所广泛接受,并成为国际标准,是因为它是一个综合的、功能极强的、简洁易学的数据库语言。SQL语言具有以下特点。

1) 综合统一

SQL语言将数据定义语言DDL、数据操纵语言DML、数据控制语言DCL的功能集成于一体,语言风格统一,可独立完成数据库生命周期中的全部活动,主要包括:

- 定义关系模式,插入数据,建立数据库;
- 对数据库中的数据进行查询和更新;
- 数据库重构和维护;
- 数据库安全性、完整性控制,等等。

这些给数据库应用系统的开发提供了良好的数据环境。尤其是用户在数据库系统投入运行后,可以根据需求的变更而修改模式,但并不影响数据库的运行,使系统具有良好的可扩展性。

在关系模型中实体和实体之间的联系都使用关系来表示,这种数据结构的单一性带来了数据操作符号的统一性,数据的查找、插入、删除、更新等操作都只需要一种操作符号,从而简化了系统中的复杂多样化的数据信息的统一表示方式。

2) 高度非过程化

SQL语言进行数据操作,只要提出"做什么"的功能,而无须指明"怎么做",也就是不必了解数据的存取路径。数据存取路径的选择以及SQL的操作过程由系统自动完成。这不仅大大减轻了用户负担,而且有利于提供数据独立性。

3) 面向集合的操作方式

关系模型中实体和实体之间的联系都用关系表示,而对关系的操作特点是集合操作方式,即操作的对象和结果都是集合。关系数据库语言SQL也是采用集合操作方式,不仅操作对象是元组的集合,而且查询、插入、删除、修改等操作的结果也都是元组的集合。

4) 统一的语法结构,多种使用方式

SQL既是独立的自含式语言,又是嵌入式语言。独立自含式SQL能够独立进行联机交互,用户只需在终端键盘上直接输入SQL命令就可对数据库进行操作;而作为嵌入式SQL语言,能够嵌入到高级语言(例如C/C++,Java,C#)程序中来实现对数据库的数据存取操作。在这两种不同的使用方式下,SQL的语法结构基本上是一致的。这种以统一的语法结构提供多种不同使用方式的特点,为使用SQL的程序员与用户提供了极大的灵活性与方便性。

5) 语言简洁,易学易用

尽管SQL语言功能极强,而且又有两种使用方式,但由于设计巧妙,语言十分简洁,完成核心功能的语句只用了9个动词。SQL的命令动词及其功能如表3.1所示。

表 3.1 SQL 的命令动词

SQL 功能	命令动词
数据定义(数据模式定义、删除、修改)	CREATE,DROP,ALTER
数据操纵(数据查询和维护)	SELECT,INSERT,UPDATE,DELETE
数据控制(数据存取控制授权和回收)	GRANT,REVOKE

3.2 SQL 的数据定义

SQL 的数据定义包括模式定义、表定义、索引定义、视图定义和定义数据库,如表 3.2 所示。

表 3.2 SQL 的数据定义语句

操作对象	创建语句	删除语句	修改语句
模式	CREATE SCHEMA	DROP SCHEMA	
基本表	CREATE TABLE	DROP TABLE	ALTER TABLE
索引	CREATE INDEX	DROP INDEX	
视图	CREATE VIEW	DROP VIEW	
数据库	CREATE DATABASE	DROP DATABASE	ALTER DATABASE

在 SQL 语句格式中,语法规定和约定符号说明如下。

1) 语句格式约定符号

SQL 语句语法中,尖括号“＜ ＞”中的内容为实际语义;中括号“[ ]”中的内容为任选项;花括号“{}”或分隔符“|”中的内容为必选项,即必选其一;[,…] 和[,…n]表示前面的项可重复多次。

2) 一般语法规定

SQL 中以英文半角逗号“,”作为数据项(包括表、视图和字段或属性列)的分隔符号,其字符串常量的分界符使用英文半角单引号“'”表示。其他的标点符号也是在英文半角下表示的。

3) SQL 特殊语法规定

SQL 的关键字一般使用大写字母表示;SQL 语句的结束符为英文半角分号“;”。注意在 MS SQL Server 中可以省略分号。

另外,为了讲解 SQL 语句语法,本章中使用一个简单的学生课程数据库作为样例数据库。学生课程数据库中的 3 个关系模式分别为:

学生:Student(Sno,Sname,Ssex,Sbirthday,Sdept) 其属性分别表示为:学号,姓名,性别,出生日期,系名;

课程:Course(Cno,Cname,Cpno,Ccredit) 其属性分别表示为:课程号,课程名,先行课,学分;

选课成绩:SC(Sno,Cno,Grade) 其属性分别表示为:学号,课程号,成绩。

其中,关系的主关键字加下划线表示,外关键字加波浪线表示。Cpno 是 Course 表的外关键字,Sno、Cno 是 SC 表的两个主关键字。

其对应有3张表,该3张表的定义详见3.2.3节中的例3.4。为了对该数据库的结构充分理解,且帮助后面的SQL语法的学习与理解,该数据库的表结构图如图3.2所示。

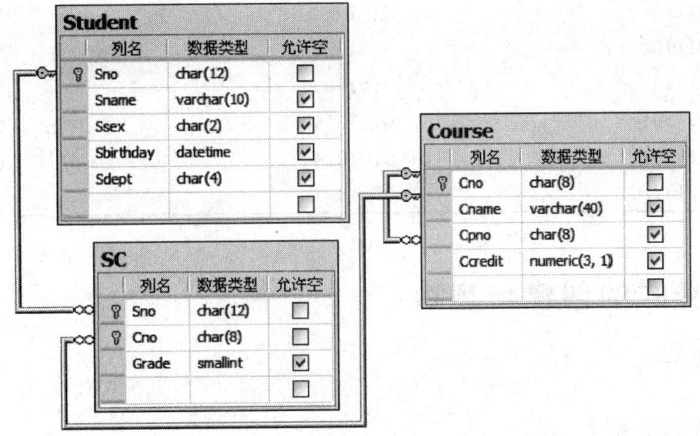

图3.2 学生课程数据库的表结构

各个表中的数据示例分别如表3.3～表3.5所示。

表3.3 学生表Student示例数据

Sno	Sname	Ssex	Sbirthday	Sdept
070107011101	卜玉	女	1989-8-1	CS
070107011102	陈博	男	1990-5-11	CS
070107011103	陈亮	男	1989-1-7	CS
080171011301	王萧	男	1988-2-2	CS
080171011304	程杏红	女	1989-9-12	CS
090301011101	蔡华兵	男	1989-8-17	EA
090301011102	陈晓骏	女	1988-2-3	EA
090301011116	罗莹莹	女	1990-5-20	EA
090171011304	陈敏	女	1989-11-10	CS
090171021317	吴伟平	男	1990-6-2	CS

注:表中CS代表"计算机科学系",EA代表"电气工程与自动化系"。

表3.4 课程表Course示例数据

Cno	Cname	Cpno	Ccredit
0101001	数据结构	0107002	4
0101002	数据库系统原理	0101001	3.5
0101003	计算机网络		4
0101011	操作系统	0101001	4
0101014	软件工程	0107002	3
0101060	专业英语		2
0101066	离散数学		4
0107002	C语言程序设计		4.5
0601001	大学英语		20
0702001	高等数学		10

表 3.5 选课成绩表 SC 示例数据

Sno	Cno	Grade
070107011101	0101002	82
070107011102	0101002	65
070107011103	0101002	70
080171011301	0101014	61
080171011304	0101014	82
090171021317	0101001	86

3.2.1 模式的创建与删除

1. 创建模式

创建模式的 SQL 语句语法：

```
CREATE SCHEMA [<模式名>] AUTHORIZATION <用户名>
        [<表定义子句> | <视图定义子句> |<授权定义子句>]
```

若没有指定＜模式名＞，则模式名隐含为＜用户名＞。调用该命令的用户必须拥有 DBA 权限，或者被授予了 CREATE SCHEMA 的权限。

【例 3.1】 给用户 Steven 定义一个学生-课程模式 StudentCourse。

```
语句 1: CREATE SCHEMA StudentCourse AUTHORIZATION Steven;
语句 2: CREATE SCHEMA AUTHORIZATION Steven;
```

解答说明：语句 2 使用的是隐含模式名形式定义的。

创建模式实际上定义了一个命名空间，在此空间中可以进一步定义该模式所包含的数据库对象，如基本表、视图、索引等。

若使用完整语法格式，即表示 CREATE SCHEMA 语句可以接受基本表定义、视图定义和授权子句，表示创建模式的同时在此模式中创建基本表、视图和定义授权。

【例 3.2】 CREATE SCHEMA StudentCourse AUTIONRIZATION Steven。

```
CREATE TABLE Student
(   Sno         CHAR(12),
    Sname       VARCHAR(10),
    Ssex        CHAR(2),
    Sbirthday   DATETIME,
    Sdept       CHAR(4)
);
```

解答说明：该语句给用户 Steven 创建一个模式 StudentCourse，并在此模式中定义了一张表 Student。

2. 删除模式

删除模式的 SQL 语句语法：

```
DROP SCHEMA <模式名> <CASCADE | RESTRICT>
```

其中CASCADE(级联)和RESTRICT(限制)两者必选其一。级联CASCADE表示删除模式时将该模式中所有的数据库对象同时删除。限制RESTRICT表示若该模式中存在数据库对象,则拒绝该模式的删除。

【例3.3】 DROP SCHEMA StudentCourse CASCADE。

该语句删除模式StudentCourse,即同时删除该模式中所有的数据库对象。

3.2.2 SQL的数据类型

关系模型中的域是表示属性的特性或取值范围。在SQL中域的概念用数据类型来表示。定义基本表的各个属性列时需要指明其数据类型及长度。SQL中提供了一些主要的数据类型,但不同的数据库系统支持的数据类型不完全相同。表3.6列出了SQL的主要数据类型。

表3.6 SQL的主要数据类型

类型表示		类型说明
数值型	SMALLINT	短整型
	INT或INTEGER	长整型
	NUMERIC(p,d)	定点数,由p位数字(不包括符号和小数点)组成,小数后面有d位数字
	FLOAT(n)	浮点数,精度至少为n位数字
	REAL	取决于机器精度的浮点数
	Double Precision	取决于机器精度的双精度浮点数
字符型	CHAR(n)	长度为n的定长字符串
	VARCHAR(n)	最大长度为n的变长字符串
日期时间型	DATE	日期型,格式为YYYY-MM-DD,年月日
	TIME	时间型,格式为HH:MM:SS,时分秒

关于属性列的数据类型选取需要根据实际情况来决定,一般要考虑属性的取值范围及参与什么运算。例如,对于学生的年龄属性,可使用字符型CHAR(3),但考虑到年龄要参与算术运算,所以最好还是数值型的,因为字符型不能进行算术运算。又因为一个人的年龄在百岁左右,所以选用短整型或微整型作为年龄的数据类型。当然对于年龄而言,实际应用中通常使用日期型表示人的出生日期,用当前日期减去出生日期即可表示年龄。

3.2.3 基本表的创建、删除与修改

1. 定义基本表

创建了一个模式,也就是建立了一个数据库的命名空间,或称为表空间。在此空间中首先需要定义的数据库对象是该模式所包含的基本表。

SQL语言使用CREATE TABLE语句定义基本表,其一般语法格式为:

```
CREATE TABLE <表名> (
```

```
  <列名>  <数据类型>  [<列级完整性约束条件>]
 [,<列名>  <数据类型>  [<列级完整性约束条件>] ]
 [,…]
 [,表级完整性约束条件] [,…] );
```

创建基本表的同时通常定义与该表有关的完整性约束条件,这些约束条件存储在数据库的系统数据字典中,当用户操作表中数据时由数据库系统自动检查该操作是否违背了完整性约束条件。若完整性约束条件涉及该表的多个属性列,则必须定义成表级约束,否则既可定义为列级也可定义为表级。关于完整性约束条件的几点说明如下。

1) 列级完整性约束条件

列级完整性约束是针对属性列赋值的限制条件。SQL 的列级完整性约束有以下几种。

(1) NOT NULL 或 NULL 约束。NOT NULL 约束不允许字段值为空,即非空,而 NULL 约束允许字段值为空。字段值为 NULL 的含义是该属性值“未知”、“不详”或“无意义”。关系的主属性必须限定为“NOT NULL”,以满足实体完整性要求。

(2) PRIMARY KEY 约束。

(3) UNIQUE 约束。唯一性约束,即不允许属性列中出现重复的取值。

(4) DEFAULT 约束。默认值约束,即属性列的默认取值。

(5) CHECK 约束。检查约束,通过约束条件表达式设置属性列应满足的条件。

2) 表级完整性约束条件

表级完整性约束条件是指涉及基本表中多个字段列的限制条件。有以下几种表级约束:

(1) UNIQUE 约束;

(2) PRIMARY KEY 约束;

(3) FOREIGN KEY 约束。

【例 3.4】 创建学生-课程模式中的学生表 Student、课程表 Course、选课成绩表 SC。

```
CREATE TABLE Student
(   Sno         CHAR(12)  PRIMARY KEY,          /* 列级完整性约束条件,Sno 为主键 */
    Sname       VARCHAR(10)  UNIQUE,            /* 学生姓名 Sname 取唯一值 */
    Ssex        CHAR(2),                        /* 性别 */
    Sbirthday   DATETIME,                       /* 出生日期 */
    Sdept       CHAR(4)                         /* 所在系别 */
);
CREATE TABLE Course
(   Cno         CHAR(8)  PRIMARY KEY,           /* 列级完整性约束条件,Cno 为主键 */
    Cname       VARCHAR(40),                    /* 课程名称 */
    Cpno        CHAR(8),                        /* 先修课程 */
    Ccredit     NUMERIC(3,1),                   /* 学分 */
    FOREIGN KEY ( Cpno ) REFERENCES Course( Cno )
    /* 表级完整性约束条件,Cpno 为外键,被参照表是 Course,被参照列是 Cno */
);  /* 注:此表的外键定义表示了同表之间的联系 */

CREATE TABLE SC
(   Sno    CHAR(12),                            /* 学生编号 */
    Cno    CHAR(8),                             /* 课程编号 */
```

```
    Grade  SMALLINT,                          /* 成绩 */
    PRIMARY KEY ( Sno,Cno ),
      /* 表级完整性约束条件,主键由两个属性列构成 */
    FOREIGN KEY ( Sno ) REFERENCES Student( Sno ),
      /* 表级完整性约束条件,Sno 为外键,被参照表是 Student,被参照列是 Sno */
    FOREIGN KEY ( Cno ) REFERENCES Course( Cno ),
      /* 表级完整性约束条件,Cno 为外键,被参照表是 Course,被参照列是 Cno */
);
```

2. 删除基本表

当不再需要某个基本表时,可以使用 DROP TABLE 语句删除它。其一般语法格式为:

```
DROP TABLE <表名>  [<RESTRICT> | <CASCADE> ];
```

其中,RESTRICT(限制)和 CASCADE(级联)两者可选,一般默认为 RESTRICT,但并不是所有的 DBMS 都支持。限制 RESTRICT 表示删除是有条件的,若该表被其他表的约束所引用(如 CHECK,FOREIGN KEY 等约束),或者存在视图、触发器、存储过程或函数等使用了该表,则拒绝删除该表。级联 CASCADE 表示删除表没有限制条件,删除表的同时删除相关的依赖对象,如视图。

【例 3.5】 删除学生表 Student。

```
DROP  TABLE  Student ;
```

注意:Microsoft SQL Server 没有 RESTRICT 和 CASCADE 选项;Oracle 9i 没有 RESTRICT 选项。

3. 修改基本表

有时因为需求的变更导致了数据库的表结构的变化,需要使用 SQL 语句 ALTER TABLE 来修改基本表。其一般语法格式为:

```
ALTER  TABLE <表名>
  [ ADD <新列名> <数据类型> [<完整性约束条件>] ]
  [ DROP <完整性约束条件> ]
  [ ALTER COLUMN <列名> <数据类型> ];
```

其中,ADD 子句用于添加新列和新的完整性约束条件;DROP 子句用于删除指定的完整性约束条件;ALTER COLUMN 子句用于修改原有的列定义,包括修改列名和数据类型。

【例 3.6】 向课程表 Course 中增加"学时"字段列,其数据类型为短整型。

```
ALTER TABLE Course ADD Chour SMALLINT;
```

对于新添加的列,基本表中无论有无数据都一律为空值。

【例 3.7】 修改选课成绩表 SC,将"成绩"字段类型改为带 1 位的小数类型。

```
ALTER TABLE SC ALTER COLUMN Grade NUMERIC(3,1);
```

【例 3.8】 修改课程表 Course,添加课程名称必须取唯一值的约束条件。

```
ALTER TABLE Course ADD UNIQUE ( Cname );
```

注：如果要删除约束条件，则需要建立约束时使用命名约束。如下示例所示：

```
ALTER TABLE Course ADD CONSTRAINT UQ_Course UNIQUE ( Cname );
```

删除时则使用：

```
ALTER TABLE Course DROP UQ_Course;
```

3.2.4 索引的创建与删除

索引是基本表的目录。一个基本表可以根据应用环境的需要建立一个或多个索引，以提供多种存取路径，加快查找速度。基本表的存储文件和索引的存储文件一起构成了数据库系统的内模式。

1. 索引的功能作用

1) 使用索引加快数据查询的速度

如果基本表中的数据量非常大，则其数据文件会非常大。在查询数据时，如果不使用索引，则需要将整个数据文件分块，逐个读到内存中，进行查找比较操作。而使用索引后，先将索引文件读入内存，根据索引项找到元组数据的地址，然后再根据该地址将元组数据直接读入计算机。索引文件中只含有索引项和元组地址，一般可以一次读入内存。而且索引项是经过排序的，所以很快找到索引项及元组地址。使用索引大大减少了磁盘的I/O操作，从而加快查询速度。

2) 使用索引保证数据的唯一性

定义索引时可以包括定义数据唯一性的要求。这样在对相关数据进行输入或更改时，系统将进行检查来确保数据的唯一性。

3) 使用索引加快连接速度

在两个基本表进行连接操作时，系统需要在连接关系中对每一个被连接字段进行查询操作。显然，如果在连接文件的连接字段上建立索引，则可以大大提高连接操作速度。

2. 创建索引

SQL语言中，创建索引使用CREATE INDEX语句，其一般语法格式为：

```
CREATE INDEX [ UNIQUE ] [ CLUSTER ] INDEX <索引名>
ON <表名> ( <列名> [ <次序> ] [,<列名> [ <次序> ] ] … );
```

其中：

- <表名>是要创建索引的基本表的名称。索引可以建立在该表的一列或多列上，各列名之间用逗号分隔。
- 每个<列名>后面还可以用<次序>来指定索引值的排列次序，次序可选ASC(升序)或DESC(降序)，缺省值为ASC。
- UNIQUE表示此索引的每一个索引值只对应唯一的数据记录。
- CLUSTER表示要创建的索引是聚簇索引。所谓聚簇索引是指使索引项的排列顺序与基本表中数据的物理顺序一致的索引组织。

【例 3.9】 CREATE CLUSTER INDEX IX_Stusname ON Student (Sname)。

该语句将会在学生 Student 表的姓名 Sname 列上创建一个聚簇索引(索引名为 IX_Stusname),而且 Student 表中的数据将按照 Sname 值的升序存放。

用户可以在最经常查询的字段列上创建聚簇索引以提高查询效率。但建立聚簇索引后,在更新该索引列上的数据时,往往会导致表中记录数据的物理顺序的变更,因而代价比较大。显然一个基本表上最多只能创建一个聚簇索引,对应经常更新的列不宜创建聚簇索引。

【例 3.10】 给学生-课程数据库中的学生表 Student、课程表 Course、选课成绩表 SC 创建索引。其中 Student 表按学号升序建立唯一索引;Course 表按课程号升序建立唯一索引;SC 表按学号升序和课程号降序建立唯一索引。

```
CREATE UNIQUE INDEX IX_Stusno ON Student ( Sno );
CREATE UNIQUE INDEX IX_Coucno ON Course ( Cno );
CREATE UNIQUE INDEX IX_SCno ON SC ( Sno ASC,Cno DESC );
```

解答说明:本例中所建立的索引,其命名使用了"IX_前缀(Index 的简写)+表名+索引字段名"格式,只是一种良好的命名习惯而已。另外,索引可以建立在多个字段上,并可根据需要决定是升序还是降序排列,如本例中的唯一索引 IX_SCno。

3. 删除索引

索引建立后,由系统使用和维护它,并不需要用户干预。创建索引是为了减少查询操作的时间,但如果数据的增删改非常频繁,系统将会花费大量时间来维护索引,这样反而会降低查询效率。因此,有时需要删除一些不必要的索引。在 SQL 语言中使用 DROP INDEX 语句删除索引,其一般语法格式为:

```
DROP INDEX <索引名>;
```

【例 3.11】 删除学生 Student 表的聚簇索引 IX_Stusname。

```
DROP INDEX IX_Stusname;
```

4. 创建索引的原则

创建索引是加快数据查询的有效手段,在创建索引时用户应该遵循以下原则。

1) 索引的创建和维护由数据库管理员 DBA 和 DBMS 完成

索引由 DBA 和 DBO(表的属主,即建表人)负责创建和删除。索引由系统自动选择和维护,也就是不需要用户显式使用索引,这些工作都由 DBMS 自动完成。

2) 建议大表创建索引,小表则不必创建索引

如果表的记录数据很多,记录很长,则非常有必要创建索引。相反,对于记录比较少的基本表,创建索引的意义并不大。

3) 对于一个基本表,不要创建过多的索引

索引文件需要占用文件目录和存储空间,索引过多会造成系统负担加重。DBMS 需要维护索引,当基本表的数据增加、删除或修改时,索引文件也随之变化,以保持与基本表一

致。显然,索引过多会影响数据增加、删除和修改的速度。

4) 根据查询要求建立索引

索引要根据数据查询或处理的要求来建立。对那些查询频度高、实时性要求高的数据一定要建立索引,而对于其他的数据则不应建立索引。

3.3 SQL 的数据查询

数据查询是数据库的核心操作,是根据用户的需要以一种可读的方式从数据库中提取所需数据的功能。SQL 语言提供了 SELECT 语句进行数据查询,它是 SQL 语言中功能强大的语句,也是最常见的数据操纵语句。

3.3.1 SELECT 语句的结构

SELECT 语句具有数据查询、统计、分组和排序的功能,其语句表达能力非常强大。SELECT 语句的一般语法格式为:

```
SELECT  [ALL | DISTINCT]  <目标列表达式> [,<目标列表达式>]…
FROM    <数据源(或称: 表名或视图名)> [,<表名或视图名>]…
[WHERE  <条件表达式> ]
[GROUP BY <分组列名 1 >[,<分组列名 2 >]… [HAVING <组选择条件表达式>] ]
[ORDER BY <排序列名 1 > [ASC | DESC] [,<排序列名 2 > [ASC | DESC] ]… ];
```

查询语句的功能是根据 WHERE 子句的条件表达式,从 FROM 子句所指定的数据源(基本表或视图)中找出满足条件的元组,再按照 SELECT 子句中的目标列表达式,选出元组中的属性值形成结果集。

查询语句共有 5 种子句,其中 SELECT 和 FROM 语句为必选子句,而 WHERE、GROUP BY 和 ORDER BY 子句为可选子句。

1) SELECT 子句

SELECT 子句指明查询结果集的目标列。目标列可以是数据源中的字段及相关表达式、常量或数据统计的函数表达式。若目标列中使用了两个基本表(或视图)中的相同列名,则需要在列名前加上表名或视图名限定("＜表名或视图名＞.＜列名＞")。

2) FROM 子句

FROM 子句用于指明查询的数据源,通常是基本表或视图,若存在多个的话,则用逗号分隔。有时若有一表多用的,则需要给表加上表别名以示区别。

3) WHERE 子句

WHERE 子句通过该子句中的条件表达式来描述关系中元组的选择条件。即选择满足该子句中的条件表达式的元组数据。

4) GROUP BY 子句

该子句的作用是按分组列的值对结果集分组。当 SELECT 子句的目标列表达式中有统计函数时,若也存在 GROUP BY 子句,则统计为分组统计,否则为对整个结果集统计。GROUP BY 子句可以带有 HAVING 短语,此时表示进一步对分组后的数据进行筛选,只有满足了组选择条件表达式的组才予以输出。

5) ORDER BY 子句

该子句的作用是对结果集进行排序。查询结果集可以按多个排序列进行排序，每个排序列后可指定是升序还是降序排序。多个排序列之间用逗号分隔。

3.3.2 单表查询

SELECT 语句可以进行简单的单表查询，也可以进行复杂的多表关联查询和嵌套查询。单表查询是指仅仅涉及一个表的查询。它是最简单最基本的一种查询语句。

1. 选择表中若干列

选择表中的全部列或部分列，或者经过计算的值，这也就是关系代数中的投影运算。

【例 3.12】 查询全体学生的详细信息。

```
SELECT  *  FROM  Student;
```

等价于：

```
SELECT  Sno, Sname, Ssex, Sbirthday, Sdept
FROM   Student;
```

查询全部列可以在 SELECT 子句后列出所有列名，如果列的显示顺序与其在表或视图中的顺序相同，则可简单写成 SELECT ＊的形式。

【例 3.13】 查询全体学生的姓名、学号、所在系别。

```
SELECT  Sname, Sno, Sdept
FROM   Student;
```

<目标表达式>可以是算术表达式、字符串常量、函数等。

【例 3.14】 查询全体学生的姓名、出生日期及年龄。

```
SELECT  Sname, Sbirthday, DATEPART(year,getdate()) - DATEPART(year,Sbirthday)
FROM    Student;
```

解答说明：DATEPART 是 SQL Server 中取日期时间中的部分(如年、月、日等)；getdate()是获取当前时间的函数。本例是比较常用的一种根据出生日期来计算年龄的方法。一般系统中记录人员的信息中多数记录了出生日期这个固有特性，而只记录人员的年龄并不现实，因为时间向前走，记录年龄将带来必须每年定期修改关于年龄的数据信息。

还可以通过指定别名来改变查询结果的列标题，尤其在含有计算表达式、常量、函数的目标列表达式中更有用。

【例 3.15】 查询全体学生的姓名、出生年份和所在系别，且用大写字母表示所有系名。

```
SELECT   Sname, '出生年份:' Birth, DATEPART ( year, Sbirthday ) BirthYear, LOWER
(Sdept) Department
FROM   Student;
```

解答说明：本例中使用了 LOWER 函数转换字符串为小写，即将系名使用大写字母表示。

2. 选择表中若干元组

【例 3.16】 查询选修了课程的学生学号。

```
SELECT  Sno  FROM  SC;
```

解答说明：本例的语句执行结果可能包含有许多重复的行。若想去掉结果中的重复行，则必须使用 DISTINCT 关键词：

```
SELECT  DISTINCT  Sno  FROM  SC;
```

通常没有指定 DISTINCT 关键词时，则默认为 ALL，即保留结果集中的重复行。

```
SELECT  Sno  FROM  SC;
```

等价于：

```
SELECT  ALL  Sno  FROM  SC;
```

实际应用中，多数情况下查询表中满足条件的若干元组，此时可以使用 WHERE 子句实现。

1）比较大小

用于比较大小的运算符有：等于 =，大于 >，小于 <，大于等于 >=，小于等于 <=，不等于 != 或 <>，不大于 !>，不小于 !<。

【例 3.17】 查询计算机科学系全体学生的名单。

```
SELECT  Sname  FROM  Student
WHERE  Sdept  =  'CS';
```

【例 3.18】 查询考试成绩有不及格的学生的学号。

```
SELECT  DISTINCT  Sno  FROM  SC
WHERE  Grade < 60;
```

2）确定范围

可用来确定范围的关键词有：BETWEEN…AND…和 NOT BETWEEN…AND…。前者表示查找属性值在指定范围内的元组，后者表示查找属性值不在指定范围内的元组，其中，BETWEEN 后是范围的下限值，AND 后是范围的上限值。

【例 3.19】 查询考试成绩在 80～100 分(包括 80 和 100 分)范围内的学生的学号。

```
SELECT  Sno
FROM    SC
WHERE  Grade  BETWEEN  80  AND  100;
```

【例 3.20】 查询考试成绩不在 80～100 分(包括 80 和 100 分)范围内的学生的学号。

```
SELECT  Sno
FROM    SC
WHERE  Grade  NOT  BETWEEN  80  AND  100;
```

3）确定集合

关键词 IN 可用来查找属性值属于指定集合的元组。相对立的关键词是 NOT…IN，查找属性值不属于指定集合的元组。

【例 3.21】 查询属于计算机科学系 CS、信息系 IS 的学生姓名和性别。

```
SELECT Sname, Ssex
FROM   Student
WHERE Sdept  IN  ('CS', 'IS');
```

4）涉及空值 NULL 的查询

当需要判别是否存在空值 NULL 的情况下，可使用 IS NULL 或 IS NOT NULL 来进行。

【例 3.22】 查询缺少成绩的学生的学号和相应的课程号。

```
SELECT Sno,  Cno
FROM   SC
WHERE  Grade IS NULL;
```

【例 3.23】 查询所有有成绩的学生的学号和课程号。

```
SELECT Sno,  Cno
FROM   SC
WHERE  Grade IS NOT NULL;
```

5）模糊查询

模糊查询又称字符匹配查询。一般语法格式为：

```
[NOT] LIKE '<匹配串>' [ ESCAPE '<换码字符>' ]
```

表示查找指定的属性列值与＜匹配串＞相匹配的元组。其中＜匹配串＞可以是一个完整字符串，也可含有通配符％和_(下划线)。其中：

(1) ％(百分号)代表任意长度的字符串，包括长度为 0。

例如，'DB％C'表示以 DB 开头，以 C 结尾的任意长度的字符串，如 DBC，DBAEC，DBMSC 等都属于满足匹配的字符串。

(2) _(下划线)代表任意单个字符。

例如'DB_C'表示以 DB 开头，以 C 结尾的长度为 4 的任意字符串，如 DBMC，DBAC 等。

【例 3.24】 查询学号以 0701 开头的学生的详细信息。

```
SELECT  *   FROM  Student
WHERE  Sno  LIKE  '0701%';
```

如果 LIKE 后的匹配串不含通配符，则可用 ＝（等于）运算符取代 LIKE 关键词，用 !＝ 或 ＜＞（不等于）运算符取代 NOT LIKE 关键词。

【例 3.25】 查询学号为“07010701110”的学生的详细信息。

```
SELECT  *   FROM  Student
WHERE  Sno  LIKE  '070107011101';
```

上面语句等价于：

```
SELECT  *  FROM  Student
WHERE  Sno = '070107011101';    /* 因为查询确定的学号,不需要使用通配符,所以直接使用 =
                                (等于) */
```

【例 3.26】 查询所有姓赵的学生的姓名、学号等信息。

```
SELECT  Sname,  Sno  FROM  Student
WHERE  Sname  LIKE  '赵%';
```

【例 3.27】 查询所有姓"欧阳"且全名为 4 个汉字的学生姓名及学号。

```
SELECT  Sname,  Sno  FROM  Student
WHERE  Sname  LIKE  '欧阳____';
```

解答说明:一个汉字占两个字符的位置,所以匹配字符串"欧阳"后面需要跟 4 个下划线(_)。当然,具体在某个 DBMS 中,还需要看是否已经对汉字的存储处理,如果已经处理了,则使用一个下划线代表占一个汉字。

有时查询的字符串本身就含有通配符%或下划线_,此时就需要使用 ESCAPE '<转义字符>'短语对通配符进行转义处理了。

【例 3.28】 查询课程名为"DB_"开头,且倒数第 3 个字符为 i 的课程的详细信息。

```
SELECT  *  FROM  Course
WHERE  Cname  LIKE  'DB\_%i__'  ESCAPE '\';
```

解答说明:本例的匹配串为'DB_%i__'。第一个下划线_前面有转义字符\,所以此下划线被转义为普通的下划线,而不再表示单个字符的占位。而 i 后面的两个下划线__的前面都没有转义字符\,所以它们仍作为通配符。思考:如果倒数的 3 个字符串为"i__"的话如何表达?

6) 多重条件查询

多重条件查询可使用逻辑运算符 AND 和 OR 来连接多个查询条件。AND 的优先级高于 OR,但可用括号改变优先级。

在例 3.19 中的 BETWEEN…AND…可用 AND 运算符和比较运算符改成多重条件查询来替换:

```
SELECT  Sno  FROM  SC
WHERE  Grade >= 80  AND  Grade <= 100;
```

在例 3.21 中的 IN 关键词实际上是多个 OR 运算符的缩写形式,因此可用 OR 运算符写成多重条件查询形式:

```
SELECT  Sname,  Ssex
FROM    Student
WHERE  Sdept = 'CS'  OR  Sdept = 'IS';
```

3. 使用 ORDER BY 子句的查询

通常查询时,需要按一定顺序显示查询结果,可以使用 ORDER BY 子句对查询结果按照一个或多个属性列的升序或降序排列显示,ASC 和 DESC 分别表示升序和降序,系统默认为升序。

【例 3.29】 查询选修了课程号为“0101003”的学生的学号及其成绩，查询结果按分数的降序排列显示。

```
SELECT  Sno, Grade  FROM  SC
WHERE  Cno = '0101003'
ORDER BY Grade DESC;
```

对应空值，若按升序排，含空值的元组将最后显示；若按降序排，含空值的元组将最先显示。

【例 3.30】 查询全体学生信息，查询结果按所在系别的系号升序排列，同一系中的学生按照出生日期降序排列。

```
SELECT  *  FROM  Student
ORDER BY Sdept ASC, Sbirthday DESC;
```

解答说明：因为 ASC 升序是默认排序方式，本例中的 Sdept ASC 中的 ASC 可省略不写。

4. 带聚集函数的查询

在实际应用中，常常需要对一个数据集进行统计、求和、求平均值等汇总统计操作，一般的 DBMS 都提供了聚集函数来实现这类功能。表 3.7 列出了 SQL 提供的聚集函数。

表 3.7 聚集函数

聚 集 函 数	含 义
COUNT([DISTINCT|ALL] *)	计算总行数，或称为统计元组个数
COUNT([DISTINCT|ALL] <列名>)	计算一列中不同值的个数，若有 DISTINCT 则计算列的非空个数
SUM([DISTINCT|ALL] <列名>)	计算非空数字型列或表达式的总和；若有 DISTINCT，则计算不同值的总和，相同的值仅计算一次
AVG([DISTINCT|ALL] <列名>)	计算非空数字型列或表达式的平均值；若有 DISTINCT，则计算不同值的总和，相同的值仅计算一次
MAX([DISTINCT|ALL] <列名>)	计算一列值中的最大值
MIN([DISTINCT|ALL] <列名>)	计算一列值中的最小值

注：聚集函数遇到空值时，除 COUNT(*)外，都跳过空值而只处理非空值。另外，WHERE 子句中不能用聚集函数作为条件表达式的。

在使用聚集函数的查询语句中，通常需要分组进行统计。此时可使用 GROUP BY 子句和聚集函数，将数据分组后再使用聚集函数进行统计。GROUP BY 子句将查询结果按某一列或多列的值进行分组，值相等的当成一组。如果没有对查询结果分组，则聚集函数将作用于整个查询结果，如果使用了 GROUP BY 分组后聚集函数将作用于每一个组，即每一个组都有一个函数值。

当使用 GROUP BY 子句分组时，在 SELECT 子句的列表中，除了使用聚集函数的列外，其他各列都必须出现在 GROUP BY 子句的列表中，否则将会出错。

【例 3.31】 求各个课程号及相应的选课人数。

```
SELECT  Cno,  COUNT(Sno)
FROM   SC
GROUP BY Cno;
```

解答说明：本例语句对查询结果按 Cno 的值分组，所有具有相同 Cno 值的元组为一组，然后对每一组用聚集函数 COUNT 计算，求出该组的学生人数。

查询结果可能为：

Cno	COUNT(Sno)
0101001	22
0101002	46
0101003	38

当分组后还需要按一定条件对这些组进行筛选，最终只输出满足指定条件的组，则需要使用 HAVING 短语指定筛选条件。

【例 3.32】 查询选修了 3 门以上课程的学生学号。

```
SELECT  Sno  FROM  SC
GROUP  BY  Sno
HAVING  COUNT( * ) > 3;
```

解答说明：本例先使用 GROUP BY 子句按 Sno 进行分组，再用聚集函数 COUNT 对每一组计数。而 HAVING 短语给出了选择组的条件，只有满足条件的，即每组人数大于 3 的才会被选出来，表示学生选修了 3 门以上的课程。

HAVING 短语与 WHERE 子句的区别是：WHERE 子句作用于分组之前选择符合条件的记录元组，而 HAVING 短语是作用于分组之后选择符合条件的分组结果，选择的是满足条件的组。

在 HAVING 短语后，使用 ORDER BY 子句，实现对各分组结果进行排序，但要求必须在 ORDER BY 子句中使用聚集函数或 GROUP BY 的分组列。一般而言，聚集函数可出现在 SELECT 子句、HAVING 短语、ORDER BY 子句中，但不能出现在 GROUP BY 子句中。

注意，如果同时使用了 WHERE 子句、GROUP BY 子句、HAVING 短语、ORDER BY 子句，则必须按先 WHERE 子句，其次是 GROUP BY 子句、HAVING 短语，最后是 ORDER BY 子句的顺序书写。HAVING 短语必须在含有 GROUP BY 子句的查询语句中使用，不能单独离开 GROUP BY 子句使用。

3.3.3 关联查询

前面的查询都是针对一个表进行的。若一个查询同时涉及两个以上的表，则称为关联查询，也称为连接查询。在实际应用中，信息分布在不同的表或视图中，所以需要关联查询。关联查询的 WHERE 子句中用来连接两个表的条件称为连接条件，其一般格式为：

```
[<表名 1 或视图名 1>.]<列名 1>  <比较运算符>  [<表名 2 或视图名 2>.]<列名 2>
```

根据连接运算符的不同特点，连接运算可分为内连接和外连接。下面分别讨论。

1. 内连接

内连接是要求参与连接运算的基本表或视图满足给定的连接条件。根据连接条件的不同可分为等值连接、非等值连接、自然连接、自身连接。若连接运算符是相等(=)运算,并且参与比较运算的列的数据类型兼容,则称为等值连接；若比较运算是除了等号外的运算符,则称为非等值连接。

【例 3.33】 查询每个学生及其选修课程的情况。

```
SELECT  Student.*,  SC.*
FROM  Student,  SC
WHERE  Student.Sno = SC.Sno;
```

解答说明：学生情况存放在 Student 表中,学生选课信息存放在 SC 表中,所以本查询涉及 Student 与 SC 两个表。两个表之间通过公共属性学号 Sno 建立联系。本例中为了避免同名属性间的混淆,SELECT 子句与 WHERE 子句中的属性列名前都加上了表名前缀。若属性列名在参加连接的各表中是唯一的,则可以省略表名前缀,但通常还是习惯加上表名前缀以示区分。本例中存在 Student. Sno 与 SC. Sno 列重复的情况。

若在等值连接中把目标列中重复的属性列去掉则称为自然连接,它是一种特殊的等值连接。即要求查询结果中列不重复的等值连接。

【例 3.34】 对例 3.32 使用自然连接实现。

```
SELECT  Student.Sno,  Sname,  Ssex,  Sbirthday,  Sdept,  Cno,  Grade
FROM  Student,  SC
WHERE  Student.Sno = SC.Sno;
```

解答说明：由于两个表中只有 Sno 是相同的,所以 SELECT 子句中的属性列不同的可以省略掉表名前缀,而 Sno 前面必须加上表名前缀,本例 Sno 前使用 Student 作为前缀,也可使用 SC 作为前缀。

SELECT 查询语句不仅支持不同表之间的连接,还支持同一表的自身的连接,称为自身连接,简称自连接。注意自身连接与自然连接的区别,可把自连接理解为同一张表或视图的两个副本之间的连接,使用不同别名来区分副本。自身连接是等值连接和自然连接的特例。

【例 3.35】 查询每一门课程的间接先修课(即先修课的先修课)。

```
SELECT  FIRST.Cno,  FIRST.Cname,  SECOND.Cpno
FROM  Course  FIRST,  Course  SECOND
WHERE  FIRST.Cpno = SECOND.Cno;
```

解答说明：在课程表 Course 中,只有每门课程的直接先修课信息,而没有先修课的先修课。要得到这个信息,必须先对一门课程找到其先修课,再按此先修课的课程号,查找它的先修课。这就是需要将 Course 表与其自身连接。所以,需要给 Course 表取两个别名表,即两个副本,一个命名为 FIRST,另一个命令为 SECOND。自身连接的条件是 FIRST 表的先修课与 SECOND 表的课程号等值连接,其结果中"SECOND 表的先修课号"为"FIRST 表的课程号"的间接先修课。

2. 外连接

在某些应用中,两张表的连接查询时,要求输出一张表的所有记录元组,而另外一张表只输出满足连接条件的记录,对没有满足条件的记录,则用空 NULL 值匹配输出,这种连接查询称为外连接。

【例 3.36】 查询所有学生的基本情况及其选课情况。

```
SELECT  Student.Sno,  Sname,  Ssex,  Sbirthday,  Sdept,  Cno,  Grade
FROM  Student  LEFT OUTER JOIN  SC ON (Student.Sno = SC.Sno );
```

解答说明:本例是以 Student 表为主,列出所有学生的基本情况,加上学生的对应的选课情况信息,对于存在选课信息的则列出来,而对于不存在选课信息的则用空 NULL 匹配显示。

注意,LEFT OUTER JOIN 表示左外连接,输出左边关系表中的所有元组,右边关系表中与左表匹配的则显示,否则使用空值 NULL 输出;RIGHT OUTER JOIN 表示右外连接,输出右边关系表的所有元组,左边关系表中与右表匹配的则显示,否则使用空值 NULL 输出。在 MS SQL Server 中还有一种全外连接,则是左外连接与右外连接所产生结果的并集。

3.3.4 嵌套查询

SQL 语言中,一个 SELECT-FROM-WHERE 语句称为一个查询块。将一个查询块嵌套在另一个查询块中的 WHERE 子句或 HAVING 短语的条件中的查询称为嵌套查询。外层的查询称为主查询或父查询,内层的 SELECT 查询子句称为子查询。嵌套查询最多可以嵌套 255 层。按照父查询与子查询的关系,嵌套查询可分为不相关子查询和相关子查询。

在嵌套查询中,子查询只能在比较运算符的右边,而不能放在比较运算符的左边;与=,<>,<,<=,>,>=等比较运算符相连的子查询必须返回非空的单值集合;如果子查询返回是空集或多值集合时,子查询只能与 IN,NOT IN,ANY,ALL,EXISTS,NOT EXISTS 等比较运算符相连。

1. 不相关子查询

不相关子查询是指子查询的查询条件不依赖于父查询。执行顺序是从嵌套层次最内层子查询开始执行,每个子查询在其直接外层查询处理之前执行,查询返回结果作为上层查询的查询条件,最后执行最外层的主查询。

【例 3.37】 查询选修课程号为"0101002"的学生姓名与学号。

```
SELECT  Sno,  Sname
FROM  Student
WHERE  Sno  IN  ( SELECT  Sno
                  FROM  SC
                  WHERE  Cno = '0101002' );
```

解答说明:本例需要查询的学生姓名及学号在 Student 表中,而选修课程信息在 SC 表中，所以需要 Student 和 SC 这两张表参与查询。上面的 SQL 语句是带有 IN 谓词的嵌套子查询。本查询也可以使用自然连接来实现：

```
SELECT  Student..Sno,  Sname
FROM  Student,  SC
WHERE  Student.Sno = SC.Sno
   AND  SC.Cno = '0101002';
```

【例 3.38】 查询选修课程名为"数据库系统原理"的学生姓名与学号。

```
SELECT  Sname,  Sno
FROM   Student
WHERE  Sno  IN ( SELECT Sno
                 FROM  SC
                 WHERE Cno  IN ( SELECT  Cno
                                FROM  Course
                                WHERE  Cname = '数据库系统原理' )
                 );
```

解答说明：本查询涉及的学号、姓名和课程名 3 个属性信息。而学号和姓名存放在 Student 表中，课程名存放在 Course 表中，但 Student 表与 Course 表没有直接联系，必须通过选课表 SC 建立桥梁联系。所以本例查询涉及了 3 个关系表的查询。上面 SQL 语句是使用了 IN 谓词的不相关嵌套子查询，同样也可以用连接查询实现：

```
SELECT  Sname,  Student.Sno
FROM   Student, SC, Course
WHERE  Student.Sno = SC.Sno
   AND  SC.Cno = Course.Cno
   AND  Course.Cname = '数据库系统原理';
```

从例 3.36 和例 3.37 可以看出，查询涉及多个关系表时，使用嵌套查询逐步求解，层次清楚，易于构造，具有结构化程序设计的优点。

2. 相关子查询

相关子查询是指依赖于主查询的子查询，即子查询的条件子句含有主查询中表的有关信息。当主查询语句处理每条记录时，根据它与内层查询相关列的值来处理内层查询，若子查询的 WHERE 子句返回值为真，则取出主查询的记录放入结果表。在含有相关子查询的嵌套查询中，通常有 EXISTS 运算符与相关子查询相连。

【例 3.39】 找出每个学生超过他选修课程平均成绩的课程号。

```
SELECT  Sno, Cno
FROM   SC  T1
WHERE  Grade >= ( SELECT  AVG( Grade )
                  FROM  SC  T2
                  WHERE  T1.Sno = T2.Sno );
```

解答说明：T1 是表 SC 的别名，又称为元组变量，可以用来表示 SC 的一个元组。内层查询是求一个学生所有选修课程平均成绩，至于是哪个学生的平均成绩要看参数 T1.Sno

的值,而该值与父查询相关。

3. 带有 ANY 或 ALL 谓词的子查询

子查询返回单值时可用比较运算符,但返回多值时要用 ANY 或 ALL 谓词修饰符。使用 ANY 或 ALL 谓词时必须同时使用比较运算符。

ANY 谓词是检查在子查询结果集中是否满足给定的条件。如果子查询的结果集中至少有一个值满足条件,则比较运算结果为真,否则为假。

ALL 谓词是检查在子查询结果集中所有值是否都满足给定的条件。只有当结果集的所有值均满足给定的条件,则比较运算结果为真,否则为假。

通常 ANY 和 ALL 需要与=,!=,>,<,<=或>=等比较运算符配合使用。其组合意义如表 3.8 所示。

表 3.8 与 ANY 和 ALL 相关的比较运算符

运 算 符	等 效 功 能	功 能 含 义
>ANY	> 最小值(MIN)	大于子查询结果中的某个值
>ALL	> 最大值(MAX)	大于子查询结果中的所有值
<ANY	< 最大值(MAX)	小于子查询结果中的某个值
<ALL	< 最小值(MIN)	小于子查询结果中的所有值
>=ANY	>= 最小值(MIN)	大于等于子查询结果中的某个值
>=ALL	>= 最大值(MAX)	大于等于子查询结果中的所有值
<=ANY	<= 最大值(MAX)	小于等于子查询结果中的某个值
<=ALL	<= 最小值(MIN)	小于等于子查询结果中的所有值
=ANY	IN	等于子查询结果中的某个值
=ALL		等于子查询结果中的所有值(无实际意义)
!=ANY 或<>ANY		不等于子查询结果中的某个值
!=ALL 或<>ALL	NOT IN	不等于子查询结果中的任何一个值

注意,*表 3.8 中聚集函数 MAX 和 MIN 必须在子查询中使用。*

【例 3.40】 查询其他系中比计算机系某一学生年龄小的学生姓名和年龄。

```
SELECT  Sname, Sage
FROM  Student
WHERE  Sage  < ANY  ( SELECT  Sage
                      FROM  Student
                      WHERE  Sdept = 'CS')
   AND  Sdept  <> 'CS';
```

解答说明:注意最后的 Sdept <> 'CS'是父查询中的条件,表示从其他系别中查找。本例也可以使用聚集函数来实现:

```
SELECT  Sname, Sage
FROM  Student
WHERE  Sage  <  ( SELECT  MAX(Sage)
                  FROM  Student
                  WHERE  Sdept = 'CS')
```

```
AND  Sdept <> 'CS';
```

事实上,使用聚集函数实现子查询通常比直接用 ANY 或 ALL 查询效率要高些。

【例 3.41】 查询其他系中比计算机系所有学生年龄都小的学生姓名和年龄。

```
SELECT  Sname, Sage
FROM    Student
WHERE   Sage  < ALL  ( SELECT  Sage
                       FROM  Student
                       WHERE  Sdept = 'CS')
   AND  Sdept <> 'CS';
```

4. 带有 EXISTS 谓词的子查询

带有 EXISTS 谓词的子查询不返回任何数据,只产生逻辑真或逻辑假。

例 3.37 也可以使用带 EXISTS 谓词的子查询实现。

```
SELECT  Sno,  Sname
FROM    Student
WHERE   EXISTS  ( SELECT  *
                  FROM  SC
                  WHERE  SC.Sno = Student.Sno  AND  Cno = '0101002');
```

解答说明:由 EXISTS 引出的子查询,其目标列表达式通常都用 *,因为这种子查询只返回真值或假值,给出具体列名无意义。

【例 3.42】 查询选修了全部课程的学生姓名。

```
SELECT  Sname
FROM    Student
WHERE   NOT EXISTS  ( SELECT  *  FROM  Course
                      WHERE  NOT EXISTS
                             (SELECT  *  FROM  SC
                             WHERE  SC.Sno = Student.Sno
                               AND  SC.Cno = Course.Cno )
                      );
```

解答说明:本例涉及 3 张表 Student、Course 和 SC。SQL 中没有全称量词,但可以将其转换为等价的存在量词的形式,即查询这样的学生姓名,没有一门课程是他不选修的。

3.4 SQL 的数据更新

数据更新操作有 3 种,即数据的增加、删除、修改操作,对应的 SQL 数据更新语句为:INSERT 语句、DELETE 语句和 UPDATE 语句。更新操作是以查询操作为基础,所以 SQL 数据更新语句中基本上都带有查询子句。

3.4.1 数据的插入

SQL 的数据插入语句有两种使用形式:一种是使用常量,一次仅插入一个元组;另一种是插入子查询的结果,一次可以插入多个元组。

1. 插入单个元组

使用常量插入单个元组的INSERT语句的格式为:

```
INSERT  INTO  <表名> [( <属性列 1>,<属性列 2>… )]
VALUES ( <常量 1>[,<常量 2>] … );
```

该语句的功能是将新元组插入指定表中,新元组的<属性列1>的值为<常量1>,<属性列2>的值为<常量2>…。如果INTO子句中有属性列选项,则没有出现在INTO子句中的属性列将取空值。但需注意,在表定义时对已经指定为非空NOT NULL的属性列不能取空值,否则会出错。如果INTO子句没有指明任何属性列名,则新插入的单个元组必须在每个属性列上均有值。

【例3.43】 向学生表Student中插入一个新学生记录,该学生信息为:学号为"070107011101",姓名"卜玉",性别"女",出生日期为"1989年8月1日",所在系别"CS"为计算机科学系。

```
INSERT  INTO  Student (Sno,Sname,Ssex,Sbirthday,Sdept)
VALUES ('070107011101','卜玉','女','1989-8-1','CS');
```

本例中INTO子句指出了表名Student,并指出了新增的记录在哪些属性上需要赋值,属性的顺序可以与该表Student的建立的顺序不一样。VALUES子句对应各属性赋值,其中字符串需要使用英文单引号括起来。另外,对于日期型字段数据也需按照日期格式书写且使用英文单引号括起来。

由于学生表Student的字段顺序依次为:Sno、Sname、Ssex、Sbirthday、Sdept,所以上述语句还可以写成如下形式:

```
INSERT  INTO  Student
VALUES ('070107011101','卜玉','女','1989-8-1','CS');
```

【例3.44】 插入一条选课记录(学号:'070107011101',课程号:'C01',成绩不详)。

```
INSERT  INTO  SC (Sno,Cno)
VALUES ('070107011101','C01');
```

或者

```
INSERT  INTO  SC
VALUES ('070107011101','C01',NULL);
```

2. 插入子查询的结果集

子查询不仅可以嵌套在SELECT语句中,以构造父查询的条件,也可以嵌套在INSERT语句中用以批量插入数据。当插入的数据需要查询才能得到时,可使用插入子查询的结果集作为批量数据输入到基本表中。

插入子查询结果集的INSERT语句的格式为:

```
INSERT  INTO  <表名>[( <属性列1>,<属性列2>… )]
<子查询>;
```

【例 3.45】 求每门课程的平均成绩，并把结果存入数据库中。

首先新建立一张表，列名包括课程编号和平均成绩。

```
CREATE TABLE SC_AVG
(  Cno          char(8)  PRIAMRY KEY,
   GradeAvg     numeric(3,1) );
```

然后对课程表SC按课程编号求平均成绩，并将课程编号和平均成绩插入该表中。

```
INSERT  INTO  SC_AVG
SELECT  Cno,  AVG(Grade)
FROM  SC
GROUP  BY  Cno;
```

3.4.2 数据的删除

数据删除语句的一般格式为：

```
DELETE  FROM  <表名>
[ WHERE  <条件> ];
```

DELETE语句的功能是从指定表中删除满足WHERE条件的所有元组。如果省略了WHERE子句，则表示删除表中全部元组。DELETE语句删除的是表中的数据，而不是表的定义，即使表中的数据全部被删除，表的定义仍在数据库中。

【例 3.46】 删除学号为"070107011102"的学生记录。

```
DELETE  FROM  Student
WHERE  Sno = '070107011102';
```

【例 3.47】 删除所有学生的选课记录。

```
DELETE  FROM  SC;
```

【例 3.48】 删除计算机系所有学生的选课记录。

```
DELETE  FROM  SC
WHERE  'CS' = ( SELECT  Sdept  FROM  Student
                WHERE  Student.Sno = SC.Sno );
```

解答说明：注意此例中子查询的写法是必须放在比较运算符之后。

3.4.3 数据的修改

SQL数据修改操作语句的一般格式为：

```
UPDATE  <表名>
SET  <列名>  =  <表达式>[, <列名>  =  <表达式> ]…
[ WHERE  <条件>];
```

其功能是修改指定表中满足 WHERE 子句条件的元组。

【例 3.49】 将学生学号为"070107011102"的学生的选修课程号为"0101002"的成绩增加 5 分。

```
UPDATE  SC
SET  Grade = Grade + 5
WHERE  Sno = '070107011102'  AND  Cno = '0101002';
```

【例 3.50】 将计算机系全体学生的成绩置零。

```
UPDATE  SC
SET  Grade = 0
WHERE  'CS'  =  ( SELECT  Sdept  FROM  Student
                  WHERE  Student.Sno = SC.Sno );
```

3.5 视图

视图是从一个或几个基本表(或视图)中选定某些记录或列而导出的特殊类型的表。视图本身并不存储数据,数据仍存储在原来的基本表中,视图数据是虚拟的,视图只是提供了一种访问基本表中数据的方法。视图是一个虚表,数据库只存放视图的定义。当视图创建后,用户可以像基本表一样对视图进行数据查询,在某些特殊情况下,还可以对视图进行更新、删除和插入数据操作。

数据库设计时,使用视图的主要优点有:第一,使用视图增加了数据安全性,因为可以限制用户直接存取基本表的某些列或记录;第二,使用视图可以屏蔽数据的复杂性,因为通过视图可得到多个基本表经过计算后的数据。

3.5.1 视图的创建与删除

1. 创建视图

SQL 语言中使用 CREATE VIEW 命令来创建视图,其一般语法格式为:

```
CREATE VIEW <视图名> [( <列名>[,<列名>]… )]
AS  < SQL 子查询语句>
[WITH CHECK OPTION]
```

其中,视图名的命名规则与基本表的命名规则相同。<SQL 子查询语句>可以是任意复杂的 SELECT 语句,但通常不允许含有 ORDER BY 子句和 DISTINCT 短语。

WITH CHECK OPTION 表示对视图进行 UPDATE、INSERT 和 DELETE 操作时要保证更新、插入或删除的行满足<SQL 子查询语句>中的条件表达式的条件。

视图的属性列名可包括多达 1024 个,可以全部省略或者全部指定。若没有指定属性列名,则该视图的列名隐含由<SQL 查询语句>中所指定的列名决定。通常下列 3 种情况下必须明确指定组成视图的所有列名:

- 某个列不是单纯的属性名,而是算术表达式或系统函数的计算结果,则必须给计算结果指定别名；

- 当多表连接时，选出了多个同名列作为视图的字段时，则需要加上表名或指定别名；
- 需要在视图中为某个列启用新的更合适的名字。

视图不能为列指定数据类型和长度，而是默认为数据源(即基本表)的类型和长度。

【例 3.51】 建立计算机系的学生视图。

```
CREATE VIEW V_Student_CS
AS
    SELECT Sno, Sname, Sbirthday
    FROM Student
    WHERE Sdept = 'CS';
```

解答说明：本例中省略了视图的列名，隐含列名由子查询中 SELECT 子句中的 Sno，Sname，Sbirthday 组成。

【例 3.52】 建立计算机系的学生视图，并要求进行更新、插入或删除操作时仍需保证该视图只有计算机系的学生。

```
CREATE VIEW V_Student_CS
AS
    SELECT Sno, Sname, Sbirthday
    FROM Student
    WHERE Sdept = 'CS'
    WITH CHECK OPTION;
```

解答说明：由于定义视图时使用了 WITH CHECK OPTION 子句，则以后对该视图进行插入、更新和删除操作时，RDBMS 会自动加上 Sdept ＝ 'CS'的条件。

【例 3.53】 建立计算机系选修了数据库系统原理(编号为“0101002”)课程的学生视图。

```
CREATE VIEW V_Student_CS1 ( Sno, Sname, Grade )
AS
    SELECT Student.Sno, Sname, Grade
    FROM Student, SC
    WHERE Sdept = 'CS'
      AND Student.Sno = SC.Sno
      AND SC.Cno = '0101002';
```

解答说明：本例中建立的视图是建立在多个基本表上。由于视图 V_Student_CS1 的属性列中包含了 Student 表和 SC 表的同名列 Sno，所以必须在视图名后明确指定视图的各属性列名。

【例 3.54】 建立计算机系选修了数据库系统原理(编号为“0101002”)课程且成绩在 90 以上的学生视图。

```
CREATE VIEW V_Student_CS2
AS
    SELECT Sno, Sname, Grade
    FROM  V_Student_CS1
    WHERE Grade >= 90;
```

解答说明：本例中建立的视图是在已存在的视图 V_Student_CS1 上建立的。

【例 3.55】 使用视图来定义学生的学号及其平均成绩的信息。

```
CREATE VIEW V_Grade ( Sno, Gavg )
AS
    SELECT Sno, AVG( Grade )
    FROM  SC
    GROUP BY Sno;
```

解答说明：本例建立的视图定义中使用了聚集函数 AVG 求平均值，并使用了 GROUP BY 子句来进行分组统计，这种视图称为分组视图。由于使用了 AVG 函数，所以定义视图时需要明确指定视图属性列名。

2. 删除视图

删除视图的语法格式为：

```
DROP  VIEW <视图名> [ CASCADE ];
```

删除视图仅仅是从系统中的数据字典中删除了视图的定义，并没有删除数据，不会影响基本表中的数据。只有视图的拥有者或有 DBA 权限的用户才能删除。若该视图被其他视图引用，删除后引用视图将不能正常使用。此时可以带上 CASCADE 来级联删除本视图和导出引用的所有视图。

基本表删除后，由该基本表导出的所有视图没有被删除，但均无法使用了。故还需要删除不能使用的无意义的视图。

【例 3.56】 删除视图 V_Student_CS1。

```
DROP  VIEW  V_Student_CS1;
```

解答说明：由于 V_Student_CS1 视图上还导出了 V_Student_CS2 视图，所以执行此删除视图语句会被拒绝。如果确定要删除，则使用级联删除语句：

```
DROP  VIEW  V_Student_CS1 CASCADE;      /* 删除 V_Student_CS1 视图及导出的所有视图 */
```

3.5.2 视图的查询

定义视图后，使用视图查询时就可以与基本表一样使用了。

【例 3.57】 查询选修了“0101002”课程的计算机系学生的学号和姓名。

```
SELECT Sno, Sname
FROM  V_Student_CS1;
```

或者

```
SELECT V_Student_CS.Sno, Sname
FROM  V_Student_CS, SC
WHERE  V_Student_CS.Sno = SC.Sno
   AND  SC.Cno = '0101002';
```

解答说明：本例中前面使用了 V_Student_CS1 视图，该视图本来就是满足题目要求的视图。当然如果查询的是选修其他课程的学生信息，则需要使用第二种查询语句。

3.5.3 视图的更新

视图的更新是指通过视图来插入、删除、修改数据。由于视图是不存放数据的虚表，数据是来自其他基本表，因此，对视图的更新最终是转换为对基本表的更新。SQL 语言标准规定：只能对直接定义在一个基本表上的视图进行插入、删除、修改等操作，对定义在多个基本表或其他视图上的视图，DBMS 不允许进行更新操作。

为了防止用户通过视图对数据进行增加、删除、修改时，无意地对不属于视图范围内的基本表数据进行操作，在定义视图时尽量加上 WITH CHECK OPTION 子句。这样在视图上增删改数据时，RDBMS 会检查视图定义中的条件，若不满足条件，则拒绝执行该操作。

【例 3.58】 将计算机系的学生视图 V_Student_CS 中学号为“070107011101”的学生姓名改为“黄燕”。

```
UPDATE V_Student_CS
SET Sname = '黄燕'
WHERE Sno = '070107011101';
```

解答说明：本题使用视图来更新 Student 基本表中的数据，转换后的等价更新语句为：

```
UPDATE Student
SET Sname = '黄燕'
WHERE Sno = '070107011101'  AND  Sdept = 'CS';
```

【例 3.59】 向计算机系的学生视图 V_Student_CS 中插入一个新生的学生记录信息，该学生学号为“100107011120”，姓名改为“赵鑫”，出生日期为“1990-10-10”。

```
INSERT  INTO  V_Student_CS
VALUES ( '100107011120', '赵鑫', '1990-10-10' );
```

解答说明：本题使用视图来给 Student 表中增加新数据，转换后的等价插入语句为：

```
INSERT  INTO  Student
VALUES ('100107011120', '赵鑫', '1990-10-10', 'CS' ); 系统自动将系别名'CS'放入 VALUES 子句中。
```

另外，尽管视图数据只来源于一个基本表，但如果 SELECT 语句含有 GROUP BY、DISTINCT 或聚集函数等，除可以执行删除操作外，不能进行插入或修改操作。如果视图中包含由表达式计算的列，则也不允许进行修改操作。如果视图中没有包含基本表的所有非空列，则不能对该视图进行插入操作。如果视图定义中有嵌套查询，且内层查询的 FROM 子句中涉及的表也是导出该视图的基本表，则此视图也是不允许更新的。一个不允许更新的视图上定义的视图也是不允许更新的。

3.5.4 视图的作用

视图最终是定义在基本表上的，对视图的操作最终也就是要转换为对基本表的操作，所以使用视图作更新操作要受到很多的限制，而对查询操作没有限制。归结起来，视图的作用有以下几个方面：

(1) 视图能够简化用户的操作；

(2) 视图使用户能够以多种角度看待同一数据；

(3) 视图对重构数据库提供了一定程度的逻辑独立性；

(4) 视图能够对机密数据提供一定程度的安全保护；

(5) 适当地利用视图可以更清晰地表达查询。

3.6 嵌入式 SQL

SQL 语言有两种方式，分别是独立式 SQL 和嵌入式 SQL。独立式 SQL 作为独立语言以交互式方式使用，而嵌入式 SQL 是嵌入到某种高级语言中混合使用。嵌入 SQL 的高级语言，如 C、C++、Java 等，称为宿主语言，或简称主语言。嵌入式 SQL 和主语言相配合设计应用程序，充分利用了主语言的过程性结构和专业应用功能强的优点，并保留了 SQL 的强大的数据库管理功能。

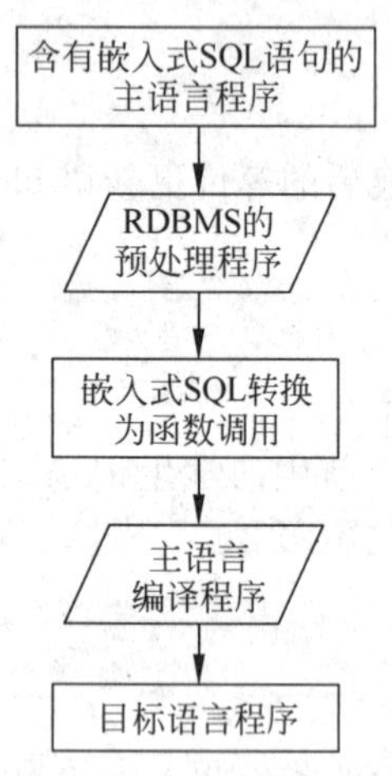

图 3.3 嵌入式 SQL 的基本处理过程

3.6.1 嵌入式 SQL 的处理过程

关系数据库管理系统 RDBMS 对嵌入式 SQL 的处理一般采用预编译方法，即由 RDBMS 的预处理程序对源程序进行扫描，识别出嵌入式 SQL 语句，把它们转换成主语言函数调用，以使主语言编译程序能够识别它们，然后由主语言的编译程序将纯的主语言程序编译成目标码。嵌入式 SQL 的处理过程如图 3.3 所示。

3.6.2 嵌入式 SQL 的使用规定

为了正确合理使用嵌入式 SQL，必须注意以下使用规定问题。

1. 区分 SQL 语句与主语言语句

在嵌入式 SQL 中，为了区分 SQL 语句与主语言语句，所有 SQL 语句都必须加上前缀 EXEC SQL，并用分号(；)结束当成一个程序片段“EXEC SQL ＜SQL 语句＞；”。

嵌入式 SQL 的使用时一般使用分号结束，这个规定主要是针对 PL/1 和 C 语言，其他语言不尽相同。

2. 数据库的工作单元与程序工作单元之间的通信

在含有嵌入式 SQL 语句的应用程序中，SQL 语句负责操纵数据库，主语言语句负责控制程序流程和其他功能。因此，数据库的工作单元与程序工作单元存在如何通信的问题。

(1) 向主语言传递 SQL 语句的执行状态信息，即 SQL 语句的当前工作状态和运行环境数据需要反馈给应用程序。

SQL将其执行信息送到SQL通信区(SQL Communication Area,SQLCA)中,应用程序从SQLCA中取出这些状态信息,并据此信息来控制该执行的语句。

SQLCA是一个数据结构,在应用程序中使用EXEC SQL INCLUDE SQLCA来定义。SQLCA中有一个变量SQLCODE存放每次执行SQL语句后返回的代码。应用程序每执行完一条SQL语句后都应该测试一下SQLCODE的值,以了解该SQL语句执行的情况并做相应处理。如果SQLCODE等于预先定义的常量SUCCESS,则表示SQL语句执行成功,否则SQL语句执行失败,在SQLCODE中存放着错误代码。

(2) 主语言使用主变量(Host Variable)向SQL语句提供参数。

主变量是主语言程序变量的简称。可分为输入主变量和输出主变量。输入主变量由应用程序提供值,SQL语句引用;输出主变量由SQL语句提供值,返回给应用程序。

一个主变量可以附带一个任选的指示变量(Indicator Variable),用来指示主变量的值或条件。指示变量是一个整型变量,它可以指示输入主变量是否为空,可以检测输出主变量是否为空值,值是否被截断。

所有主变量和指示变量都必须在SQL说明语句"BEGIN DECLARE SECTION"与"END DECLARE SECTION"之间进行说明。通常为了与数据库对象名区别,SQL语句中的主变量名和指示变量前要加冒号(:)作为标志。在SQL语句之外,主变量和指示变量均可以直接引用而不必加冒号。

(3) 使用游标解决SQL一次一个集合的操作与主语言一次一记录操作的矛盾。

SQL语言与主语言具有不同的数据处理方式。SQL语言是面向集合的,一条SQL语句可以产生或处理多条记录。而主语言是面向记录的,一组主变量一次只能存放一条记录。所以仅使用主变量并不能满足SQL语句向应用程序输出数据的要求。为此,嵌入式SQL引入游标的概念,用游标来协调这两种不同的处理方式。游标是系统为用户提供的一个数据缓冲区,存放SQL语句的执行结果,每个游标区都有一个名字。用户可以使用游标获取逐条记录,并赋给主变量,交给主语言处理。

3.6.3 嵌入式SQL的使用技术

如何使用嵌入式SQL来编程呢?下面主要介绍嵌入式SQL的使用技术。

1. 建立和关闭数据库连接

嵌入式SQL程序要访问数据库必须先连接数据库。关系数据库管理系统RDBMS根据用户信息对连接请求进行合法性验证,只有通过合法身份验证才能建立一个可用的合法连接。

1) 建立数据库连接

建立连接的嵌入式SQL语句为:

```
EXEC SQL CONNECT TO <数据库服务器> [ AS <数据库连接名>] [ USER <用户名>];
```

其中：

<数据库服务器>是要连接的数据库服务器,使用服务器标识串来表示,如<dbname>@<hostname>：<port>。

<数据库连接名>是一个有效的标识符,主要用来识别一个程序内同时建立的多个连接,当整个程序内只有一个连接则可以省略不指定连接名。

2）关闭数据库连接

当某个连接上的所有数据库操作完成后,应用程序应该主动释放所占用的连接资源。关闭数据库连接的嵌入式 SQL 语句是：

```
EXEC SQL DISCONNECT [<数据库连接名>];
```

2. 不用游标的 SQL 语句

不需要使用游标的语句包括：说明性语句、数据定义语句、数据控制语句、查询结果为单记录的查询语句、非 CURRENT 形式的增删改语句。

1）查询结果为单记录的查询语句

这种不用游标的单记录查询语句的一般格式为：

```
EXEC SQL SELECT [ ALL | DISTINCT ] <目标表达式> [, … ]
         INTO  <主变量>  [ <指示变量> ] [, … ]
         FROM  <表名或视图名> [, … ]
         [WHERE  <条件表达式> ];
```

使用单记录的查询语句需要注意以下几点：

- INTO 子句、WHERE 子句和 HAVING 短语的条件表达式中均可以使用主变量。
- 查询结果为空值的处理。若某列为空值,则对应的指示变量为负值,则认为对应的主变量为 NULL。指示变量只能用于 INTO 子句中。
- 若查询结果实际上并不是单条记录,而是多条记录,则程序出错,RDBMS 会在 SQLCA 中返回错误信息；若查询结果为空集时,则 SQLCODE 值为 100。

【例 3.60】 查询学号为主变量 givensno 的值、课程号为主变量 givencno 的值的学生选修课程的信息。

```
EXEC SQL SELECT Sno, Cno, Grade
         INTO  : Hsno, : Hcno, : Hgrade: Gradeid          /* 指示变量 Gradeid */
         FROM   SC
         WHERE  Sno = : givensno  AND  Cno = : givencno;
```

解答说明：本题在 WHERE 子句中使用主变量 givensno 和 givencno,并在 INTO 子句中使用了 3 个输出主变量 Hsno,Hcno 和 Hgrade,其中 Hgrade 后加了一个指示变量 Gradeid。若 Gradeid 为负值,则不论 Hgrade 为何值,均认为该学生成绩为空值。

2）不用游标的数据删除语句

【例 3.61】 删除学号由主变量 givensno 决定的学生记录。

```
EXEC SQL DELECT  FROM  Student
         WHERE  Sno = : givensno;
```

3）不用游标的数据更新语句

在 UPDATE 语句中，SET 子句和 WHERE 子句中都可以使用主变量，SET 子句还可以使用指示变量。

【例 3.62】 修改 givensno 指定的学生选修课程编号为“0101001”的成绩，成绩由 newgrade 指定。

```
EXEC SQL UPDATE SC
        SET Grade = : newgrade
        WHERE  Sno =  : givensno  AND  Cno =  '0101001';
```

【例 3.63】 将计算机系全体学生的所有选修的课程成绩均提高主变量 addgrade 指定的分值。

```
EXEC SQL UPDATE SC
        SET Grade = Grade +  : addgrade
        WHERE  Sno  IN  (
            SELECT  Sno  FROM  Student
            WHERE  Sdept = 'CS');
```

【例 3.64】 将计算机系全体学生的所有选修的课程成绩均清空。

```
gradeid =  - 1
EXEC SQL UPDATE SC
        SET Grade = Grade +  : addgrade: gradeid
        WHERE  Sno  IN  (
        SELECT  Sno  FROM  Student
        WHERE  Sdept = 'CS');
```

解答说明：该题中变量 gradeid 为指示变量，在主语言中不需要冒号。由于其赋值为－1，故无论主变量 addgrade 为何值，该语句都会将计科系全体学生的选修课程的成绩置空。该语句此时可以用下面语句代替。

```
EXEC SQL UPDATE SC
        SET Grade = NULL
        WHERE  Sno  IN  (
            SELECT  Sno  FROM  Student
            WHERE  Sdept = 'CS');
```

4）不用游标的数据插入语句

INSERT 语句的 VALUES 子句可以使用主变量和指示变量，当需要插入空值时，可以把指示变量置为负值。

【例 3.65】 某学生新选修了某门课程，将有关记录插入 SC 表中。假设插入的学号、课程号分别存放在主变量 stdno、courseno 中。

```
gradeid =  - 1
EXEC SQL INSERT INTO
        SC ( Sno,Cno,Grade)
        VALUES (: srdno,: courseno,: gr: gradeid);
```

或

```
EXEC SQL INSERT INTO
        SC ( Sno,Cno,Grade)
        VALUES (: srdno,: courseno,NULL);
```

解答说明：由于该学生刚选修课程，成绩应当为空，所以赋值指示变量为负值，或者直接将成绩赋值为 NULL。

3. 使用游标的 SQL 语句

必须使用游标的 SQL 语句有：查询结果为多条记录的查询语句、CURRENT 形式的 UPDATE 和 DELETE 语句。

1) 查询结果为多条记录的查询语句

通常多数情况下 SELECT 查询语句的结果是多条记录，因此需要使用游标，将多条记录一次一条交给主程序来处理，从而把对集合的操作转换为对单个记录的处理。使用游标的有 4 个步骤。

(1) 说明游标。使用 DECLARE 语句说明定义游标：

```
EXEC SQL DECLARE <游标名> CURSOR FOR <SELECT 语句>;
```

(2) 打开游标。使用 OPEN 语句打开已经定义的游标。

```
EXEC SQL OPEN <游标名>;
```

打开游标实际上是执行相应的 SELECT 语句，查询结果取到缓冲区中。此时游标处于活动状态，指针指向查询结果的首条记录。

(3) 推进游标并取出当前记录值。

```
EXEC SQL FETCH <游标名>
    INTO <主变量> [<指示变量>] [,<主变量> [<指示变量>] ]…;
```

其中，主变量必须与 SELECT 语句中的目标列表达式一一对应。

通过循环执行 FETCH 语句逐条取出结果集中的行分别存放到主变量中，然后由主程序进行处理。

(4) 关闭游标。用 CLOSE 语句关闭游标，释放结果集占用的缓冲区及其资源。

```
EXEC SQL CLOSE <游标名>;
```

关闭游标后，不再和原来的查询结果集有联系了，但被关闭的游标还可以再次打开。

2) CURRENT 形式的 UPDATE 和 DELETE 语句

当 UPDATE 语句和 DELETE 语句是集合操作时，若只想修改或删除其中单个记录，则需要使用带游标的 SELECT 语句查出所以满足条件的记录，从中进一步找出需要修改或删除的记录，然后再使用 CURRENT 形式的 UPDATE 和 DELETE 语句来修改或删除。也就是在 UPDATE 语句和 DELETE 语句中需要使用子句“WHERE CURRENT OF <游标名>”来表示修改或删除的是最近一次取出的记录，即游标指针所指向的记录。

说明：当游标定义中的 SELECT 语句带有 UNION 或 ORDER BY 子句时，或者该 SELECT 语句相当于定义了一个不可更新的视图时，则不能使用 CURRENT 形式的 UPDATE 和 DELETE 语句。

3.7 动态 SQL 语句

嵌入式 SQL 语句中使用的主变量、查询字段、条件等都是固定不变的，属于静态 SQL 语句。但有时在某些应用程序中需要在执行时才能确定要提交执行的 SQL 语句和查询条件。此时需要使用动态 SQL 语句来解决。

动态 SQL 也就是在程序运行过程中动态生成 SQL 语句。动态 SQL 支持动态组装 SQL 语句和动态参数两种形式。

3.7.1 使用 SQL 语句主变量

程序主变量包含的内容是整个 SQL 语句的内容，这样的程序主变量称为 SQL 语句主变量。SQL 语句主变量在程序执行期间可以设定不同的 SQL 语句，然后可立即执行。

【例 3.66】 创建基本表 TEMP。

```
EXEC SQL BEGIN DECLARE SECTION;
Const char * stmt = "CREATE TABLE temp(id  int); ";   /* SQL 语句主变量 */
EXEC SQL END DECLARE SECTION;
…
EXEC SQL EXECUTE IMMEDIATE :stmt;                      /* 执行动态 SQL 语句 */
```

3.7.2 使用动态参数

动态参数是 SQL 语句中的可变元素，使用参数符号问号(?)表示该位置上的数据在运行时设定。动态参数的输入不是编译时完成绑定的，而是通过准备 SQL 语句(Prepare)和执行时绑定数据或主变量来完成的。使用动态参数的步骤如下：

(1) 声明 SQL 语句主变量。

变量的 SQL 内容包含动态参数问号(?)。

(2) 准备 SQL 语句(PREPARE)。

PREPARE 将分析含主变量的 SQL 语句内容，建立语句中包含的动态参数的内部描述符，并用<语句名>标识它们的整体。

```
EXEC SQL PREPARE <语句名> FROM < SQL 语句主变量>;
```

(3) 执行准备好的语句(EXECUTE)。

EXECUTE 将 SQL 语句中分析出的动态参数和主变量或数据常量绑定成为语句的输入或输出变量。

```
EXEC SQL EXECUTE <语句名> [ INTO <主变量表>] [ USING <主变量或常量>];
```

【例 3.67】 向 TEMP 表中插入元组。

```
EXEC SQL BEGIN DECLARE SECTION;
Const char * stmt = "INSERT INTO temp VALUES ( ? ); "; /* 声明 SQL 主变量 */
EXEC SQL END DECLARE SECTION;
```

```
…
EXEC SQL PREPARE mystmt FROM :stmt;             /* 准备语句 */
EXEC SQL EXECUTE mystmt USING 100;              /* 执行语句 */
EXEC SQL EXECUTE mystmt USING 200;              /* 执行语句 */
```

3.8 存储过程

SQL-99 标准中提出了 SQL-Invoked Routines 的概念。SQL-Invoked Routines 可以分为存储过程和函数两大类。下面介绍存储过程。PL/SQL(Procedural Language/SQL)是编写数据库存储过程的一种过程语言。它结合了过程化语言的流程控制能力和 SQL 的数据操作能力,是对 SQL 语言的过程化扩展。

3.8.1 存储过程的概念

存储过程是一种存储在数据库上的,执行某种功能的预编译 SQL 批处理语句。它是一种封装重复任务操作的方法,支持用户提供的参数变量,具有强大的编程能力。可以被反复调用,运行速度较快。存储过程具有许多优点。

(1) 加快程序执行速度,运行效率高。

存储过程不像解释执行的 SQL 语句那样在提出操作请求时才进行语句的语法分析和优化工作,由于存储过程在第一次被执行后,其执行规划就存储在高速缓存中,以后的操作只需从高速缓存中调用编译好的存储过程的二进制代码执行即可。因此,存储过程可以加快执行速度,提供运行效率与系统的性能。

(2) 减少了客户端和服务器端之间的通信量。

这是使用存储过程的非常重要的原因之一。客户端的应用程序只要通过网络向服务器发出存储过程的名字和参数,即可让 RDBMS 执行许多条的 SQL 语句,并执行数据处理。只有最终处理结果才返回到客户端。这样极大地减轻了网络的负担,提供了系统的响应速度。

(3) 允许程序模块化设计。

对应同一任务操作,只需创建一次存储过程并将其存储在数据库中,以后可以在不同程序中任意调用。相同的逻辑处理结果保证了数据修改的一致性。另外,模块化设计使存储过程独立于程序源代码,既利于集中控制,又能单独修改而无须修改其他程序代码,提高了程序的可用性。

3.8.2 存储过程的操作

存储过程的操作包括创建、重命名、执行和删除 4 种。

1. 创建存储过程

存储过程包括过程首部和过程体两部分。其创建语句的基本语法格式为:

```
CREATE PROCEDURE <过程名>([参数 1,参数 2,…])          /*存储过程首部*/
```

```
AS                                        /* 存储过程体,描述该存储过程的操作 */
<PL/SQL 语句块>;
```

过程名：是数据库中的合法标识符。

参数列表：用名字来标识调用时给出的参数值，必须指定值的参数类型。存储过程的参数可以定义输入参数（INPUT）、输出参数（OUTPUT）、输入/输出参数。默认为输入参数。

过程体：是一个<PL/SQL 块>，它包含声明部分和可执行部分。

【例 3.68】 利用存储过程计算某系学生选修了数据库系统原理（编号为“0101002”）课程的平均分和选修人数。

```
CREATE PROCEDURE pr_CourseAvg
    @Dept        VARCHAR(4),
    @GradeAvg    DECIMAL(4,1)   OUTPUT,
    @StudentNum  INT  OUTPUT
AS
BEGIN
    DECLARE  @TotalGrade   INT
    SELECT  @StudentNum = count( * )  FROM  SC
    WHERE  Sno  IN  ( SELECT  Sno  FROM  Student  WHERE  Sdept = @Dept )
      AND  Cno = '0101002'

    SELECT  @TotalGrade = SUM( isnull(Grade,0) )  FROM  SC
    WHERE  Sno  IN  ( SELECT  Sno  FROM  Student  WHERE  Sdept = @Dept )
      AND  Cno = '0101002'

    IF @StudentNum is null OR @StudentNum  = 0 THEN
      SET @GradeAvg = NULL
    ELSE
      SELECT @GradeAvg = round( @TotalGrade / @StudentNum, 1)
    END IF
END
```

解答说明：注意存储过程中使用的变量在 MS SQL Server 中必须加上@前缀，而在 Oracle 数据库中不需要。本例的存储过程体中声明定义的变量@TotalGrade 的数据类型必须与选课表 SC 中的成绩字段 Grade 对应一致。另外输出参数@GradeAvg 平均值需要定义为带小数的数据类型。过程体中使用的 isnull 函数是判断是否为 NULL，若是，则用 0 计算；round 函数是四舍五入并保留指定小数位数的函数。

2. 重命名存储过程

存储过程的重命名语句语法格式为：

```
ALTER PROCEDURE <旧过程名> RENAME TO <新过程名>;
```

3. 执行存储过程

存储过程的执行语句语法格式为：

```
CALL/PERFORM/EXECUTE PROCEDURE <过程名> ([参数 1,参数 2, … ]);
```

通常习惯在 MS SQL Server 中使用 EXECUTE 或简写 EXEC 来执行存储过程。大多数 DBMS 中数据库服务器支持存储过程的嵌套调用。

【例 3.69】 调用存储过程计算机系学生选修了数据库系统原理(编号为"0101002")课程的平均分和选修人数。

```
DECLARE  @num  INT,  @avg  DECIMAL(4,1)
EXEC  pr_CourseAvg  'CS',  @avg OUTPUT,  @num  OUTPUT
PRINT  @avg, @num
```

4. 删除存储过程

删除存储过程的语法格式为：

```
DROP PROCEDURE <过程名>();
```

在 MS SQL Server 中可以不需要带参数与括号。

【例 3.70】 删除存储过程 pr_CourseAvg。

```
DROP PROCEDURE pr_CourseAvg
```

小结

本章详细讲解了关系数据库标准语言 SQL 的数据定义、数据查询、数据更新等语句的语法和使用,以及视图、存储过程、嵌入式 SQL 和动态 SQL 语句。其中,数据定义、数据查询、数据更新、视图等内容是本章重点,也是关系数据库 SQL 语言编程重点,而数据查询语句的灵活运用更是学习关系数据库标准语言 SQL 的难点。

(1) SQL 数据定义：SQL 的数据定义包括模式定义、表定义、索引定义、视图定义和创建数据库。本章中只对表、索引、视图的定义重点讲解。而模式定义与创建数据库的语法则针对不同数据库而不同。

(2) SQL 数据查询：SELECT 查询语句是 SQL 语言中功能强大的语句,也是最常见的数据操纵语句。其中,关联查询与嵌套查询较难掌握,也是非常灵活的数据查询,需要多练多操作。另外,对于关联查询中的内连接和外连接,学习时不仅要掌握内连接的使用,更需要弄清外连接的含义,因为在实际应用中存在外连接的情况。

(3) SQL 数据更新：SQL 的数据更新包括 INSERT 语句、DELETE 语句和 UPDATE 语句。使用时,插入语句 INSERT 需要注意表中的非空字段,删除语句 DELETE 与更新语句 UPDATE 需要注意是否有条件,也即删除或更新的数据范围。

(4) 视图：视图是从一个或几个基本表(或视图)导出的虚表。它本身不存储数据,数据仍存储在原来的基本表中。视图创建后,可以使用视图进行数据查询,在某些特殊情况下,还可以对视图进行更新、删除和插入数据操作。但通常利用视图进行数据查询而很少更改基本表中的数据。由于使用视图增加了数据安全性,并且可以屏蔽数据的复杂性,因此在数据库设计时对一些复杂的数据表达可以采用视图。

（5）存储过程：存储过程是一种执行某种功能的预编译SQL批处理语句。它是一种封装重复任务操作的方法，支持用户提供的参数变量，具有强大的编程能力。它可被反复调用，运行速度较快。在熟练掌握数据查询语句的灵活使用基础上可以较容易地学好存储过程。

（6）嵌入式SQL：嵌入式SQL是嵌入到某种高级语言（如C、C++、Java等，俗称主语言）中混合使用。学会嵌入式SQL和主语言相配合设计应用程序，充分利用主语言的过程性结构和专业应用功能强的优点，而且保留了SQL的强大的数据库管理功能。在一些涉及底层编程的情况下可能需要使用嵌入式SQL语言的使用。

（7）动态SQL语句：嵌入式SQL语句属于静态SQL语句，其中使用的主变量、查询字段、条件等都是固定不变的。动态SQL语句是在程序运行过程中动态生成的SQL语句。在某些应用程序中需要在执行时才能确定要提交执行的SQL语句和查询条件，此时需要使用动态SQL语句来解决。

习题3

3.1　简答题

1. 试述SQL的组成及特点。
2. 什么是基本表？什么是视图？两者的区别和联系是什么？
3. 试述索引的功能作用及创建索引的原则。
4. 试述视图有哪些作用。
5. 哪类视图是可以更新的？哪类视图是不可更新的？各举一例说明。
6. 在嵌入式SQL语言中，如何区分SQL语句与主语言语句？
7. 在嵌入式SQL语言中，如何解决数据库工作单元与源程序工作单元之间的通信？
8. 什么是存储过程？存储过程有哪些优点？
9. 什么是游标？试述存储过程中使用游标的步骤。

3.2　设计编程题

1. 图书出版社管理数据库中有两个基本表：

图书（书号，书名，作者编号，出版社，出版日期）；

作者（作者编号，作者姓名，年龄，地址）。

试用SQL语句写出以下查询：检索年龄低于作者平均年龄的所有作者的姓名、书名和出版社。

2. 设某数据库中有3种关系：

员工表EMP（Eno，Ename，age，sex，Ecity），其属性分别表示员工编号、姓名、年龄、性别和籍贯；

公司表COMP（Cno，Cname，city），其属性分别表示公司编号、公司名称、公司所在城市；

工作表WORKS（Eno，Cno，salary），其属性分别表示员工编号、公司编号和工资。

试用SQL语句写出下列操作：

（1）用“CREATE DATABASE”创建一个存放上述3个表的数据库，数据库名称为

“WorkDB”。

(2) 用SQL语句定义上述3个表,并需要指出主关键字和外关键字。

(3) 检索超过50岁的男性职工的编号和姓名。

(4) 假设每个职工只能在一个公司工作,检索工资超过2500元的男性员工编号和姓名。

(5) 检索“美联公司”中低于本公司平均工资的员工编号和姓名。

(6) 在每个公司中为50岁以上的员工加薪200元。

(7) 删除年龄大于60岁的员工信息。

(8) 创建一个“美联公司”中关于女性员工信息的视图,属性包括(Eno,Ename,Cno,Cname,salary)。

3. 设职工_社团数据库中有3个基本表:

职工(职工号,姓名,性别,出生日期);

社会团体(社团编号,社团名称,负责人,活动地点);

参加社团(职工号,社团编号,参加日期)。

其中:

(1) 职工表的主关键字为职工号。

(2) 社会团体表的主关键字为社团编号;外关键字为负责人,被参照表是职工表,参照对象为职工号。

(3) 参加社团表的职工号和社团编号为主关键字;职工号为外关键字,其参照对象是职工表中的职工号;社团编号也是外关键字,其参照对象是社会团体表中的社团编号。

试用SQL语句表达下列操作:

① 定义职工表、社会团体表、参加社团表,并说明主关键字和参照关系。

② 建立两个视图:

社团负责人(社团编号,社团名称,负责人职工号,负责人姓名,负责人性别);

参加人员情况(职工号,姓名,社团编号,社团名称,参加日期)。

③ 查找参加歌舞表演队或篮球队的职工号和姓名。

④ 查找没有参加任何社会团体的职工情况。

⑤ 查找参加了全部社会团体的职工情况。

⑥ 查找参加了职工号为“2012”的职工所参加的全部社会团体的职工号。

⑦ 统计每个社会团体的参加人数。

⑧ 查找参加人数超过100人的社会团体的名称和负责人。

⑨ 统计参加人数最多的社会团体的名称和参加人数。

⑩ 把对社会团体和参加社团两张表的数据查看、插入和删除数据的权力赋予用户李晨,并允许其再将此权力授予其他用户。

4. 假设工程_零件数据库中有4个基本表:

供应商(供应商代码,供应商名称,所在城市,联系电话);

工程(工程代码,工程名,负责人,预算);

零件(零件代码,零件名,规格,产地,颜色);

供应零件(供应商代码,工程代码,零件代码,数量)。

试用 SQL 语句完成下列操作：

(1) 找出武汉市供应商的姓名和电话。

(2) 查找预算在 50000～100000 元的工程信息，并将结果按预算降序排列。

(3) 找出使用供应商 S1 所供零件的工程代码。

(4) 找出工程项目 J2 使用的各种零件名称及其数量。

(5) 找出上海厂商供应的所有零件代码。

(6) 找出使用了上海生产的零件的工程代码。

(7) 找出没有使用武汉生产的零件的工程代码。

(8) 把全部红色零件的颜色改成绿色。

(9) 将由供应商 S5 供给工程代码为 J3 的零件 P8 改为由 S3 供应，并做其他必要的修改。

(10) 从供应商关系中删除 S2 的记录，并从供应零件关系中删除相应的记录。

5. 请为三建工程项目建立一个供应情况的视图，包括供应商代码、零件代码、供应数量。针对该视图完成下列查询：

(1) 找出三建工程项目使用的各种零件代码及数量。

(2) 找出供应商 S1 的供应情况。

6. 利用 MS SQL Server 数据库编写一个获取数据库服务器当前日期时间的存储过程，该存储过程是为了方便在某系统或多个系统间共享使用，使应用系统时间统一同步。提示：MS SQL Server 中获取系统时间的函数为 getdate()。

第4章 关系模式设计理论

关系数据库的逻辑结构是关系模式的集合。如何设计一个比较好的关系模式的集合，一直是数据库研究人员和信息系统开发人员所关心的，而且是非常受重视的问题。关系模式设计理论是指导关系数据库逻辑结构设计的理论基础，关系模式设计方法是设计关系数据库的指南。

关系模式设计理论主要包括数据依赖、模式分解、范式及范式化理论 3 个方面内容，其中数据依赖是基础和核心，模式分解是方法，范式是衡量模式结构的标准。关系模式设计理论主要解决的问题是减少和控制关系中的数据冗余，消除修改、插入和删除操作的异常情况。掌握了关系模式设计理论和方法不仅可以提高关系模式的设计质量，而且对 E-R 模型的设计也有指导作用。

本章主要介绍函数依赖、模式分解、范式和范式化理论以及多值依赖概念等内容。

4.1 关系模式中数据冗余和操作异常问题

一个关系模式设计得不好的数据库会引起许多问题，最常见的就是数据冗余和操作异常问题。下面通过一个例子说明这些问题。

【例 4.1】 设有一个关系模式 SC(Sno，Cno，Tname，Taddr，Grade)，其属性分别表示为学号、课程号、教师名、教师地址、成绩。具体实例如表 4.1 所示。

表 4.1 关系模式 SC 的实例

Sno	Cno	Tname	Taddr	Grade
*S*1	*C*1	王平	*D*1	90
*S*1	*C*2	李利	*D*2	78
*S*2	*C*1	王平	*D*1	86
*S*2	*C*3	龙涛	*D*3	67
*S*3	*C*4	王平	*D*1	87
…	…	…	…	…

由现实世界中的事实可知：

一个学生可以选修多门课程，且一门课程只有一个成绩；一个教师讲授多门课程。

于是关系模式 SC 的关键字是(Sno，Cno)，即当一个学生选定一门课程后，其讲课教师和成绩就能唯一被确定。关系模式 SC 在使用过程中明显存在以下问题。

(1) 数据冗余。数据冗余是指同一个数据被重复存储多次。它是影响系统性能的重要问题之一。在 SC 关系中,教师名和地址(如,王平,$D1$)随着选课学生人数的增加而被重复存储多次。数据冗余不仅浪费存储空间,而且引起数据修改的潜在不一致性。

(2) 修改异常。修改异常是指对冗余数据没有全部被修改而出现不一致性的问题。例如,在 SC 中,如果要更换任课教师名或地址,则分布在不同元组中的该教师姓名和地址也都要修改,若有一个地方未改,就会造成这门课程的任课教师不唯一,从而产生不一致现象。

(3) 插入异常。插入异常是指应该插入到关系中的数据而不能插入。例如,在尚无学生选修的情况下,要想将一门新课程的信息(如,$C5$、张成、$D4$)插入到关系 SC 中时,在属性 Sno 上就会出现取空值的情况,由于 Sno 是关键字中的属性,不允许取空值,因此,受实体完整性约束的限制,该插入操作无法完成。

(4) 删除异常。删除异常是指不应该删除的数据而被从关系中删除了。例如,在 SC 中,假设 $S1$ 学生因退学而要删除 $S1$ 选课的元组时,那么就要连带地把担任 $S1$ 课程的教师名和地址(王平,$D1$ 和李利,$D2$)也一起删除。这是一种不合理的现象。

由此可见,SC 关系模式的设计是一个不合适的设计。如果利用分解方法将它分成两个关系模式 SC1 和 SC2：SC1(Sno,Cno,Grade)和 SC2(Cno, Tname,Taddr)。其关系实例分别如表 4.2 和表 4.3 所示。

表 4.2　SC1 关系实例

Sno	Cno	Grade
$S1$	$C1$	90
$S1$	$C2$	78
$S2$	$C1$	86
$S2$	$C3$	67
$S3$	$C4$	87
…	…	…

表 4.3　SC2 关系实例

Cno	Tname	Taddr
$C1$	王平	$D1$
$C2$	李利	$D2$
$C3$	龙涛	$D3$
$C4$	王平	$D1$
…	…	…

经过分解后,上面提到的数据冗余和操作异常基本得到消除。教师姓名和每门课程号只存储一次,即使没有学生选修,其课程号和教师名也可以插入到关系 SC2 中；在 SC1 中删除一个学生元组,课程号和教师名仍保留在 SC2 中。

为什么要这样分解？直观的原因是：在 SC 中,教师与课程、学生与课程具有直接的联系,而教师与学生是一种间接的联系；当关系中存在间接联系的属性,就会产生数据冗余和异常问题。而将教师与学生属性分开存储在 SC1 和 SC2 中,就可以消除它们的间接联系,因此就可避免数据冗余和异常问题。属性之间的联系可用数据依赖的概念来定义。

这里要强调的是,模式分解过多对查询操作是不利的。例如,要查询学生的任课教师时,就要对 SC1 和 SC2 两个关系做连接操作,而连接操作代价是很大的。

一般认为,为了减少数据冗余和操作异常,对模式进行一定程度的分解是有必要的,但是也不能忽视对系统效率的影响。在数据库设计时,设计者应权衡其利弊。

关系模式的分解是减少冗余和消除操作异常的主要方法,也是模式规范化所采用的一种主要手段。

现在的主要问题是：

- 模式分解的理论依据是什么？如何利用这些理论检测模式中的操作异常和数据冗余问题？
- 模式分解中应该注意什么问题？
- 模式分解到什么程度为好？模式分解的衡量标准是什么？

这些正是本章要讨论的一些主要问题。

4.2 函数依赖

存在数据冗余和操作异常问题是由模式中存在某些不合适的数据依赖而引起的。通过关系模式分解方法消除其中不合适的数据依赖，以规范化理论改造关系模式，从而减少数据冗余和消除操作异常。

在数据依赖中，函数依赖(Functional Dependency，FD)是最基本最重要的一种依赖。本节先介绍函数依赖、关键字等概念。数据依赖中另一种多值依赖的概念则在本章后面介绍。

4.2.1 函数依赖的定义

【定义 4.1】 设有关系模式 $R(U)$，U 是 R 的属性集合，X 和 Y 是 U 的子集，r 是 R 的任一具体关系，如果对 r 任意两个元组 t_1，t_2，由 $t_1[X]=t_2[X]$ 导致 $t_1[Y]=t_2[Y]$，则称 X 函数决定 Y，或说 Y 函数依赖于 X，记为 $X\rightarrow Y$；其中 X 称为决定的因素。

定义中的 $t_1[X]$，$t_2[X]$ 分别表示元组 t_1，t_2 在属性集 X 上的取值；$t_1[Y]$，$t_2[Y]$ 分别表示元组 t_1，t_2 在 Y 上的取值。FD 是对关系 R 中一切可能的当前值 r 定义的，而不是针对某个特定关系。

通俗地说，在当前 r 的两个不同的元组值中，如果 X 值相同，就一定要求 Y 值也相同。

下面是另一种易于理解的函数依赖的定义。

【定义 4.2】 设有关系模式 $R(U)$，U 是 R 的属性集合，X 和 Y 是 U 的子集，对于 X 中每一个具体值，Y 中都有唯一具体值与之对应，则称 Y 函数依赖于 X，记为 $X\rightarrow Y$。

函数依赖的概念是引进数学中的函数术语定义的。如，数学中函数 $y=f(x)$，当自变量 x 取一个值时，则需要 y 有唯一一个值与之对应。

对于函数依赖，需要说明以下几点。

(1) 函数依赖不是指关系模式中的某一个或某些关系满足的约束条件，而是指 R 的一切关系均要满足的约束条件。

(2) 函数依赖是属于语义范畴的概念。函数依赖只能根据属性间的语义来确定，而不能用数学方法证明。例如，“姓名→性别”函数依赖只有在没有同名同姓的条件下成立；如果允许相同姓名存在同一关系中，则“性别”就不再函数依赖于“姓名”了。如果数据库设计者强制规定不允许姓名相同，则“姓名→性别”函数依赖成立。

(3) 属性间函数依赖与属性间的联系类型相关。

根据函数依赖和联系类型概念，可知，属性间的函数依赖与联系类型的关系如下。

① 当属性(或属性集)X 与属性(或属性集)Y 是多对一的联系，则有 $X\rightarrow Y$ 成立；反之，Y 函数不依赖于 X，记为 $X\nrightarrow Y$。

② 当属性(或属性集)X 与属性(或属性集)Y 是一对一的联系，则有 $X\rightarrow Y$，且 $Y\rightarrow X$，即它们相互依赖，简记为 $X\leftrightarrow Y$。

③ 当属性(或属性集)X 与属性(或属性集)Y 是多对多的联系，则 X 与 Y 之间无函数依赖关系。

【例 4.2】 设有关系模式 $R(A,B,C,D)$，其具体的关系 r 如表 4.4 所示。

表 4.4 R 的当前关系 r

A	B	C	D	
a_1	b_1	c_1	d_1	—— t_1
a_1	b_1	c_2	d_2	—— t_2
a_2	b_2	c_3	d_2	
a_3	b_3	c_4	d_3	

表 4.4 中：属性 A 取一个值(如 a_1)，则 B 中有唯一个值(如 b_1)与之对应，反之亦然，即属性 A 与属性 B 是一对一的联系，所以，$A\rightarrow B$ 且 $B\rightarrow A$。又如，属性 B 中取一个值 b_1，那么，属性 C 中有两个值 c_1 和 c_2 与之对应，即属性 B 与属性 C 是一对多的联系，所以，$B\nrightarrow C$，反之 C 与 B 是多对一的联系，故 $C\rightarrow B$。属性 B 与属性 D 是多对多的联系，因此，B 与 D 相互没有函数依赖关系。

这里，不难用定义 4.1 验证属性 A 与属性 B 存在 FD：任取两元组 t_1 与 t_2，有 $t_1[A]=t_2[A]=a_1$，则导出 $t_1[B]=t_2[B]=b_1$，所以，$A\rightarrow B$ 成立。同理，$B\rightarrow A$ 成立。

4.2.2 函数依赖的类型

函数依赖的主要类型包括完全函数依赖、部分函数依赖和传递函数依赖。

1. 平凡函数依赖和非平凡函数依赖

【定义 4.3】 在关系模式 $R(U)$ 中，X，Y 是 U 的子集，如果 $X\rightarrow Y$，但 $Y\not\subset X$，则称 $X\rightarrow Y$ 是非平凡函数依赖；若 $Y\subseteq X$，则称 $X\rightarrow Y$ 是平凡函数依赖。

例如，$X\rightarrow\varnothing$($\varnothing$表示空集)

$X\rightarrow X$ 都是平凡函数依赖。

显然，平凡函数依赖对于任何一个关系模式都必然是成立的，与 X 的任何语义特性无关，因此，它们对于设计不会产生任何实质性的影响，在今后的讨论中，如果不特别说明，都不考虑平凡函数依赖的情况。

2. 完全函数依赖和部分函数依赖

【定义 4.4】 设有关系模式 $R(U)$ 中，X，Y 是 U 的子集，若对于 X 的任何一个真子集 X'，都有 $X'\nrightarrow Y$，则称 Y 对 X 完全函数依赖，记为 $X\xrightarrow{f}Y$，简记为 $X\rightarrow Y$；若 $X'\rightarrow Y$，则称 Y 对于 X 是部分函数依赖，记为 $X\xrightarrow{p}Y$。

在表 4.1 中,(Sno,Cno)→Grade 是完全函数依赖,(Sno,Cno)$\xrightarrow{p}$Tname 是部分 FD,因为 Cno→Tname,而 Sno↛Tname,但 Sno 是(Sno,Cno)的真子集。

3. 传递函数依赖

【定义 4.5】 在关系模式 $R(U)$中,X,Y,Z 是 U 的子集,若 $X\rightarrow Y(Y\not\subset X)$,$Y\rightarrow Z(Z\not\subset Y)$,且$Y\not\rightarrow X$,则称 Z 传递函数依赖于 X,记为 $X\xrightarrow{t}Z$。

在表 4.3 中,Cno→Tname,Tname→Taddr,但 Tname↛Cno,所以,Cno$\xrightarrow{t}$Taddr。

注意:定义中的条件 $Y\not\rightarrow X$ 是很重要的。若 $Y\rightarrow X$,则 Z 对 X 是完全的 FD,而非传递的 FD。

4.2.3 关键字

前面给出了关键字的直观的定义,这里用函数依赖的概念严格定义关键字。

【定义 4.6】 设有关系模式 $R(A_1,A_2,\cdots,A_n)$,X 是$(A_1,A_2,\cdots,A_n)$的一个子集。如果:

(1) $X\rightarrow A_1,A_2,\cdots,A_n$,且满足条件(2)。

(2) X 中存在一个真子集 Y,使得 $Y\not\rightarrow A_1,A_2,\cdots,A_n$,则称 X 是 R 的一个候选关键字。

定义中的条件(1)说明 X 能唯一确定一个元组;条件(2)说明 X 满足条件(1)而又不包含多余的属性集。

例如,有关系模式 S(Sno,Sname,sex,age,dept)。

Sno→(Sno,Sname,sex,age,dept),所以 Sno 为候选关键字。无同名同姓情况下,Sname 也可以为 R 的另一个候选关键字。

虽然(Sno,Sname)→(Sno,Sname,sex,age,dept),但它满足定义中条件(1)而不满足条件(2),因此(Sno,Sname)不是 R 的候选关键字(Candidate Key),只能说是一个超键(Supper Key)。

注意:

- 去掉超键中多余属性的关键字称为候选关键字。如果关系模式 R 中有多个候选关键字,可以选其中一个作 R 的主关键字(Primary Key)。
- 组成候选关键字的属性称为主属性;不组成候选关键字的属性称为非主属性。
- 引入另外关系中的主关键字称为外关键字(Foreign Key),主关键字和外关键字是关系之间联系的主要手段。

4.2.4 FD 公理

首先介绍 FD 的逻辑蕴涵的概念,然后引出 FD 公理。

1. FD 的逻辑蕴涵

FD 的逻辑蕴涵是指在已知的函数依赖集 F 中是否蕴涵着未知的函数依赖。比如,F 中有 $A\rightarrow B$ 和 $B\rightarrow C$,那么 $A\rightarrow C$ 是否也成立?这个问题就是 F 是否也逻辑蕴涵着 $A\rightarrow C$ 的问题。

【定义 4.7】 设有关系模式 $R(U,F)$，F 是 R 上成立的函数依赖集。$X \to Y$ 是一个函数依赖，如果对于 R 的每个满足 F 的关系 r 也满足 $X \to Y$，那么称 F 逻辑蕴涵 $X \to Y$，记为 $F \Rightarrow X \to Y$。即 $X \to Y$ 可以由 F 中的函数依赖推出。

【定义 4.8】 设 F 是已知的函数依赖集，被 F 逻辑蕴涵的 FD 全体构成的集合，称为函数依赖集 F 的闭包(Closure)，记为 F^+。即：

$F^+ = \{X \to Y \mid F \Rightarrow X \to Y\}$，显然一般 $F \subseteq F^+$；若 $F = F^+$，则称 F 是完备集。

2. FD 的公理

为了从已知 F 求出 F^+，尤其是根据 F 集合中已知的 FD，判断一个未知的 FD 是否成立，或者求 R 的候选关键字等，这就需要一组 FD 推理规则的公理。FD 公理有 3 条推理规则，它是由 W. W. Armstrong 和 C. Beer 建立的，常称为"Armstrong 公理"。

设关系模式 $R(U,F)$，$X,Y,Z \subseteq U$，F 是 R 上成立的函数依赖集。FD 公理的 3 条规则如下所述。

- A1 自反性(Reflexivity)：若在 R 中，有 $Y \subseteq X$，则 $X \to Y$ 在 R 上成立，且蕴涵于 F 之中。
- A2 增广性(Augmentation)：若 F 中的 $X \to Y$ 在 R 上成立，则 $XZ \to YZ$ 在 R 上也成立，且蕴涵于 F 之中。(为了简单起见，XZ 是 $X \cup Z$ 的简记，其他类同。)
- A3 传递性(Transitivity)：若 F 中的 $X \to Y$ 和 $Y \to Z$ 在 R 上成立，则 $X \to Z$ 在 R 上也成立，且蕴涵于 F 之中。

注意：由 A1 所得到的函数依赖均是平凡的函数依赖，自反性的使用并不依赖于 F。

FD 公理的正确性和完备性是需要证明的，下面仅给出正确性的证明。

【定理 4.1】 Armstrong 公理的 3 条推理规则 A1，A2，A3 是正确的。

下面利用函数依赖的定义证明 A1，A2，A3 的正确性。

证明：

(1) 设 $R(U,F)$ 的任一关系 r 中的任意两个元组 t 和 s。

因为 $Y \subseteq X$，若 $t[X]=s[X]$，则必定有 $t[Y]=s[Y]$，即两个元组在 X 上相等，而在 X 的子集 Y 上必定相等。

所以，$X \to Y$ 成立，自反性 A1 得证。

(2) 设 $R(U,F)$ 的任一关系 r 中的任意两个元组 t 和 s，且 F 是 R 的 FD 集。

由已知 $X \to Y$，则有 $t[X]=s[X]$，$t[Y]=s[Y]$；

若 $t[XZ]=s[XZ]$，则有 $t[X]=s[X]$，$t[Z]=s[Z]$；

可见就有 $t[YZ]=s[YZ]$，也就是 $t[XZ]=s[XZ]$ 导致 $t[YZ]=s[YZ]$ 成立，即 $XZ \to YZ$ 成立，且为 F 所蕴涵，增广性 A2 得证。

(3) 设 $R(U,F)$ 的任一关系 r 中的任意两个元组 t 和 s，且 F 是 R 的 FD 集。

由已知 $X \to Y$，则有 $t[X]=s[X]$，$t[Y]=s[Y]$；

又由已知 $Y \to Z$，则有 $t[Y]=s[Y]$，$t[Z]=s[Z]$；

可见就有 $t[X]=s[X]$，$t[Z]=s[Z]$，即 $X \to Z$ 在 R 上成立，且为 F 所蕴涵，增广性 A3 得证。

公理中 A1，A2 和 A3 不仅是正确的，而且是完备的。公理的正确性是指由 F 中已知的

FD,通过公理推出未知的函数依赖必定是正确的,且逻辑蕴涵于 F,包含于 F^+ 中。公理的完备性(证明略)是指包含于 F^+ 中的所有 FD 都可以由公理从 F 中推出。这样就保证了公理推导的有效性和可靠性。

【例 4.3】 已知关系模式 $R(A,B,C)$,R 上的 FD 集 $F=\{A\rightarrow B,B\rightarrow C\}$。求逻辑蕴涵于 F,且存在于 F^+ 中的未知的函数依赖。

根据 FD 的推理规则,由 F 中的函数依赖可推出包含在 F^+ 中的函数依赖共有 43 个。

比如,根据规则 A1 可推出:$A\rightarrow\varnothing,A\rightarrow A,B\rightarrow\varnothing,B\rightarrow B,\cdots$;

根据已知 $A\rightarrow B$ 及规则 A2 可推出:$AC\rightarrow BC,AB\rightarrow AC,AB\rightarrow B,\cdots$;

根据已知条件及规则 A3 可推出:$A\rightarrow C$ 等。作为练习,读者可以自行推出 43 个 FD。

为了方便应用,除了上述 3 条规则 A1,A2,A3 外,下面给出可由这 3 条规则可导出的 3 条推论。

- A4 合并性(Union):如果 $X\rightarrow Y,X\rightarrow Z$,则有 $X\rightarrow YZ$。
- A5 伪传递性(Pseudo Transitivity):如果 $X\rightarrow Y,YW\rightarrow Z$,则有 $XW\rightarrow Z$。
- A6 分解性(Decomposition):如果 $X\rightarrow YZ$,则有 $X\rightarrow Y,X\rightarrow Z$。

由 A1,A2,A3 证明 A4,A5,A6 的练习读者可以自行完成。

由 A4 和 A6,不难得到下面的引理。

【引理 4.1】 如果 $A_1,A_2,\cdots,A_n$ 是关系模式 R 的属性集,则 $X\rightarrow A_1,A_2,\cdots,A_n$ 成立的充分必要条件是:$X\rightarrow A_i(i=1,2,\cdots,n)$成立。(读者可自行证明。)

【例 4.4】 设有关系模式 $R(A,B,C,D,E)$,R 上的 FD 集 $F=\{A\rightarrow B,C\rightarrow D,BD\rightarrow E,AC\rightarrow E\}$。

问:在 F 中 $AC\rightarrow E$ 是否为冗余的函数依赖?

所谓冗余的函数依赖,就是 $AC\rightarrow E$ 是否由 F 中的其他 FD 推出,若是则冗余。

证:

因为 $A\rightarrow B$,所以 $AC\rightarrow BC$(由 A2) ①

又因为 $C\rightarrow D$ 且 $BD\rightarrow E$,所以 $BC\rightarrow E$(由 A5) ②

由①,②得出 $AC\rightarrow E$(由 A3),即 $AC\rightarrow E$ 是冗余的,说明 F 是一个有冗余的 FD 集。

4.2.5 属性集的闭包

在实际使用中,经常要判断从已知的 FD 集 F 中能否推导出 FD: $X\rightarrow Y$ 在 F^+ 中,而且还要判断 F 中是否有冗余的 FD 和冗余信息,以及求关系模式的候选关键字等问题。虽然使用 Armstrong 公理可以解决这些问题,但是工作量大、比较麻烦。为此引入属性集闭包的概念及求法,能够方便地解决这些问题。

【定义 4.9】 设有关系模式 $R(U)$,U 上的 FD 集 F,X 是 U 的子集,则称所有采用 FD 公理从 F 推出的 FD: $X\rightarrow A_i$ 中的 A_i 的属性集合为 X 属性集的闭包,记为 X^+。

从属性集闭包的定义,可得出下面的引理。

【引理 4.2】 一个函数依赖 $X\rightarrow Y$ 能用 FD 公理推出的充分必要条件是 $Y\subseteq X^+$。

由引理 4.2 可知,判断 $X\rightarrow Y$ 是否能由 FD 公理从 F 推出,只要求 X^+,若 X^+ 中包含 Y,则 $X\rightarrow Y$ 成立,即为 F 所逻辑蕴涵。而且求 X^+ 并不太难,比用 FD 公理推导简单得多,花费时间也少得多。

下面介绍计算属性集闭包的算法。

【算法 4.1】 求属性集 X 相对 FD 集 F 的闭包 X^+。

输入：有限的属性集合 U 和 U 中一个子集 X，以及在 U 上成立的 FD 集 F。

输出：X 关于 F 的闭包 X^+。

步骤：

(1) 初始化，$X(0)=\varnothing$，$X(1)=X$。

(2) 若 $X(0)\neq X(1)$，置 $X(0)=X(1)$，否则转步骤(4)。

(3) 对于 F 中每个 FD：$Y\rightarrow Z$，若 $Y\subseteq X(1)$，置 $X(1)=X(0)\cup\{Z\}$并转步骤(2)。

(4) 输出 $X(1)$，即为所求的 X^+。

【例 4.5】 设有关系模式 $R(A,B,C,D,E,G)$，R 上的 FD 集 $F=\{AB\rightarrow C, BC\rightarrow AD, D\rightarrow E, CG\rightarrow B\}$，求$(AB)^+$。

解：由算法 4.1，可做如下计算。

第一次：(1) 初始化 $X(0)=\varnothing$，$X(1)=AB$。

(2) 由于 $X(0)\neq X(1)$，置 $X(0)=AB$。

(3) 检查 F 中的每一个 FD，由 $AB\rightarrow C$，其左部的 $AB\subseteq X(1)$，这样置 $X(1)=X(0)\cup\{C\}=ABC$。

第二次：(2) $X(0)\neq ABC$，则置 $X(0)=ABC$。

(3) 又在 F 中找到 $BC\rightarrow AD$，置 $X(1)=X(0)\cup\{D\}=ABCD$。

第三次：(2) $X(0)\neq ABCD$，则置 $X(0)=ABCD$。

(3) 再在 F 中找到 $D\rightarrow E$，置 $X(1)=X(0)\cup\{E\}=ABCDE$。

第四次：(2) $X(0)\neq ABCDE$，则置 $X(0)=ABCDE$。

(3) 检查 F 中无 FD，使得 $X(1)$增加新的属性，即 $X(0)=X(1)$，转步骤(4)。

(4) 输出 $X(1)=ABCDE$，即$(AB)^+=ABCDE$。

可以证明，用算法 4.1 计算的 X^+ 不仅是正确的，而且是可终止的。

例如：用计算属性集算法 4.1，很容易验证例 4.4 中的问题：只考虑 $A\rightarrow B$，$C\rightarrow D$，$BD\rightarrow E$，求$(AC)^+=ACBDE$，可见$(AC)^+$中包含了 E，即 $AC\rightarrow E$ 可由 3 个 FD 推出，所以冗余。这说明，求属性集的闭包过程实际就是使用 FD 公理推导的过程。

【例 4.6】 设有关系模式 $R(X,Y,Z,W)$，R 上的 FD 集 $F=\{X\rightarrow Z, WX\rightarrow Y\}$，求解：

(1) F 是否逻辑蕴涵 $WX\rightarrow Z$？

(2) 判断 WX 是否是 R 的候选关键字？

解：

(1) 要判断 F 是否逻辑蕴涵 $WX\rightarrow Z$，只要依据 F 中 FD，求：$(WX)^+=WXZY$，可见 $Z\in(WX)^+$。所以，F 是逻辑蕴涵 $WX\rightarrow Z$ 的。

(2) 要判断 WX 是否是 R 的候选关键字，首先，判断 $WX\rightarrow XYZW$ 是否在 R 上成立？显然，由(1)可知它是成立的。然后，判断 WX 中是否存在一个真子集，也能决定 R 全部属性的值？于是，分别求 $W^+=W$ 和 $X^+=XZ$，可见 WX 中不存在一个真子集决定 R 全部属性的值，所以，WX 是 R 的候选关键字。

求解属性集闭包的用处是：

- 给定关系模式 R 和 FD 集 F，可求 R 的候选关键字。

- 由给定的 FD 集 F,可判断一个 FD 是否成立,即它是否被 F 所逻辑蕴涵,或说它是否存在于 F 的最大集 F^+ 中;实际上,对于给定的 FD 集 F,求出 F 中所有可能的属性集闭包所得到的 FD,其并集就是 F^+。
- 验证 F 中是否有冗余的 FD 和冗余的信息,从而可求 F 的最小 FD 集。

4.2.6 FD 集的等价与最小依赖集

【定义 4.10】 设有关系模式 $R(U)$上的两个 FD 集 F 和 G,如果 $F^+=G^+$,则称 F 与 G 是等价的,亦称 F 覆盖 G,或 G 覆盖 F。

F 与 G 等价意味着 F 中每个 FD 都可以从 G 中推出,并且 G 中每个 FD 也都可以从 F 中推出。

实际上,前面使用 FD 公理从已知的 FD 集 F 推出的 F^+,就是关于 F 与 F 最大集 F^+ 等价的问题。FD 集等价概念的另一个方面使用是从已知的 FD 集 F 可求出与之等价的最小 FD 集 F_m。即在给定的 FD 集 F 中,去掉冗余的 FD,或者平凡的 FD,或者冗余的属性所得到的就是 F_m。下面给出最小函数依赖集 F_m 的定义。

【定义 4.11】 如果函数依赖集 F 满足下列条件,则称 F 为最小依赖集,或称最小覆盖,记为 F_m。

(1) F 中每个函数依赖的右部仅含一个单属性。

(2) F 中每个函数依赖的左部没有冗余的属性。即 F 中不存在这样的函数依赖 $X\to A$,X 有真子集 Z,使得 F 与 $F-\{X-A\}\cup\{Z\to A\}$等价。

(3) F 中不存在冗余的函数依赖。即 F 中不存在这样的函数依赖 $X\to A$,使得 F 与 $F-\{X-A\}$等价。

【定理 4.2】 每一个函数依赖 F 至少等价于一个最小的函数依赖集 F_m。

证明:采用构造法证明,即证明的过程也是找出一个最小依赖集 F_m 的过程。

(1) 对 F 中每一个 FD 的右部进行单一化处理。依据引理 4.1,逐一检查 F 中每个 FD:$X\to Y$,若 $Y=A_1,A_2,\cdots,A_n(n\geqslant 2)$,则用 $X\to A_i(i=1,2,\cdots,n)$取代 $X\to Y$。

(2) 去掉 F 中每个 FD 的左部冗余的属性。逐一取出 F 中的每个 FD:$X\to A$,设 $X=B_1,B_2,\cdots,B_n(n\geqslant 2)$,再逐一考察 $B_i(i=1,2,\cdots,n)$,当 $A\in(X-B_i)_{F^+}$,则以$(X-B_i)$取代 X。因为 F 与 $F=\{X\to A\}\cup\{Z\to A\}$等价的充要条件是 $A\in Z_{F^+}$,其中 $Z=X-B_i$。

(3) 去掉 F 中冗余的函数依赖。逐一检查 F 中的每个 FD:$X\to A$,令 $G=F-\{X\to A\}$,若 $A\in X_G^+$,则从 F 中去掉 $X\to A$。因为 F 与 G 等价的充要条件是 $A\in X_G^+$。

重复(2),(3)两步,直至 F 中的 FD 不再发生变化为止。最后得到的 F 即为所求的最小依赖集 F_m。

应当说明,对于 F 进行最小化时,由于处理 FD 的顺序不同,得到的结果就可能不同,所以最后求出的最小依赖集可能不唯一,但它们都与 F 等价。

【例 4.7】 设有关系模式 $R(A,B,C)$,其上的 FD 集 $F=\{A\to BC,B\to AC,BC\to A\}$,求 F 的最小依赖集 F_m。

解：

按最小依赖集的定义，分别考虑以下3个条件。

(1) 用FD的分解规则，将 F 中的所有FD右部化为单属性，得到 F_1：

$$F_1 = \{ A \to B, A \to C, B \to A, B \to C, BC \to A \}$$

(2) 去掉 F_1 中每个FD左部冗余属性。

方法：逐一检查 F_1 中左部为非单属性的FD，如 $XY \to A$，若要判 Y 是否为冗余属性，只要在 F_1 中求 X^+，如果 X^+ 包含 A，则 Y 为冗余，应去掉。

考察 $BC \to A$，$B^+ = ABC$，所以 C 为冗余应去掉。即用 $B \to A$ 代替 $BC \to A$，得到与 F_1 等价的 F_2：

$$F_2 = \{ A \to B, A \to C, B \to A, B \to C, B \to A \}$$

(3) 去掉 F_2 中冗余的函数依赖。

方法：从 F_2 中第一个FD开始，将它从 F_2 中去掉(设为 $X \to Y$)，然后从剩下的FD中求 X^+，检查 X^+ 是否包含 Y，若包含，则 $X \to Y$ 是冗余的FD应去掉。这样依次做下去，直至没有冗余的FD为止。

显然，在 F_2 中有两个 $B \to A$，应去掉一个。

再考察 $A \to C$，$A^+ = ABC$，所以，$A \to C$ 是冗余的，应去掉。

因此，最后由 F_2 得到的就是与 F 等价的最小依赖集 F_m：

$$F_m = \{A \to B, B \to A, B \to C\}$$

注意，这里也可先考察 $B \to C$：$B^+ = ABC$，可见 $B \to C$ 冗余，应去掉。这样可得到与 F 等价的另一个最小依赖集 F_m：

$$F_m = \{ A \to B, A \to C, B \to A\}$$

4.3 关系模式的分解

在4.1节中，通过分解的方法消除了模式中的操作异常，减少和控制了数据冗余问题。本节主要讨论关系模式分解中的两个重要特性：保持信息的无损连接性和保持函数依赖性。

4.3.1 模式分解的两个特性

【定义4.12】 设有关系模式 $R(U)$，$R_i(i=1,2,\cdots,k)$ 是 R 中的一些属性子集，$R_1 \cup R_2 \cup \cdots \cup R_k = U$，则用 $\rho = \{R_1, R_2, \cdots, R_k\}$ 代替 R 的过程，称 ρ 为关系模式 R 的一个分解，也称为关系数据库模式。

这里要注意的是：

一般把上述被分解的 R 称为泛关系模式，R 对应的当前值称为泛关系。计算机数据库的数据并不存储在泛关系中，而是存储在数据库 ρ 中。

所谓泛关系是指对应于一个部门或一个企业组织整个数据库的一个关系；其关系模式由该部门或企业组织模型中标识的全部属性组成。模式分解是建立在泛关系假设的基础之上，这就是关系数据库理论中著名的“泛关系假设”。

关系模式的分解不仅仅是对关系模式 R 中属性集合的分解,而且也是对关系模式上成立的函数依赖集以及关系模式当前值的分解。

【例 4.8】 设有关系模式 S(Sno,Dept,Dname),其中 Sno,Dept,Dname 分别为学号、系名和系主任名。S 上成立的 FD 集 F={Sno→Dept,Dept→Dname},S 中的当前值的关系 r 如表 4.5 所示。

表 4.5 S 的一个关系 r

Sno	Dept	Dname
$A1$	$D1$	王 成
$A2$	$D1$	王 成
$A3$	$D2$	李 名
$A4$	$D3$	刘 新

S 中存在如下数据冗余和操作异常。

- 数据冗余:一个系有很多学生,则系名和系主任名就被重复存储很多次。
- 删除异常:如果 $A4$ 学生毕业了,删除 $A4$,则会连带删除系名 $D1$ 和系主任王成。
- 插入异常:若成立了一个新系 $D5$,目前尚未招收学生。那么该系的系名和系主任名就无法插入到 S 中。下面讨论怎样分解 S 才能解决这些问题,为此可将 S 做如下 4 种形式的分解。

(1) 将 S 分解为 ρ_1={$S1$(Sno),$S2$(Dept),$S3$(Dname)},则 r 相应被分解为:

$$r_1 = \prod_{S1}(r) = \{A1,A2,A3,A4\}$$

$$r_2 = \prod_{S2}(r) = \{D1,D2,D3\}$$

$$r_3 = \prod_{S3}(r) = \{\text{王成、李名、刘新}\}$$

显然 ρ_1 这样的分解是不可取的。原因有两个:其一,没有保持 F 中的函数依赖,即分割了属性间的语义关系,如不能回答“$A1$ 属于哪个系的学生?”和“$D1$ 系的系主任是谁?”等问题;其二,分解以后的 r_1,r_2,r_3 做自然连接操作不能“恢复”成原来的 r,即 $r \neq r_1 \bowtie r_2 \bowtie r_3$,丢失了原 r 中一些信息,这个问题就是没有保持信息的无损连接性。

(2) 将 S 分解成 ρ_2={ $S4$(Sno,Dept),$S5$(Sno,Dname)},则 r 相应被分解为 r_4,r_5,分别如表 4.6 和表 4.7 所示。

表 4.6 关系 r_4

Sno	Dept
$A1$	$D1$
$A2$	$D1$
$A3$	$D2$
$A4$	$D3$

表 4.7 关系 r_5

Sno	Dname
$A1$	王 成
$A2$	王 成
$A3$	李 名
$A4$	刘 新

在 ρ_2 中,只保持了 F 中的依赖 Sno→Dept,没有保持依赖 Dept→Dname,这样能够回答学生属于哪个系的问题,但是仍不能回答“$D1$ 系的系主任是谁?”的问题。上述的异常和数据冗余问题仍然存在。但是,ρ_2 具有无损的连接性,即 $r = r_4 \bowtie r_5$。

(3) 将 S 分解成 $\rho_3=\{S5(Sno,Dname),S6(Dept,Dname)\}$,则 r 相应被分解为 r_5,r_6,分别如表 4.7 和表 4.8 所示。ρ_3 分解没有保持 FD: Sno→Dept,但具有无损连接性: $r=r_5 \bowtie r_6$。在 ρ_3 中,数据冗余比 S 减少了很多,上述的插入和删除操作异常情况也不存在了。但是仍然不能回答如“A1 属于哪个系的学生?”这样的问题。

(4) 将 S 分解成 $\rho_4=\{S4(Sno,Dept),S6(Dept,Dname)\}$,则 r 相应被分解为 r_4,r_6,分别如表 4.6 和表 4.8 所示。这种分解是比较好的,既保持 FD 性,又具有无损连接性。即分解后既没有丢失属性间的语义,又没有丢失信息。而且解决了上述的操作异常和数据冗余问题。

表 4.8 关系 r_6

Dept	Dname
D1	王 成
D2	李 名
D3	刘 新

由上述实例,可以得到以下关系模式分解的 3 条不同的分解标准。

- 分解具有无损连接性(Lossless Join)。
- 分解要保持函数依赖性(Preserve Function Dependency)。
- 分解既保持函数依赖性,又要具有无损连接性。

下面将严格地定义分解的无损连接性和保持函数依赖性,并讨论它们的判定算法。

4.3.2 无损连接的分解

保持无损连接性是关系模式分解中的一个特性。如果不能保持无损连接性,那么在关系中就会出现错误的信息。

【定义 4.13】 设 F 是关系模式 R 的一个 FD 集,$\rho=\{R_1,R_2,\cdots,R_k\}$ 是 R 的一个分解,如果对于 R 的任意一个满足 F 的关系 r,都有 $r=\prod_{R_1}(r)\bowtie\prod_{R_2}(r)\bowtie\cdots\bowtie\prod_{R_k}(r)$,则称分解 ρ 是相对 F 的无损连接分解,简称无损分解;否则称为有损连接分解,简称有损分解。

其中,符号 $\prod_{R_i}(r)$ 表示 r 在模式 R_i 属性上的投影。若用 $m_\rho(r)$ 符号表示 r 投影的自然连接表达式:

$$\begin{aligned} m_\rho(r) &= \prod_{R_1}(r)\bowtie\prod_{R_2}(r)\bowtie\cdots\bowtie\prod_{R_k}(r) \\ &= \mathop{\bowtie}_{i=1}^{k}\prod_{R_i}(r) \end{aligned}$$

即对于关系模式 R 关于 F 的无损连接的条件是,任何满足 F 的关系 r,必有 $r=m_\rho(r)$。

例如,有关系模式 $R(A,B,C)$ 和具体关系 r 如表 4.9(a)所示,其中 R 被分解的两个模式 $\rho=\{AB,AC\}$,r 在这两个模式上的投影分别如表 4.9(b)和表 4.9(c)所示。显然,$r=r_1\bowtie r_2$。即有 $r=m_\rho(r)$,ρ 是无损连接分解。

表 4.9 无损连接分解

(a) 关系 r

A	B	C
2	2	5
2	3	5

(b) 关系 r_1

A	B
2	2
2	3

(c) 关系 r_2

A	C
2	5

如果是有损的分解，则 $r \neq m_\rho(r)$，一般是 $r \subseteq m_\rho(r)$。这说明了分解后的关系做自然连接的结果比分解前的 r 反而增加了元组，称这样的元组为“寄生”元组，它使原来关系中一些确定的信息变成不确定的信息，因此它是有害的错误信息，对做连接查询操作是极为不利的。

例如，有关系模式 R(学号、课号、成绩)和具体关系 r 如表 4.10(a)所示，R 的一个分解为 $\rho=\{$(学号，课号)，(学号，成绩)$\}$，则 r 被分解的关系 r_1 和 r_2 分别如表 4.10(b)和表 4.10(c)所示。表 4.10 中的(d)是 $r_1 \bowtie r_2$，此时 $r_1 \bowtie r_2 \neq r$，其中多出了两个寄生元组(值下加横线的元组)，这就是 $r \subseteq m_\rho(r)$。显然，这两个寄生元组值有悖于原来 r 中的元组值，使原来元组值变成了不确定的信息。如表 4.10(d)中，到底 2 号学生的 2 或 3 号课程的成绩是 90 分还是 80 分？操作者感到茫然。有“损”不是指损失了元组，而是指“损失”了元组信息的真实性，这当然不是我们希望产生的。

表 4.10 有损连接分解

(a) r

学号	课号	成绩
2	2	90
2	3	80

(b) r_1

学号	课号
2	2
2	3

(c) r_2

学号	成绩
2	90
2	80

(d) $r_1 \bowtie r_2$

学号	课号	成绩
2	2	90
$\underline{2}$	$\underline{2}$	$\underline{80}$
$\underline{2}$	$\underline{3}$	$\underline{90}$
2	3	80

4.3.3 无损连接分解的判定

将关系模式 R 分解成 ρ 以后，如何判定 ρ 是否是无损连接分解？这是一个值得关心的问题。下面分别介绍判定是否具有无损连接分解的两种方法：判定表法和判定式法。

1. 判定表法

【算法 4.2】 无损连接分解的判定表法。

输入：关系模式 $R(A_1, A_2, \cdots, A_n)$ 和其上的 FD 集 F，以及 R 的一个分解 $\rho=\{R_1, R_2, \cdots, R_k\}$。

输出：判定 ρ 是相对于 F 是否是无损连接分解。

步骤：

(1) 构造一张 k 行 n 列的判定表。

每一列对应一个属性 $A_j(1 \leqslant j \leqslant n)$，每一行对应一个分解的模式 $R_i(1 \leqslant i \leqslant k)$；若 $A_j \in R_i$，则在第 i 行与第 j 列交叉处填入符号 a_j，否则，填入符号 b_{ij}。

(2) 反复利用 F 中的每个 FD，修改表中元素，直到不能修改为止。

修改方法：

逐一取 F 中的每一个 FD：$X \rightarrow Y$，在 X 的分量中寻找相同的行，然后将这些行中 Y 的分量改为相同的符号：若其中有 a_j，则将 b_{ij} 改为 a_j；若其中无 a_j，则将 b_{ij} 改为下标 i, j 相同的符号 b_{ij}；直到表中元素不能修改为止。

(3) 如果发现表中某一行变成了 $a_1, a_2, \cdots, a_k$，即全为符号 a_i 的行，那么称 ρ 相对 F 是无损连接分解，否则称为有损连接分解。算法终止。

【例 4.9】　设有关系模式 $R(A,B,C,D)$，R 被分解成 $\rho=\{AB,BC,CD\}$。若 R 上成立的 FD 集 $F_1=\{B\to A,C\to D\}$，那么 ρ 相对 F_1 是否具有无损连接分解？如果 R 上成立的 FD 集为 $F_2=\{A\to B,C\to D\}$，其连接性又如何呢？

解：

构造一个初始判定表，如表 4.11 所示。

表 4.11　ρ 的初始判定表

R_i	A	B	C	D
AB	a_1	a_2	b_{13}	b_{14}
BC	b_{21}	a_2	a_3	b_{24}
CD	b_{31}	b_{41}	a_3	a_4

修改表 4.11：考察 F_1 中的 $B\to A$，B 列中有相同的符号行 a_2，则 A 列中相应行中将符号 b_{21} 改为 a_1。

对 $C\to D$，C 列中有相同符号 a_3 的行，故将 D 列中与之对应的行 b_{24} 改为 a_4。

最后，修改后的判定表如表 4.12 所示。可见该表中有全为符号 $a_i(i=1,2,3,4)$的行。

表 4.12　ρ 的结果判定表

R_i	A	B	C	D
AB	a_1	a_2	b_{13}	b_{14}
BC	a_1	a_2	a_3	a_4
CD	b_{31}	b_{41}	a_3	a_4

因此，相对 F_1，R 的分解 ρ 具有无损连接性。

再考察 F_2：根据 $A\to B$，表不修改；对于 $C\to D$，将 b_{24} 改为 a_4；反复考察 F_2 后，得到的结果表中(读者自己完成)没有相同的符号为 a_i 的行。因此，相对 F_2，R 的分解 ρ 是有损连接分解。

2. 判定式法

判定式法是基于如下定理的一种方法。

【定理 4.3】　如果关系模式 R 的分解为 $\rho=\{R_1,R_2\}$，F 为 R 的 FD 集，则对于 F^+，ρ 具有无损连接性的充分必要条件是：

$$(R_1 \cap R_2)\to(R_1-R_2) \qquad \text{或者} \qquad (R_1 \cap R_2)\to(R_2-R_1)$$

其中，$R_1\cap R_2$ 表示模式的交集，为 R_1 和 R_2 的公共属性；R_1-R_2 或 R_2-R_1 表示模式的差集；如 R_1-R_2 由在 R_1 中去掉了 R_1 与 R_2 的公共属性所组成。

说明：

- 由于定理是只对分解为两个模式而定义的，因此，判定式法只能对分解为两个模式进行无损连接性判定；但是，判定表法可用于对分解成多个模式的无损连接性判定。
- 判定式$(R_1\cap R_2)\to(R_1-R_2)$或者$(R_1\cap R_2)\to(R_2-R_1)$，均可独立使用，只要有一

个成立,则分解为无损的。判定时,不仅注意判定式的依赖是否存在于 F 中,而且更要注意依赖是否在 F^+ 中成立。

【例 4.10】 设有关系模式 $R(A,B,C,D,E,G)$,若 R 上成立的 FD 集 $F=\{A\to B, C\to G, E\to A, CE\to D\}$,请用判定表法和判定式法分别判定 R 被分解成 $\rho=\{ABE,CDEG\}$ 是否具有无损连接性。

解:

(1) 判定表法。

构造初始判定表,如表 4.13 所示。

表 4.13　初始判定表

R_i	A	B	C	D	E	G
ABE	a_1	a_2	b_{13}	b_{14}	a_5	b_{16}
$CDEG$	b_{21}	b_{22}	a_3	a_4	a_5	a_6

考察 F:$A\to B, C\to G$,不修改表。

第一次:对于 $E\to A$,将 A 列中的 b_{21} 改为符号 a_1。

对于 $CE\to D$,C 和 E 列中均无相同的符号行,不修改表。

此次修改后的表如表 4.14 所示。

表 4.14　第一次修改后的判定表

R_i	A	B	C	D	E	G
ABE	a_1	a_2	b_{13}	b_{14}	a_5	b_{16}
$CDEG$	a_1	b_{22}	a_3	a_4	a_5	a_6

第二次:再一次在 F 中逐一考察每个 FD:$A\to B$,发现 A 列有相同符号 a_1,则 B 列对应的行中 b_{22} 改为 a_2。

因此,此时表中有全为 a_i 的行,ρ 相对 F 为无损连接分解。

(2) 判定式法。

因为$(ABE)\cap(CDEG)=E$,而$(ABE)-(CDEG)=AB$,现判断 $E\to AB$ 是否在 F^+ 中?为此 $E^+=EAB$,所以,$E\to AB$ 成立;虽然 $E\to AB$ 不在 F 中,但在 F^+ 中。

因此,ρ 相对 F 为无损连接分解。

4.3.4 保持函数依赖的分解

保持函数依赖性是关系模式分解的另一个分解特性,如果不能保持 FD,那么数据之间的语义完整性就会被破坏,出现混乱。

【定义 4.14】 设 F 是关系模式 $R(U)$ 上的 FD 集,$Z\subseteq U$,F 在 Z 上的投影用 $\prod_Z(F)$ 表示,定义为:

$$\prod_Z(F)=\{X\to Y \mid X\to Y\in F^+, 且\ X,Y\subseteq Z\}$$

【定义 4.15】 设 R 的一个分解为 $\rho=\{R_1,R_2,\cdots,R_k\}$,$F$ 是 R 上的 FD 集,若 $F^+=$

$\left(\bigcup_{i=1}^{k}\prod_{Ri}(F)\right)^{+}$，那么称分解 ρ 保持 FD 集 F 或称 ρ 具有保持函数依赖性。

其中：$\bigcup_{i=1}^{k}\prod_{Ri}(F)=\prod_{R_1}(F)\cup\prod_{R_2}(F)\cup\cdots\cup\prod R_k(F)$。

根据定义，测试一个分解是否保持 FD，比较可行的方法是，逐一验证 F 中每个 FD 是否被 $\bigcup_{i=1}^{k}\prod_{Ri}(F)$ 逻辑蕴涵。

【例 4.11】 设关系模式 $R(A,B,C,D,E,G)$，其上成立的 FD 集 $F=\{A\to B,C\to G,E\to A,CE\to D\}$，$R$ 上一个分解 $\rho=\{R_1(A,B,E),R_2(C,D,E,G)\}$，现判断 ρ 是否保持函数依赖。

计算分解的 R_1 和 R_2 分别在 F 上的投影为：$\prod R_1(F)=\{A\to B,E\to A\}$ 和 $\prod R_2(F)=\{C\to G,CE\to D\}$。

$\prod R_1(F)\cup\prod R_2(F)=\{A\to B,E\to A\}\cup\{C\to G,CE\to D\}$，显然，$F$ 中的每个 FD 被 $(\prod_{R_1}(F)\cup\prod_{R_2}(F))$ 逻辑蕴涵。

因此，ρ 具有保持 FD 性。

由于 F 中 FD 是对关系模式 R 的完整性约束，因此，要求 R 被分解之后也要保持 FD。如果不保持 FD，则会导致一些语义混乱和数据出错的问题。

【例 4.12】 设关系模式 $GZ(N,T,S)$，其中属性分别表示职工号、职务、工资。若规定：一个职工只有一个职务，且一种职务只有一个工资数目。那么，GZ 上的 FD 集 $F=\{N\to T,T\to S\}$。

如果将 GZ 分解成 $\rho=\{GZ_1(N,T),GZ_2(N,S)\}$，可以判定 ρ 是无损分解，但不保持 FD。

GZ_1 上的 FD 集 $F_1=\{N\to T\}$，GZ_2 上的 FD 集 $F_2=\{N\to S\}$。

由于 F 中的 $T\to S$ 不能被 $F_1\cup F_2$ 逻辑蕴涵，即 $T\to S$ 被丢失了，所以，ρ 不保持 FD 性。

不保持函数依赖，会产生如下的两个主要问题。

- 造成无约束地对数据的插入或修改，使数据出错。例如，由于 GZ_2 在 N 与 S 之间无函数依赖（在 F 中逻辑蕴涵 $N\to S$，分解后 $T\to S$ 被丢失，则 N 与 S 之间无函数依赖），系统无法检查对 GZ_2 插入或修改数据的语义完整性，这样，若向 GZ_2 中插入无约束的数据（表 4.15(b)）与向受约束的 GZ_1 中（满足 FD：$N\to T$）插入的数据（表 4.15(a)）做连接操作后（表 4.15(c)），就产生了错误的语义“S1 和 S2 同是处长却有不同的工资数”。
- 破坏了原来成立且被丢失的函数依赖，导致语义混乱。比如，原来 $T\to S$ 成立，连接后不成立，如表 4.15(c)所示。

表 4.15 不保持函数依赖的分解

(a) GZ_1 的关系 r_1

N	T
S1	处长
S2	处长
S3	科长

(b) GZ_2 的关系 r_2

N	S
S1	3500
S2	3700
S3	2700

(c) $r_1\bowtie r_2$ 关系

N	T	S
S1	处长	3500
S2	处长	3700
S3	科长	2700

无损分解性与保持依赖性是模式分解中的两个重要特性,这两种特性实际上涉及两个模式的等价问题,包括数据等价和依赖等价。数据等价是指关系分解后的数据做自然连接的结果与分解前的数据相同,不会出现错误的信息,用无损连接性保证。依赖等价是指分解前后的两个模式应有相同的依赖集闭包。在保证依赖集闭包等价情况下,才会保证数据的语义不会出现差错。违反数据等价或依赖等价很难说是一种好的模式设计。

无损连接分解和保持函数依赖的分解两者之间没有必然的联系。这样有 4 种可能存在的分解：有的分解是无损的,但不是依赖保持的；有的分解是依赖保持的,但不是无损的；既保持无损连接,又保持函数依赖的分解是比较理想的,但分解要受到很多的限制；最后一种是,既不是无损的,又不是保持依赖的分解是最不好的分解,也是不可取的。

下面的例子说明,在不同的依赖集上,对同一种分解,有 4 种不同的分解特性。

【例 4.13】 设有关系模式 $R(X,Y,Z)$,$\rho=\{XY,XZ\}$是 R 的一个分解。试分析分别在 $F_1=\{X\to Y\}$,$F_2=\{X\to Z,Y\to Z\}$,$F_3=\{Y\to X\}$,$F_4=\{Z\to Y,Y\to X\}$情况下,ρ 是否具有无损连接性和保持函数依赖性。

解：

相对于 $F_1=\{X\to Y\}$,ρ 是既具有无损连接性,又保持函数依赖性的分解。

相对于 $F_2=\{X\to Z,Y\to Z\}$,ρ 是具有无损连接性,但不具有保持函数依赖性的分解,丢失了 $Y\to Z$。

相对于 $F_3=\{Y\to X\}$,ρ 是不具有无损连接性,但具有保持函数依赖性的分解。

相对于 $F_4=\{Z\to Y,Y\to X\}$,ρ 是既不具有无损连接性,又不具有保持函数依赖性的分解。

4.4 关系模式的范式及规范化

关系模式分解到什么程度是比较好的？用什么标准衡量？这个标准就是模式的范式(Normal Forms,NF)。范式是模式的一种规范形式。一种范式的实质,就是能够使数据库模式避免发生某些问题的一种限制。范式有多种类型,最常用的有 1NF,2NF,3NF,BCNF。本节重点介绍这 4 种范式,最后简单介绍 4NF,至于目前的最高范式 5NF,有兴趣的读者可参见其他参考书。

4.4.1 第一范式

【定义 4.16】 如果关系模式 R 的每个具体关系 r 中的每个属性值都是不可分解的原子值,则称 R 是第一范式(First Normal Forms,1NF)的模式。

1NF 的模式要求属性是原子值,指属性域是一个最基本的类型(整型、实型、字符型等),即属性项不能是属性组合或组属性。

满足 1NF 的关系称为规范化的关系,否则称为非规范化关系。关系数据库中研究和存储的都是规范化的关系,即 1NF 关系是作为关系数据库的最起码的关系条件。不是规范化的关系都必须转化成规范化的关系,这种转化并不难,只要在非规范化的关系中去掉组项或重复组就可以达到 1NF 的关系了。

例如，在表4.16的r_1表中存在属性组项“经理”，r_2表中存在重复组，它们均是非规范化的。

表4.16 非规范化的关系r_1和r_2

(a) r_1表

部门号	部门名	经理	
		正经理	副经理
*D*1	DN1	陈非	李可
*D*2	DN2	王和	丁荣

(b) r_2表

借书人	书名	日期
程中	B1,B2 B3	*D*1,*D*2 *D*3
方明	B3,B4	*D*3,*D*4

非规范化关系的缺点是更新困难。比如，在r_1中，要修改属性经理的值，则系统处理时就面临着二义性：是修改正经理的值，还是修改副经理的值呢？在r_2中，当要将借书人“程中”所借书名(B1,B2)修改为(B1,B4)时，是修改第一个元组中的“书名”属性值呢？还是将第二个元组中的“借书人”的属性值扩充为“程中”呢？

非规范关系转化成规范化的1NF关系的方法：对于组项，去掉高层的命名。如将“经理”属性去掉，就是表4.17所示的r_3，它是1NF的关系。对于重复组，重写属性值相同部分的数据。如将表4.16所示r_2中的重复组改写，得到如表4.17所示的r_4，它也是1NF的关系。

表4.17 规范化后的1NF关系r_3和r_4

(a) 关系r_3

部门号	部门名	正经理	副经理
*D*1	DN1	陈非	李可
*D*2	DN2	王和	丁荣

(b) 关系r_4

借书人	书名	日期
程中	B1	*D*1
程中	B2	*D*2
程中	B3	*D*3
方明	B3	*D*3
方明	B4	*D*4

4.4.2 第二范式

1NF虽然是关系数据库中对关系结构最基本的要求，但还不是理想的结构形式，因为仍然存在大量的数据冗余和操作异常问题。为了解决这些问题，就要消除模式中属性之间存在的部分函数依赖，将其转化成高一级的第二范式。

【定义4.17】 如果一个关系模式R为1NF，并且R中每个非主属性都完全函数依赖于R的每个候选关键字(主要是主关键字)，则称R是第二范式(简记为2NF)的模式。

即就是说，不满足2NF的关系模式中必定存在非主属性对候选关键字的部分函数依赖。

【例4.14】 设有如表4.18所示的关系Student，其中Sno，Cno，Cname，Tname，Grade，Locat，分别表示学号、课号、课名、教师名、成绩和教师地址。

由函数依赖的概念和FD与属性间的联系类型，关系Student中的函数依赖有以下几种。

表 4.18 关系 Student

Sno	Cno	Cname	Tname	Grade	Locat
*S*2	*C*1	OS	王一	70	*D*1
*S*3	*C*2	DB	张成	85	*D*2
*S*4	*C*1	OS	王一	87	*D*1
*S*4	*C*3	AI	刘方	90	*D*3
*S*5	*C*4	CL	张成	75	*D*2

候选关键字：(Sno,Cno)。

$$\text{Cno} \xrightarrow{f} (\text{Cname},\text{Tname},\text{Locat}) \qquad (\text{Sno},\text{Cno}) \xrightarrow{f} \text{Grade}$$

可得$(\text{Sno},\text{Cno}) \xrightarrow{p} (\text{Cname},\text{Tname},\text{Locat})$，即存在非主属性部分依赖于候选关键字。所以，Student 模式不属于 2NF，而是 1NF。

Student 中存在数据冗余：一个任课教师随着选课人数或任课门数的增加其姓名和地址值被反复存储多次，也存在以下操作异常。

插入异常：新来的教师尚未安排任课，教师的名字和地址无法插入或无学生选修的任课教师的名字和地址也无法插入。

删除异常：如果要删除课程信息或某个退学学生的信息，则担任该课程的教师信息会连带被删除。

通过分解消除部分 FD，按完全函数依赖的属性组成关系。这样，Student 关系就分解成两个关系 ST1 和 ST2，如表 4.19 所示。

表 4.19 Student 分解的两个 2NF 的关系 ST1 和 ST2

ST1 关系

Sno	Cno	Grade
*S*2	*C*1	70
*S*3	*C*2	85
*S*4	*C*1	87
*S*4	*C*3	90
*S*5	*C*4	75

ST2 关系

Cno	Cname	Tname	Locat
*C*1	OS	王一	*D*1
*C*2	DB	张成	*D*2
*C*3	AI	刘方	*D*3
*C*4	CL	张成	*D*2

ST1 和 ST2 的关系模式为：ST1(Sno,Cno,Grade)，ST2(Cno,Cname,Tname,Locat)。(Sno,Cno)是 ST1 的主关键字，Cno 是 ST2 主关键字；Cno 对于 ST1 又是外关键字，它联系着 ST1 与 ST2。显然，ST1 和 ST2 都属于 2NF。

分解成 2NF 模式，消除非主属性对候选关键字的部分函数依赖的方法可用下列算法。

【算法 4.3】 分解成 2NF 模式集的算法。

输入：关系模式 $R(U)$，主关键字是 K，R 上存在 FD：$X \rightarrow Y$，并且 Y 是非主属性和 $X \subset K$，那么 $K \rightarrow Y$ 就是一个部分函数依赖。

输出：R 被分解成 2NF 的关系模式 $R_i(i=1,2,\cdots,n)$。

步骤：

(1) $R_1(X,Y)$，主关键字是 X；

$R_2(Z)$，其中 $Z=U-Y$，主关键字仍是 K，外关键字是 X(参照 R_1)。

(2) 若 R_1 或 R_2 还不是 2NF，转步骤(1)继续分解 R_1 或 R_2，否则转步骤(3)。

(3) 算法终止，输出 R_i。

在分解成 2NF 的关系中，数据冗余和操作异常问题也得到了部分解决：一个任课教师随着选课人数增加其姓名和地址值不会被反复存储多次。无学生选修的任课教师的名字和地址也可以插入到 ST2 中；删除某个退学学生信息，只在 ST1 中删除，则担任该课程的教师信息仍然在 ST2 中。

说明：由 2NF 的定义可得以下结论。

(1) 属于 2NF 的关系模式 R 也必定属于 1NF。

(2) 如果关系模式 R 属于 1NF，且 R 中全部是主属性，无非主属性，则 R 必定是 2NF。

(3) 如果关系模式 R 属于 1NF，且 R 中所有的候选关键字全部是单属性构成，则 R 必定是 2NF。

(4) 二元关系模式必定是 2NF。

4.4.3 第三范式

【定义 4.18】 如果一个关系模式 R 为 2NF，并且 R 中每个非主属性都不传递函数依赖于 R 中任何的候选关键字，则称 R 是第三范式(简记为 3NF)的模式。

即就是说，满足 3NF 的关系模式 R 中，每个非主属性都完全函数依赖于 R 的任何一个候选关键字。即在 R 中的每个非主属性既不部分依赖也不传递依赖于任何一个候选关键字。

满足 3NF 范式的另一个等价的定义如下。

【定义 4.19】 设 F 是关系模式 R 上成立的 FD 集，如果对 F 中每个非平凡的 FD：$X \to Y$，都有 X 是 R 的超关键字，或者 Y 的每个属性都是主属性，则称 R 是 3NF 的模式。

由此定义可知 $X \to Y$ 不满足 3NF 的约束条件可分为以下两种情况。

(1) Y 是非主属性，而 X 是候选关键字的真子集，则 Y 就部分函数依赖于候选关键字。

(2) Y 是非主属性，X 既不是候选关键字，又不是候选关键字的真子集，则 R 中必存在着候选关键字 K，就有 $K \to X$，$X \nrightarrow K$，$X \to Y$，此时 $K \to Y$ 是传递函数依赖。

显然，Y 的每个属性都是主属性，则 $X \to Y$ 不违反 3NF 的条件。

上例分解后的 ST1 是 3NF；ST2 是 2NF。在 2NF 的关系中，仍然存在数据冗余和操作异常问题。如在 ST2 中有以下问题。

数据冗余：一个教师若讲多门课程，其姓名和地址值被存储多次。

插入异常：新来的教师尚未安排任课，教师的名字和地址无法插入关系 ST2 中。

删除异常：如果要删除课程信息，则担任该课程的教师信息会连带被删除。

因此，为消除这些异常，将 ST2 分解到更高一级的范式成为 3NF。产生异常的原因是，在 ST2 中存在非主属性对候选关键字 Cno 的传递 FD：

$$Cno \rightarrow Cname, Cno \rightarrow Tname, Tname \rightarrow Locat,\text{但是}, Tname \nrightarrow Cno$$

所以,$Cno \xrightarrow{t} Locat$。

消除属性 Locat 对 Cno 传递 FD,就是将它们分离到两个关系中。因此,ST2 被分解为 ST3 和 ST4 两个关系模式:ST3(Cno,Cname,Tname),ST4(Tname,Locat)(Tname 是 ST4 主关键字,也是 ST3 外来关键字;它联系着 ST3 和 ST4)。

分解成 3NF 关系,消除非主属性传递函数依赖于候选关键字的一般算法如下。

【算法 4.4】 分解成 3NF 模式集的算法。

输入:关系模式 $R(U)$,主关键字是 K,R 上存在 FD:$X \rightarrow Y$,并且 Y 是非主属性和 $X \not\subset Y$,X 不是候选关键字,那么 $K \rightarrow Y$ 就是一个传递依赖。

输出:R 被分解成 3NF 的关系模式 $R_i(i=1,2,\cdots,n)$。

步骤:

(1) $R_1(X,Y)$,主关键字是 X;

$R_2(Z)$,其中 $Z=U-Y$,主关键字仍是 K,外关键字是 X(参照 R_1)。

(2) 若 R_1 或 R_2 还不是 3NF,转步骤(1)继续分解 R_1 或 R_2,否则转步骤(3)。

(3) 算法终止,输出 R_i。

最后,将 Student 分解成 ST1,ST3 和 ST4 这 3 个 3NF 的关系,数据冗余进一步减少了很多,上述操作异常也解决了。

由 3NF 的定义可得以下结论:

(1) 关系模式 R 是 3NF,必定也是 2NF 或 1NF,反之则不然。根据部分和传递函数依赖的定义可知,存在部分函数依赖的关系必定逻辑蕴涵着传递函数依赖,也就是,若关系是 3NF,则必定也是 2NF。

(2) 如果关系模式 R 中全部是主属性,无非主属性,则 R 必定是 3NF。

(3) 二元关系模式必定是 3NF。

4.4.4 BC 范式

在 3NF 的关系模式中仍然存在一些特殊的操作异常问题,这是因为关系中可能存在由主属性对候选关键字的部分和传递函数依赖所引起。针对这个问题,R. F. Boyee 和 E. F. Codd 两人提出了 3NF 的改进形式 BC 范式(Boyee-Codd Normal Form,BCNF)。

【定义 4.20】 设 F 是关系模式 R 的 FD 集,如果 F 中每一个非平凡的函数依赖 $X \rightarrow A$,其左部的决定的因素 X 都是 R 的超关键字,则称 R 是 BCNF 的关系模式。

BCNF 的另一种等价的定义如下。

【定义 4.21】 如果关系模式 R 是 1NF,且每个属性都不传递函数依赖于 R 的候选关键字,则 R 为 BCNF 的关系模式。

【例 4.15】 设有关系模式 S(Sno,Cname,Tname),其中 Sno,Cname,Tname 分别表示学号、课程名和教师名。R 对应的关系 r 如表 4.20 所示。

表 4.20　S 关系模式对应关系 r

Sno	Cname	Tname
S1	OS	王一
S1	DB	李小
S2	AI	刘方
S3	OS	张成

假设：每门课程由多个教师讲授，但每个教师只讲一门课程，每个学生选定一门课程就对应一个教师。由语义可得到如下的 FD。

(Sno，Cname)→Tname　①

(Sno，Tname)→Cname　②

Tname→Cname　③

显然，由①，②可知，S 的候选关键字为(Sno，Cname)和(Sno，Tname)，且它们的公共属性为 Sno。可见 S 中都是主属性，所以，S 是 3NF 模式。

3NF 的关系模式中仍然存在数据冗余和操作异常。例如，在关系 S 中有以下问题。

- 数据冗余：教师名随着选课的学生人数增加会重复存储多次。
- 插入异常：插入一个任课的教师名，必须要有学生选修该课程。
- 删除异常：删除学生毕业了的学生号，则担任该课程的教师名也会连带被删除。

主要原因是存在主属性对候选关键字的部分 FD。

由②，③可知，$(Sno, Tname) \xrightarrow{p} Cname$(因为 $Sno \nrightarrow Cname$)。另外，③中左部 Tname 不包含候选关键字。故 S 不属于 BCNF。

通过分解消除主属性 Cname 对候选关键字(Sno，Tname)部分 FD，即将 Sno 与 Cname 分在两个关系中。这样，S 分解为 S1(Sno，Tname)和 S2(Tname，Cname)，且 S1 和 S2 都属于 BCNF，并且消除了上述操作异常等问题。

分解成 BCNF 的算法基本与算法 4.4 一样，只是 FD 中 $X \rightarrow Y$，Y 也可以是主属性。

由 BCNF 的定义可得以下结论：

(1) 如果关系模式 R 属于 BCNF，则它必定属于 3NF；但反之则不一定成立。

(2) 二元关系模式必定是 BCNF。

(3) 都是主属性的关系模式并非属于 BCNF。在 BCNF 的关系模式中应同时满足下列 3 种情况。

- 所有非属性对候选关键字都是完全 FD。
- 所有主属性对不包含它的候选关键字都是完全 FD。
- 没有属性完全函数依赖于非候选关键字的任何属性组。

显然，满足 BCNF 的条件要强于满足 3NF 的条件。

建立在函数依赖概念基础之上的 3NF 和 BCNF 是两种重要特性的范式。在实际数据库的设计中具有特别的意义，一般设计的模式如果都达到 3NF 或 BCNF，其关系的更新操作性能和存储性能是比较好的。

从非关系到 1NF，2NF，3NF，BCNF 直到更高级别的关系的变换或分解过程称为关系的规范化处理，即为关系模式范式化。

几种范式和范式化关系如图 4.1 所示。

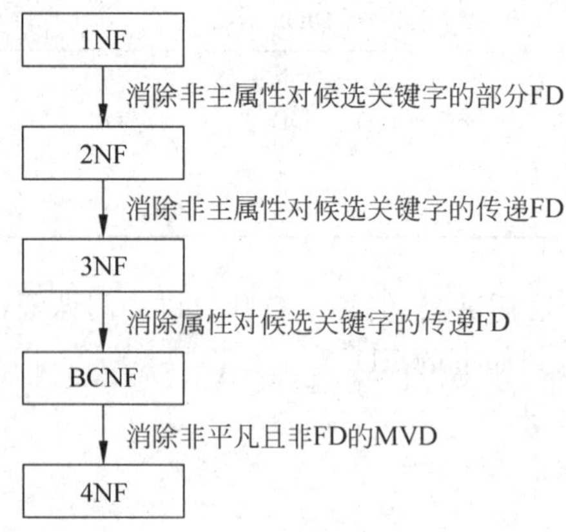

图 4.1 1NF～4NF 范式和范式化关系

1NF 到 4NF 的关系如下：

$$4NF \subset BCNF \subset 3NF \subset 2NF \subset 1NF$$

通过以上分析，有必要说明以下两点。

- 部分依赖和传递依赖是产生数据冗余和操作异常的两个重要原因。消除这两种依赖的主要方法是分解。
- 模式规范化的过程实际上是利用分解技术将模式中逻辑信息独立或不同实体分离的过程。

4.4.5 保持无损连接性的 BCNF 分解算法

范式和分解是数据库设计中两个重要的概念和技术，模式规范化的手段是分解。将模式分解成 3NF 或 BCNF 后是否一定能保证分解都具有无损连接性和保持函数依赖性呢？研究的结论是：对于分成 3NF 模式的集合，存在着既保持无损连接性，又保持函数依赖性的算法。对于分解成 BCNF 模式集合，只存在保持无损连接性，不保持函数依赖性的算法。

下面分别介绍这两种算法。

【算法 4.5】 保持无损连接性的 BCNF 的分解算法。

输入：关系模式 R 及在 R 上成立的 FD 集 F。

输出：R 关于 F 的无损连接分解，且分解后的子模式 R_i 都满足 BCNF。

步骤：

(1) 初始化 $\rho=\{R\}$。

(2) 若 ρ 中所有的关系模式都是 BCNF，则转步骤(4)。

(3) 若 ρ 中有一个模式 S 不是 BCNF，则 S 中必能找到一个 FD：$X \to A$，X 不是 S 的关键字，且 $A \notin X$，设 $S1=XA$，$S2=S-A$，分解后的$\{S1,S2\}$代替 S，转步骤(2)。

(4) 分解终止，输出 ρ。

【例 4.16】 设关系模式 $R(A,B,C)$，R 上成立的 FD 集 $F=\{AB \to C, C \to A\}$，利用算法 4.5 分解 R。

解：

(1) 确定 R 的候选关键字，显然为(A,B)。

(2) 因为 F 中的 $C\rightarrow A$，C 不是 R 的候选关键字，且 $A\notin\{C\}$。

所以，令 $R_1=\{A,C\}$，$R_2=R-\{A\}=\{B,C\}$，则：

$\rho=\{R_1(A,C),R_2(B,C)\}$为 R 的一个分解。

可以验证 ρ 是无损连接分解，但不保持 FD：$AB\rightarrow C$。而且 R_1，R_2 是二元关系，它们都属于 BCNF。

注意，这个算法是从泛关系模式 R 出发，逐步将 R 分解成满足条件的 BCNF 模式，因此称为"分解算法"。采用这种算法思路设计模式的方法称为模式分解法。

4.4.6 保持无损连接和函数依赖的 3NF 合成算法

【算法 4.6】 保持无损连接和函数依赖的 3NF 合成算法。

输入：关系模式 R 及在 R 上成立的 FD 集 F。

输出：R 的一个分解 ρ，ρ 中的每个分解的模式 R_i 都属于 3NF，且 ρ 保持无损连接性和保持函数依赖性。

步骤：

(1) 求出 R 上的 FD 集 F 的最小 FD 集 F_m。

(2) 如果 R 中某些属性在 F_m 中的每个 FD 的左右两边都不出现，那么就将这些属性从 R 中分离出去，单独构成一个分解的子模式放入 ρ 中。

(3) 如果在 F_m 中有多个左部相同属性的 FD，可依据合并规则将它们的右部合并起来，即有形如 $X\rightarrow A_1,X\rightarrow A_2,\cdots,X\rightarrow A_n$，则

$$X\rightarrow A_1,A_2,\cdots,A_n$$

(4) 对于 F_m 中的每个 FD：$X\rightarrow A$，构成一个分解的子模式 XA 放入 ρ 中。

(5) 检查在分解后的子模式集合中是否包含有 R 的一个候选关键字，如果没有包含，则把候选关键字作为一个分解放入 ρ 中。

(6) 分解结束，输出 ρ。

【例 4.17】 设关系模式 $R(A,B,C,D,E,G)$，R 上成立的 FD 集 $F=\{A\rightarrow B,A\rightarrow C,A\rightarrow D,A\rightarrow E,A\rightarrow G,(C,D,E)\rightarrow G,G\rightarrow C,G\rightarrow D\}$，试将 R 分解成 ρ，ρ 中每个子模式都是 3NF，且 ρ 满足无损连接性和保持函数依赖性。

解：根据算法 4.6 做以下计算。

(1) 求 F 的最小 FD 集 F_m。

考察 F，其中每个 FD 的右部都是单属性，左部没有冗余的属性，但有冗余的 FD。

由 $A\rightarrow C,A\rightarrow E,A\rightarrow G$，则 $A\rightarrow(C,E,G)$。

另已知$(C,D,E)\rightarrow G$，可见，$A\rightarrow G$，即 F 中的 $A\rightarrow G$ 冗余，应去掉。得 F 的最小 FD 集：

$$F_m=\{A\rightarrow B,A\rightarrow C,A\rightarrow D,A\rightarrow E,(C,D,E)\rightarrow G,G\rightarrow C,G\rightarrow D\}$$

(2) 求 R 的满足 3NF，且保持无损连接性和函数依赖性的分解 ρ。

由 F_m 得，$\rho_1=\{R_1(A,B,C,D,E),R_2(C,D,E,G),R_3(C,D,G)\}$。

显然，R 的候选关键字为 A，且 A 包含在分解 R_1 中，故分解 ρ_1 为 3NF，且具有保持无损连接性和 FD 性。

但是这里要注意的是，ρ_1 中存在冗余的模式 R_3，应去掉。所谓冗余的模式是指某个模式的属性被包含在另一个模式中。因此，最后的分解结果：

$$\rho = \{ R_1(A,B,C,D,E), R_2(C,D,E,G) \}$$

读者可以自行验证 ρ 的无损连接性，以及 R_1 和 R_2 是属于 3NF 的。

说明：

(1) 分解后的模式集是不唯一的，因为求出的最小 FD 集不唯一。作为练习，读者可以求上述 R 的另一种分解。

(2) 如果分解的模式集中没有包含候选关键字，这种分解只保持 FD 性，而不保持无损连接性。

这个算法是从最小依赖集出发，按其中的每个 FD 所含属性构造一个模式的，因此，该算法称为"合成算法"，采用这种算法思想设计模式的方法称为模式合成法。

综合上所述，BCNF 是在函数依赖条件下使模式能够达到分离的最高范式形式。一个模式被分离为多个 BCNF 模式，那么在函数依赖的范畴内，它已经实现了彻底的分离，意味着常见的操作异常被清除。但是由于分解不保持函数依赖，仍然会有数据冗余和特殊情况的操作异常问题存在。

3NF 模式虽然在函数依赖条件下具有良好的分解性能：既保持无损失的连接性，又保持函数依赖性。但是它的不"彻底性"在于主属性对候选关键字存在传递 FD，这样也会导致数据冗余和操作异常的发生。

在实际的模式设计中，到底将模式设计成 1NF 和 2NF 或者是 3NF 和 BCNF？主要是要根据应用的需求而定，可以肯定的是，范式程度越高，则数据冗余就越少，而且操作异常发生的可能性也会越少，操作异常情况的发生越来越特殊。

一般来讲，分解到 3NF 就可以解决大部分的异常操作问题，数据冗余也有很大程度的减少，由于它又具备有良好的分解特性，只要实际问题的操作不发生在它所产生异常操作条件的范围以内，3NF 都是可以作为模式分解的一种测度。

4.5 多值依赖与第四范式

从数据库设计角度看，在函数依赖的基础上，分解最高范式 BCNF 的模式中仍然存在数据冗余问题，而且这种冗余使用函数依赖概念是不能解释的。为了处理这些问题，必须引入新的数据依赖的概念及范式，如多值依赖、连接依赖以及相应的更高范式：4NF，5NF。本节仅介绍多值依赖与 4NF。

4.5.1 多值依赖

函数依赖有效地表达了属性之间的多对一联系，但不能表达属性之间一对多的联系。如果要刻画现实世界事物之间一对多的联系，这就需要使用多值依赖（Multi Valued Dependency，MVD)的概念。

先看一个例子，设关系模式 R(Dname，Sname，Tname)的属性分别表示系名、学生名和教研室名。一个系有多个教研室和多名学生。R 的一个当前关系 r 如表 4.21 所示。

表 4.21 *R* 关系模式对应关系 *r*

Dname	Sname	Tname
*D*1	*S*1	*T*1
*D*1	*S*1	*T*2
*D*1	*S*1	*T*3
*D*1	*S*2	*T*1
*D*1	*S*2	*T*2
*D*1	*S*2	*T*3

表 4.21 中关系模式 R(Dname，Sname，Tname)是全关键字(Dname，Sname，Tname)的，因而 R 已是 BCNF 模式。根据函数依赖，它不可再分了，但明显有数据冗余存在。比如，若一个系中有 10 个教研室，1000 名学生就会有 10000 个元组。如果将 R 分解成 R_1(Dname，Sname)和 R_2(Dname，Tname)就能消除冗余。

分析 R 存在冗余的原因：系与教研室之间有直接的 $1:n$ 的联系；系与学生之间也有直接的 $1:n$ 的联系，而且教研室与学生是间接的关系。因此，凡是两个独立的 $1:n$ 联系出现在一个关系中，那么就可能出现多值依赖，这是多值依赖的直观定义。

【定义 4.22】 设有关系模式 $R(U)$，X,Y,Z 是 U 的子集，并且 $Z=U-X-Y$，若用小写字母 x,y,z 分别表示 X,Y,Z 属性的值；对于 R 的关系 r，在 r 中存在元组(x,y_1,z_1)和(x,y_2,z_2)时，也存在元组(x,y_2,z_1)和(x,y_1,z_2)，那么称 Y 多值依赖于 X，记为 $X\rightarrow\rightarrow Y$。

该定义指明两点：一，每个 X 值对应一组 Y 值；二，Y 值只依赖于 X 值而与其他属性值(如 Z 值)无关。这两个条件必须同时满足，否则多值依赖不成立。

另外可看出，这个定义具有对称性，即 R 中只要有 $X\rightarrow\rightarrow Y$，也就有 $X\rightarrow\rightarrow Z$；就是 $X\rightarrow\rightarrow Y$ 和 $X\rightarrow\rightarrow Z$ 同时成立。

上面的例子中，关系模式 R 的属性间 $1:n$ 联系可用下面的 MVD 表示。

Dname→→Sname；

Dname→→Tname。

4.5.2 FD 和 MVD 完备的公理系统

FD 和 MVD 完备的公理系统包括 8 条推理规则：其中有 3 条是关于 FD(即 4.3 节中的 $A1,A2,A3$ 规则)的，3 条是关于 MVD 规则的，另外两条是关于 FD 和 MVD 相互推导的规则，具体如下。

设关系模式 $R(U)$，X,Y,Z,W,V 是 U 的子集，FD 和 MVD 完备的公理系统如下。

$A1$：FD 的自反性。若 $Y\subseteq X$，则 $X\rightarrow Y$。

$A2$：FD 的增广性。若 $X\rightarrow Y$，则 $XZ\rightarrow YZ$。

$A3$：FD 的传递性。若 $X\rightarrow Y,Y\rightarrow Z$，则 $X\rightarrow Z$。

$M1$：MVD 的互补性。若 $X\rightarrow\rightarrow Y$，则 $X\rightarrow\rightarrow(U-XY)$。

$M2$：MVD 的增广性。若 $X\rightarrow\rightarrow Y$，且 $V\subseteq W\subseteq U$，则 $WX\rightarrow\rightarrow VY$。

$M3$：MVD 的传递性。若 $X\rightarrow\rightarrow Y,Y\rightarrow\rightarrow Z$，则 $X\rightarrow\rightarrow(Z-Y)$。

$FM1$：重复性。若 $X\rightarrow Y$，则 $X\rightarrow\rightarrow Y$。

$FM2$：结合性。若 $X \rightarrow\rightarrow Y, W \rightarrow Z$，且 $W \cap Y = \varnothing, Z \subseteq Y$，则 $X \rightarrow Z$。

重复性说明 FD 是 MVD 的特例，即凡是 $X \rightarrow Y$，则 $X \rightarrow\rightarrow Y$，但反之不成立。

与 $A1, A2, A3$ 的证明一样，可以证明 $M1 \sim FM2$ 这 5 个规则的正确性。

利用 $A1 \sim FM2$ 规则可以证明下面 4 条推论成立。

M4：MVD 的合并性。若 $X \rightarrow\rightarrow Y, X \rightarrow\rightarrow Z$，则 $X \rightarrow\rightarrow YZ$。

$M5$：MVD 的分解性。若 $X \rightarrow\rightarrow Y, X \rightarrow\rightarrow Z$，则 $X \rightarrow\rightarrow Y \cap Z, X \rightarrow\rightarrow (Y-Z), X \rightarrow\rightarrow (Z-Y)$。

$M6$：MVD 的伪传递性。若 $X \rightarrow\rightarrow Y, YW \rightarrow\rightarrow Z$，则 $XW \rightarrow\rightarrow (Z-WY)$。

$M7$：MVD 的混合伪传递性。若 $X \rightarrow\rightarrow Y, XY \rightarrow\rightarrow Z$，则 $X \rightarrow\rightarrow (Z-Y)$。

4.5.3 第四范式

第四范式(4NF)是 BCNF 的直接推广，其形式定义如下。

首先定义非平凡的 MVD，然后再定义 4NF。

【定义 4.23】 设关系模式 $R(U)$ 对于属性集 U 上的 MVD：$X \rightarrow\rightarrow Y$，如果 $Y \subseteq X$ 或者 $XY = U$，那么称 $X \rightarrow\rightarrow Y$ 是一个平凡的 MVD，否则 $X \rightarrow\rightarrow Y$ 是一个非平凡的 MVD。

例如，$X \rightarrow\rightarrow \varnothing$ 和 $X \rightarrow\rightarrow (R-X)$ 是两个平凡的 MVD，对于任何的关系它们都成立。因此，它们对关系模式设计都无关紧要。

【定义 4.24】 若关系模式 R 是 1NF，如果 R 中的每个非平凡的 MVD：$X \rightarrow\rightarrow Y$ 的左部 X 都包含了 R 的任一候选关键字，那么称 R 为第四范式(简记为 4NF)的模式。

说明：

- 4NF 是 MVD 概念下成立的最高范式形式，它高于建立在 FD 概念下的 BCNF。即：一个 4NF 的模式一定是 BCNF 模式，反之不一定成立。
- 当关系模式中只包含 FD 时，4NF 就是 BCNF。
- 若一个关系模式是 BCNF，且至少有一个关键字是单属性，则它也是 4NF 的。

例如，在表 4.21 中，R(Dname, Sname, Tname)属于 BCNF，但不属于 4NF，因为 R 的候选关键字是(Dname, Sname, Tname)，且在非平凡的 MVD：Dname→→Sname 和 Dname→→Tname 左部不包含候选关键字。

若用投影分解的方法消除非平凡的 MVD，将 R 分解为 R_1(Dname, Sname)和 R_2(Dname, Tname)。在 R_1 中显然有 Dname→→Sname，但这是平凡的 MVD。R_1 中不存在非平凡的非函数依赖的多值依赖，所以 $R_1 \in$ 4NF，同理 $R_2 \in$ 4NF。

任何关系模式都可以分解成 4NF，且具有无损连接性。其分解的方法类似于算法 4.5。

小结

本章围绕如何设计关系模式的问题分析了关系模式中存在的问题，讨论了解决这些问题的理论、方法和设计的原则。

- 关系模式中存在的问题：数据冗余和更新(插入、删除、修改)操作异常问题。
- 关系模式设计的理论基础：数据依赖，包括函数依赖，多值依赖，连接依赖等。重点讨论了函数依赖的概念、公理系统和相关的一些算法。

- 关系模式设计的基本方法：模式投影分解法。它是解决数据冗余和操作异常的主要方法，也是范式化的重要手段。
- 关系模式分解程度的衡量标准：范式及范式化。它是模式规范程度的度量。

(1) 数据库中数据冗余是指同一个数据被重复存储。数据冗余是引起操作异常的主要原因。通过数据依赖分析冗余存在的原因，并用投影分解方法加以解决，即将一个模式分解成若干个小模式，以减少数据冗余和消除操作异常。

(2) 数据依赖中最为重要的是函数依赖，它表达了数据之间基本语义联系。确定数据之间的FD是否成立，最基本的方法是看它们之间的语义是否满足FD的定义。另外，如果在给定了FD集F，那么就可以用FD公理导出未知的FD。不仅由公理可以推出F的最大集F^+，而且可以求出F的最小集F_m，但是用公理推导工作量大，非常麻烦。因此，常采用求属性集闭包的方法能快捷地求解未知的FD，以替代用公理规则的推导。

函数依赖的类型有3种：完全FD、部分FD和传递的FD。它们主要用来表达模式中属性对候选关键字的依赖关系。候选关键字在范式的定义、判断和范式化中都起着关键性的作用。

(3) 关系模式的分解是模式设计中的重要技术。无损连接性和保持函数依赖性是分解的两个重要特性。

无损连接性可以保证泛关系经投影分解后数据不会丢失；保持函数依赖性能保证在投影或连接中，数据之间的语义不会发生变化。它们分别反映了模式分解前后的数据等价和语义等价问题。既保持无损连接性，又保持函数依赖性的分解是最好的分解，但往往做起来比较困难，这是因为它们之间没有必然的联系。

(4) 范式是衡量模式优劣的标准。1NF是对模式最起码的要求，范式的级别依次从低向高是：1NF，2NF，3NF，BCNF，4NF，5NF。范式的级别越高，其数据冗余和发生操作异常的情况就越少，发生异常的情况就越特殊。

模式规范化的过程实际上是利用分解技术，将模式中逻辑信息独立或不同实体分离的过程。

(5) 关系模式设计理论是指导关系数据库逻辑结构设计的理论基础；关系模式设计方法是设计关系数据库的指南。

关系模式设计理论中的函数依赖的概念、范式化和范式标准、分解或合成的模式设计方法是设计关系逻辑模型的主要理论依据和采用的技术及方法。这些理论和方法对构造E-R模型也起着重要的指导作用。例如，对E-R模型中实体的划分、属性和联系的确定，以及检查数据库逻辑模型和E-R模型一致性等问题上都离不开它们的指导。因此，掌握模式设计理论就能提高数据库的逻辑模型和E-R模型的设计质量。

习题4

1. 解释下列名词。

函数依赖，部分函数依赖，传递函数依赖，候选关键字，函数依赖集的闭包，属性集闭包，最小依赖集,模式分解,无损分解,保持函数依赖的分解,1NF,2NF,3NF,BCNF,4NF,多值依赖。

2. 回答下列问题。

(1) 为什么要进行关系模式的分解?分解的依据是什么?

(2) 什么是函数依赖?函数依赖与属性间联系的关系是什么?

(3) 关系模式的分解有何特性?简述这些特性之间的关系。

(4) 简述 FD 公理 $A1,A2,A3$ 这 3 条推理规则,其中哪一条规则可以推出平凡的函数依赖?

(5) 什么是关系模式的范式?有哪几种范式?其关系如何?

(6) 简要分析关系模式规范化的利弊。

(7) 关系模式设计理论对数据库的设计有何帮助和影响?

3. 设关系模式 $R(A,B,C)$,其关系 r 如表 4.22 所示。试判断:$A\to B, BC\to A, B\to A$ 这 3 个依赖在 r 上是否成立?

表 4.22 关系 *r*

A	***B***	***C***
2	5	4
7	5	4
9	4	4

4. 设有关系模式 $R(A,B,C,D)$,判断下列推论是否正确?若正确,给出相关的证明;若错误,试举一反例说明。

(1) 如果 $AB\to C$,则 $B\to C$。

(2) 如果 $A\to B$,并且 $BC\to D$,则:

① $AC\to D$。

② $ABC\to D$。

5. 设有关系模式 $R(A,B,C,D,E)$,其上的 FD 集 $F=\{AB\to C, CD\to E, DE\to B\}$,试判断 AB 是否是 R 的候选关键字?ABD 呢?请做出解释。

6. 设有关系模式 $R(A,B,C,D,E)$,其上的 FD 集 $F=\{A\to BC, CD\to E, B\to D, A\to E\}$。

(1) 求 R 的候选关键字。

(2) 在 F 中是否有冗余的函数依赖?若有,写出去掉后的 F。

7. 设有关系模式 $R(C,T,S,N,G)$,其上的 FD 集 $F=\{C\to T, CS\to G, S\to N\}$。

(1) F 中是否逻辑蕴涵 FD:$CS\to T$?

(2) 求 R 的候选关键字,并指出主属性和非主属性。

8. 设有关系模式 $R(X,Y,Z,W)$,其上的 FD 集 $F=\{X\to Y, Y\to Z\}$。

(1) 求 $(XW)^+$。

(2) 试写出左部是 Y 的所有函数依赖(即形如“$Y\to$?”);其中哪些是非平凡的 FD?哪些是平凡的 FD?

9. 设有关系模式 $R(E,W,G,H)$,其上的 FD 集 $F=\{E\to G, G\to E, W\to EG, H\to EG,$

$WH \to E\}$,求出与 F 等价的所有最小依赖集。

10. 设有关系模式 $R(A,B,C,D)$,R 上成立的 FD 集 $F=\{A\to B,B\to C,A\to D,D\to C\}$,$R$ 的一个分解 $\rho=\{AB,AC,BD,CD\}$。

(1) 判断相对 F,ρ 是否是无损连接分解?

(2) 试求 F 在 ρ 中每个模式上的投影。

(3) ρ 保持 FD 性吗?为什么?

11. 指出下列关系模式最高是第几范式?并说明理由。

(1) 已知关系模式 $R(X,Y,Z)$,其上成立的 FD 集 $F=\{Y\to Z,XZ\to Y\}$。

(2) 已知关系模式 $R(X,Y,Z)$,其上成立的 FD 集 $F=\{Y\to Z,Y\to X,X\to YZ\}$。

12. 设有关系模式 $R(A,B,C,D)$,R 上成立的 FD 集 $F=\{AB\to CD,B\to C\}$。

(1) 试说明 R 最高是第几范式?

(2) 试分析模式 R 的数据冗余问题。

(3) 将 R 分解成高一级的范式。

13. 设有关系模式 $R(E,W,G,H)$,其上的 FD 集 $F=\{E\to G,G\to E,W\to EG,H\to EG,WH\to E\}$,求出与 F 等价的所有最小依赖集。

14. 设有关系模式 $R(A,B,C,D,E,P)$,R 上成立的 FD 集 $F=\{A\to D,E\to D,D\to B,BC\to D,DC\to P\}$。

(1) 求 R 的候选关键字。

(2) 将 R 分解,使其满足 3NF 且具有无损连接性与保持函数依赖性。

(3) 将 R 分解,使其满足 BCNF 且具有无损连接性。

15. 设有关系模式 $R(A,B,C,D)$,其上成立的 FD 集 $F=\{A\to C,C\to A,B\to AC,D\to AC\}$。

(1) 计算 $(AD)^+$。

(2) 求与 F 等价的最小依赖集。

(3) 求 R 的候选关键字。

(4) 将 R 分解,使其满足 BCNF 且具有无损连接性。

(5) 将 R 分解,使其满足 3NF 且具有无损连接性与保持函数依赖性。

16. 设有关系模式 $R(A,B,C,D,E)$,R 上成立的 FD 集 $F=\{A\to C,C\to D,AB\to E\}$。

试求:(1) R 的最高范式。

(2) 将 R 分解为 3NF 模式集。

17. 设有一个记录学生毕业设计情况的关系模式如下。

R(学号,学生名,班级,教师号,教师名,职称,毕业设计题目,成绩)

如果规定:每名学生只有一位毕业设计指导教师,每位教师可指导多名学生;学生的毕业设计题目可能重复。

(1) 根据上述规定,写出模式 R 的基本 FD 和候选关键字。

(2) R 最高属于第几范式。

(3) 将 R 规范到 3NF。

18. 设有关系模式 R 的当前关系 r 如表 4.23 所示。

表 4.23 R 当前关系 r

职工号	职工名	部门名	部门地址
*N*1	万一	财会科	*D*1
*N*2	吴未	生产科	*D*2
*N*3	章名	人事科	*D*3
*N*4	林丽	财会科	*D*1

(1) *R* 最高为第几范式?

(2) 是否会发生删除异常?若会发生,请说明在什么情况下发生?

(3) 将 *R* 分解成高一级的范式,分解后的关系是如何解决分解前存在的删除异常问题?

19. 设有订货单如表 4.24 所示。

表 4.24 订货单

订单号	商品号	数 量	交货日期	客 户		
				客户名	地址	电 话
*N*1	*G*1	320	201203	李可	上海	13552141912
*N*2	*G*2	145	201208	王时	北京	15446231201
*N*3	*G*2	543	201206	李可	上海	13552141912
*N*4	*G*3	250	201207	马成	武汉	13025487365

(1) 此订货单可以直接作为关系吗?如果不可以,为什么?如何将它规范成关系?

(2) 在规范后的关系中会发生删除异常吗?如果会发生,请说明在什么情况下发生?如何解决?

第5章 数据库设计

所谓数据库设计就是从用户的需求出发构造和设计数据库结构的过程，也就是为特定的应用环境构造最优的数据模型。本章主要介绍数据库设计的过程与方法，重点讨论基于E-R模型的数据库的概念结构设计和基于关系数据库的逻辑结构设计问题。

5.1 数据库设计的步骤

数据库设计过程可分为需求分析、概念结构设计、逻辑结构设计、物理结构设计、数据库实施、数据库运行与维护6个阶段。其设计过程和步骤如图5.1所示。

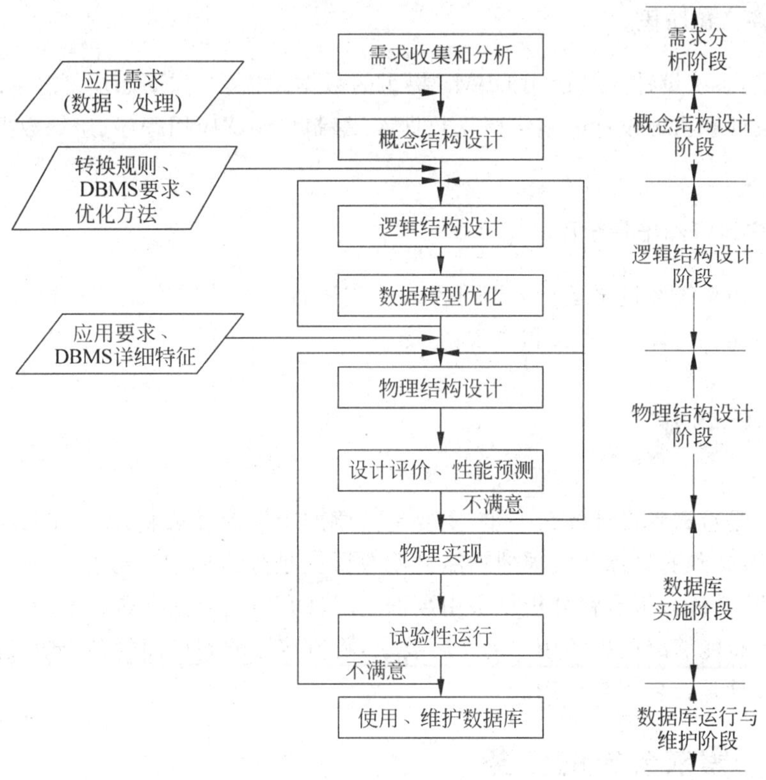

图5.1 数据库设计步骤

1. 需求分析阶段

需求分析是数据库设计的第一步,是最重要最耗时的一个环节。需求分析就是要准确了解并分析用户对系统的需求(包括数据与处理),弄清系统要达到的目标和实现的功能。需求分析是否做得充分与准确,决定着在其上构建数据库大厦的速度与质量。

2. 概念结构设计阶段

概念结构设计是整个数据库设计的关键。概念结构设计通过综合、归纳与抽象用户需求,形成一个独立于任何具体 DBMS 的概念模型。

3. 逻辑结构设计阶段

逻辑结构设计是将概念结构转换成某个 DBMS 所支持的逻辑数据模型,如关系逻辑模型,并对其进行优化。

4. 数据库物理设计阶段

数据库物理设计是为逻辑数据模型选取一个最适合应用环境的物理结构,包括数据存储结构和存取方法。

5. 数据库实施阶段

在该阶段,系统设计人员运用 DBMS 提供的数据库语言(如 SQL)和宿主语言,根据数据库的逻辑设计和物理设计的结果建立数据库、编制与调试应用程序、组织数据入库并进行系统试运行。

6. 数据库运行和维护阶段

数据库应用系统经过试运行后即可投入正式运行。在数据库系统运行过程中,必须不断对其结构性能进行评价、调整和修改。

5.2 需求分析

需求分析是数据库设计的第一步,主要是需要准确了解并分析用户对系统的需要和要求,弄清系统要达到的目标和实现的功能。简单讲就是分析用户对数据和处理的要求。在需求分析阶段,系统分析员将分析结果用数据流图(DFD)和数据字典(DD)表示出来。需求分析的结果是否能够准确反映用户的实际要求,将直接影响到后面的各个阶段的设计,并影响到系统的设计是否合理与实用。

5.2.1 需求分析的任务

需求分析的主要任务是详细调查现实世界中要处理的对象,充分了解原系统(手工系统或计算机系统)的概况和发展前景,明确用户的各种需求,收集支持系统目标的基础数据及其处理方法，确定新系统的功能和边界。

调查是系统需求分析的重要手段，只有通过对用户的调查研究，才能得出需要的信息。调查的重点是“数据”和“处理”，其目的是获得数据库所需数据和数据处理要求。调查的内容包括以下几项。

1. 数据库中的信息内容

数据库中的信息内容指数据库中需存储哪些数据，它包括用户将数据库中直接获得或间接导出的信息的内容和性质。

2. 数据处理内容

数据处理内容包括：用户要完成什么数据处理功能；用户对数据处理响应时间的要求；数据处理的工作方式。

3. 数据安全性和完整性要求

数据安全性和完整性要求主要是指：数据的保密措施和存取控制要求；数据自身的或数据间的约束限制。

5.2.2 需求分析的方法

要进行需求分析，应当先对用户进行充分的调查，弄清楚他们的实际要求，与用户达成共识，然后再分析和表达这些需求。下面是调查用户需求的具体步骤。

1. 了解现实世界的组织结构情况

包括了解所涉及的行政组织结构，弄清楚所设计的数据库系统与哪些部门相关，各部门的职责是什么。

2. 了解相关部门的业务活动情况

弄清了与数据库系统相关的部门后，就要深入到这些部门了解其业务活动情况。通过调查了解：各部门需要输入和使用什么数据；部门中如何加工处理这些数据的；各部门需要输出什么信息；输出到什么部门；输出数据格式是什么。

3. 确定新系统的边界

对前面调查结果进行初步分析后，要确定出数据库系统的边界。即搞清楚：哪些功能由计算机完成；哪些功能将来准备让计算机完成；哪些功能或活动由人工完成。由计算机完成的功能就是新系统应该实现的功能。

在调查过程中，可以根据不同的问题和条件，使用不同的调查方法。常用的调查方法有：

- 跟班作业。数据库设计人员亲身参加业务工作，了解业务活动情况。
- 开调查会。数据库设计人员通过与用户座谈来了解业务活动情况及用户需求。
- 请专业人员介绍。

• 询问。对某些调查中的问题,可以找专人咨询。

• 设计调查表请用户填写。

• 查阅现实的数据记录。查阅与原系统有关的数据记录。

调查了解用户需求后,还需要进一步分析和表达用户的需求。分析和表达用户需求的方法很多,结构化分析方法是一种简单实用的方法。结构化分析方法从最上层的系统组织机构入手,采用自顶向下、逐层分解的方式分析系统。在进行逐层分解的同时,所用的数据也逐级分解,形成若干层次的数据流图。

数据流图表达了数据和处理过程的关系。在结构化分析方法中,处理过程的处理逻辑通常使用判定表或判定树来描述。而系统中的数据则使用数据字典来描述。有关数据流图和数据字典的相关概念内容超出本课程范围,请参考《软件工程》课程的内容。

5.3 概念结构设计

数据库的概念结构设计是将系统需求分析得到的用户需求抽象为信息结构(即概念模型)的过程。概念结构设计的结果是数据库的概念模型。它是整个数据库设计的关键。

概念结构能够真实、充分地反映现实世界,包括事物和事物之间的联系,是对现实世界模拟的一个真实模型;概念结构易于理解、易于更改,容易对概念模型进行修改与扩充;更重要的是概念结构容易向各种数据模型转换(如关系数据模型)。概念结构是各种数据模型的共同基础和抽象表达,它比数据模型更独立于计算机、更加抽象,从而更加稳定可靠。

描述概念模型的有力工具是E-R模型,也称E-R图。相关E-R模型的基本概念请参看1.2.2节。本节主要是利用E-R模型来描述数据库的概念结构设计。

5.3.1 概念结构设计的步骤

1. 概念结构设计的方法

概念结构设计通常有4种方法。

(1) 自顶向下的设计方法。即首先定义全局概念结构的框架,然后逐步细化,最终得到一个完整的全局概念结构。

(2) 自底向上的设计方法。即首先定义各局部应用的概念结构,然后将它们集成起来,得到全局概念结构。这是经常采用的方法,即自顶向下地进行需求分析,然后再自底向上地设计概念结构。

(3) 逐步扩张的设计方法。首先定义最重要的核心概念结构,然后向外扩充,以滚雪球的方式逐步生成其他概念结构,直至总体概念结构。

(4) 混合策略的设计方法。即将自顶向下和自底向上相结合,用自顶向下策略设计一个全局概念结构的框架,以它为骨架集成由自底向上策略中设计的各局部概念结构。

最常用的策略是自底向上方法,即自顶向下地进行需求分析,然后再自底向上地设计数据库概念结构,其方法如图5.2所示。

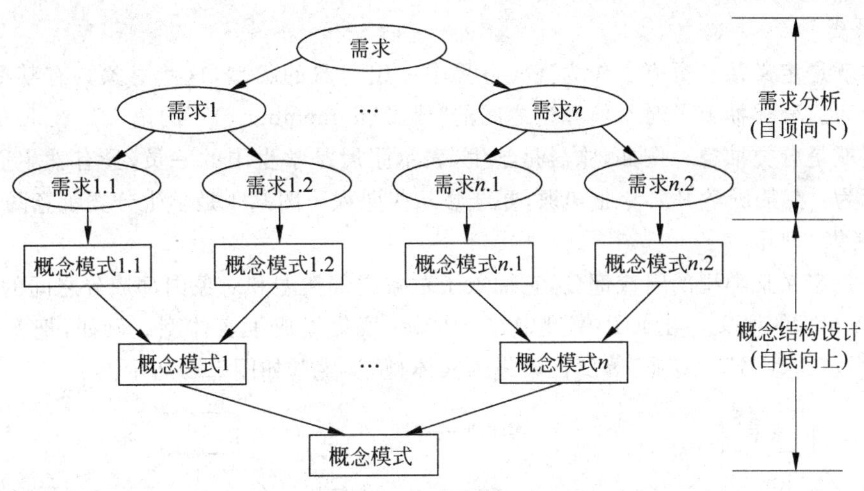

图 5.2 自顶向下需求分析与自底向上概念结构设计

2. 概念结构设计的步骤

自底向上的概念结构设计方法通常分为两步：第一步是抽象数据并设计局部视图，第二步是集成局部视图，从而得到全局的概念结构。这种自底向上概念结构设计步骤如图 5.3 所示。

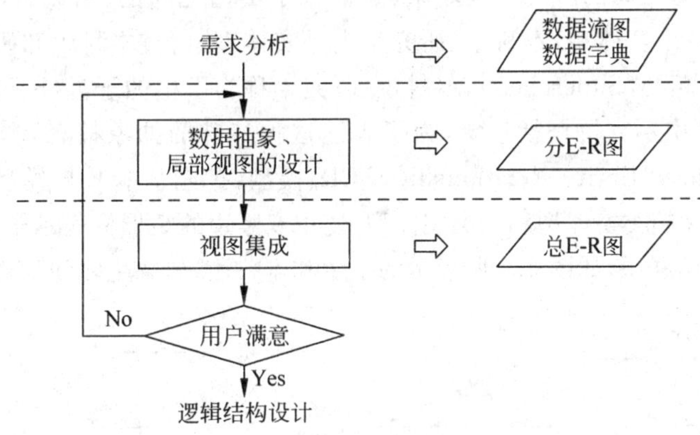

图 5.3 自底向上概念结构设计步骤

5.3.2 设计局部的 E-R 模型

概念结构是对现实世界的一种抽象表达。抽象就是抽取现实世界中的人、事、物和概念的共同特性，忽略非本质的细节，并把这些共同特性用各种概念精确地加以描述，形成某种模型。

1. 3 种数据抽象方法

一般数据抽象有 3 种基本方法，分别是分类、聚集和概括。利用数据抽象方法可以对现实世界抽象，得出概念模型的实体集及属性。

1) 分类

分类就是定义某一类概念作为现实世界中一组对象的类型,这些对象具有某些共同的特性和行为。分类抽象了对象值和型之间的“成员(is member of)”的语义。在E-R模型中的实体型就是分类抽象。例如,张晨是学生,表示张晨是学生中的一员,具有学生们共同的特性和行为:在某班学习某专业知识,并选修某些课程。图5.4是学生分类示意图。

2) 聚集

聚集是定义某类型的组成部分,它抽象了对象内部类型和对象内部成分之间的“组成部分(is part of)”的语义。在E-R模型中,若干属性聚集组成了实体型。例如,把实体集“学生”的“学号”、“姓名”、“专业”等属性聚集为实体型“学生”,如图5.5所示。

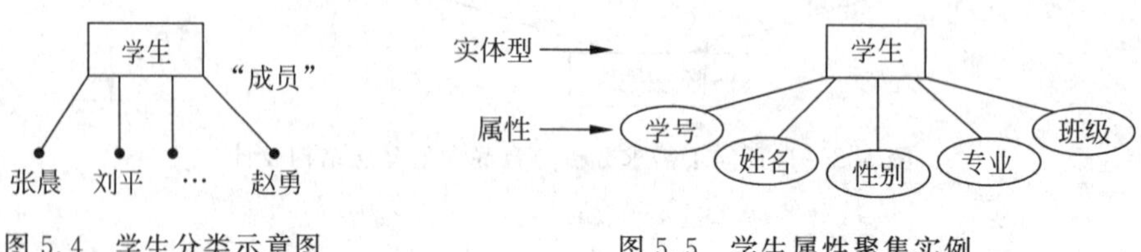

图5.4 学生分类示意图　　图5.5 学生属性聚集实例

事实上现实世界的事物是复杂的,某些类型的组成部分可能仍然是一个聚集,这是一种更复杂的聚集。即某一类型的成分仍是一个聚集,如图5.6所示。

3) 概括

概括定义了类型之间的一种子集联系,它抽象了类型之间的“所属(is subset of)”的语义。例如,学生是一个实体型,本科生、研究生也是实体型,而且本科生和研究生都是学生的子集。把学生称为超类(Superclass),本科生、研究生称为学生的子类(Subclass)。

基本E-R模型中不支持概括抽象,为了表达这种特殊的抽象概念,本书引入了增强型的实体联系(Enhanced Entity-Relationship,EER)模型,扩充基本E-R模型的表达内容。在E-R模型中允许定义超类实体型和子类实体型,使用双竖边的矩形框表示子类,用直线加小圆圈表示超类与子类的联系,如图5.7所表示的学生和本科生、研究生之间的概括抽象联系。

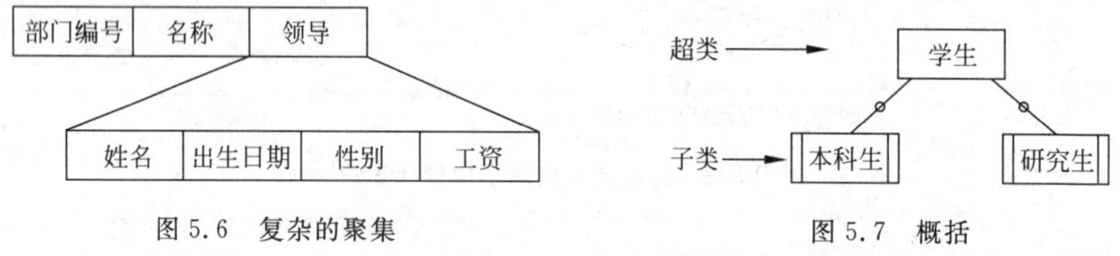

图5.6 复杂的聚集　　图5.7 概括

概括的一个重要性质是继承性。超类与子类之间具有继承性的特点,即子类实体继承超类实体中定义的所有属性抽象。例如,本科生、研究生继承了学生类型的属性,当然本科生或研究生也可以有属于自己的某些特殊属性。又例如,技术人员和干部是职工的子类,即技术人员和干部都具有职工的属性,也可有自己的特殊属性。

2. 设计局部E-R图

概念结构设计是利用抽象机制对需求分析阶段收集到的数据进行分类、组织(聚集),形成实体集、实体的属性和标识实体的主关键字,确定实体集之间的联系类型(一对一、一对多、多对多联系),从而设计分 E-R 图。下面讲述设计分 E-R 图的具体做法。

1) 选择局部应用

选择局部应用就是根据系统的具体情况,在多层的数据流图中选择一个适当层次的数据流图,作为设计分 E-R 图的出发点,并使数据流图中的每个部分都对应一个局部应用。选择局部应用之后,就可以对每个局部应用逐步设计分 E-R 图。

2) 逐步设计分 E-R 图

设计某层分 E-R 图前,局部应用的数据流图应该已经设计好,其所涉及的数据应该已经收集在对应的数据字典中。设计分 E-R 图时,需要根据局部应用的数据流图中标定的实体集、属性和主关键字,并结合数据字典中的相关描述内容,确定 E-R 图中的实体、实体之间的联系及类型。

实际上,实体和属性之间并没有可以截然划分的界限。但是,在现实世界中具体的应用环境常常对实体和属性已经作了大体的自然划分。在数据字典中的"数据结构"、"数据流"、"数据存储"都是若干属性的聚合,它体现了自然划分的意义。设计 E-R 图时,可以先从自然划分的内容出发定义得到最初的 E-R 图,再进行必要的调整。

为了简化 E-R 图,在调整中应当遵循的一条原则:现实世界的事物能作为属性对待的尽量作为属性对待。而实体与属性之间并没有形式上的截然区分,但可依据两条基本准则:

- "属性"不能再具有需要描述的性质。"属性"必须是不可分割的数据项,不能包含其他属性。也就是说,属性不能是另外一些属性的聚集。
- "属性"不能与其他实体具有联系,即 E-R 图中所表示的联系必须是实体间的联系,而不能有属性与实体之间的联系。

凡满足上述两条基本准则的事物,一般均可作为属性对待。但有时在一些特殊复杂的应用环境下,"属性"是否可分割或细分难以解决,必须结合具体的应用环境来综合判断。在具体分析问题时,可通过对属性进行仔细的划分与分类来逐步判断。下面探讨属性的分类类别,并处理这些属性。

(1) 简单属性和复合属性

简单属性是不可再分的属性,比如性别、年龄。复合属性可以再划分为更小的部分,例如,地址属性可再分解为省份、城市、街道和邮编等子属性,而街道又可分为街道名、门牌号两个子属性。对于简单属性可以直接当成某实体的属性,但对于复合属性是当成属性还是实体,还必须结合具体情况而定。若需要进一步表达其信息内容,则需要细化复合属性的组成信息,从而需要当成实体(包括子属性)。

例如,职工是一个实体,职工号、姓名、年龄和职称是职工的属性。如果职称没有与工资、福利挂钩,就没有必要进一步描述的特性,则职称可作为职工实体集的一个属性对待。如果不同的职称有着不同的工资、住房标准和不同的附加福利,则职称作为一个实体来考虑就比较合适。如图 5.8 所示是"职称"上升为实体,其结果是综合考虑第一条基本准则与复合属性的表达。

再如,在医院中,一个病人只能住在一个病房,病房号可以作为病人实体的一个属性。但如果病房还要与医生实体发生联系,即一个医生负责几个病房的病人的工作,则根据上述第一条准则可知,病房应作为一个实体,如图 5.9 所示。

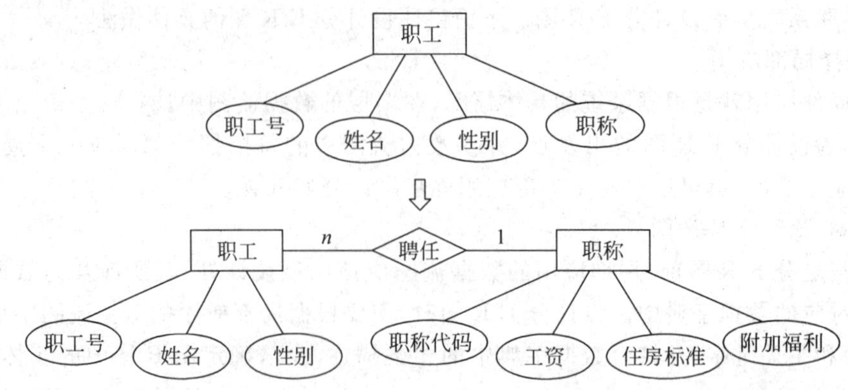

图 5.8 “职称”由属性上升为实体

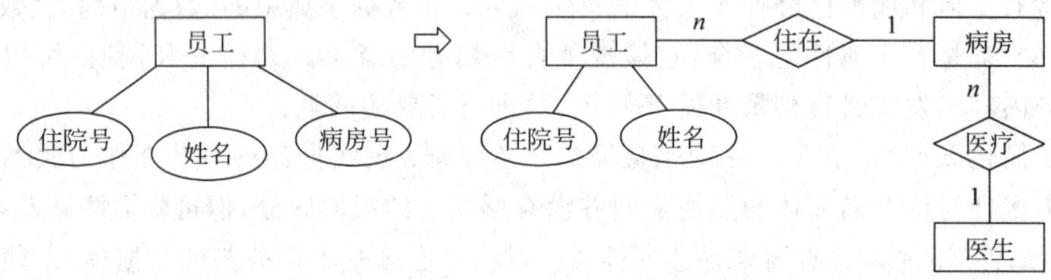

图 5.9 病房作为一个实体

(2) 单值属性和多值属性

单值属性是指同一实体的属性只能取一个值。例如,同一个员工只能有一个性别,性别就是员工实体的一个单值属性。多值属性是指同一个实体的某些属性可能对应一组值,比如一个员工可能有多个电话号码。对于单值属性在数据库中表达是必需的,而多值属性会带给数据库产生冗余数据,也会造成数据异常、数据不一致和完整性等问题。因此需要对多值属性进行变换,有以下两种变换方法。

① 将原来的多值属性用新的单值属性表示。

例如,员工的联系电话可用办公电话、移动电话等进行分解,分解后的员工的结构,如图 5.10 所示。

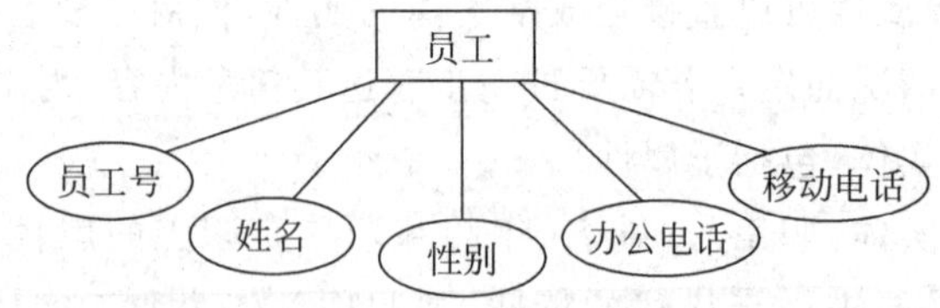

图 5.10 员工属性(多值属性变换表示——新增属性)

② 将原来的多值属性用一个新的实体型表示。

对于多值属性也可以用一个新的实体型来表示,这个新的实体型和原来的实体型之间是一对多联系,新的实体依赖原来的实体而存在,因此称新的实体为弱实体。在 E-R 图中,弱实体用双线矩形框表示,与弱实体相关的联系用双菱形框表示。如图 5.11 所示为使用弱实体表示的员工的联系电话。

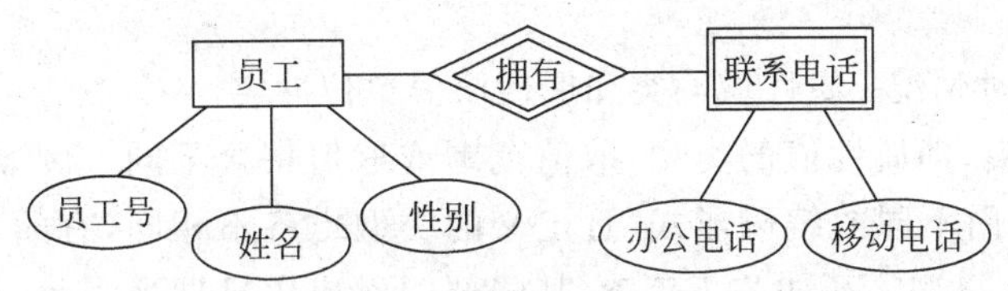

图 5.11 员工属性(多值属性变换表示——弱实体)

5.3.3 设计全局的 E-R 模型

各子系统的分 E-R 图设计好后,下一步就可以将所有的分 E-R 图综合成一个系统的总 E-R 图,即设计全局 E-R 图模型。设计全局 E-R 图有两种方法:一种方法是多个分 E-R 图一次集成为总 E-R 图,如图 5.12(a)所示;另一种方法是逐步集成,用累加的方法一次集成两个分 E-R 图,如图 5.12(b)所示。

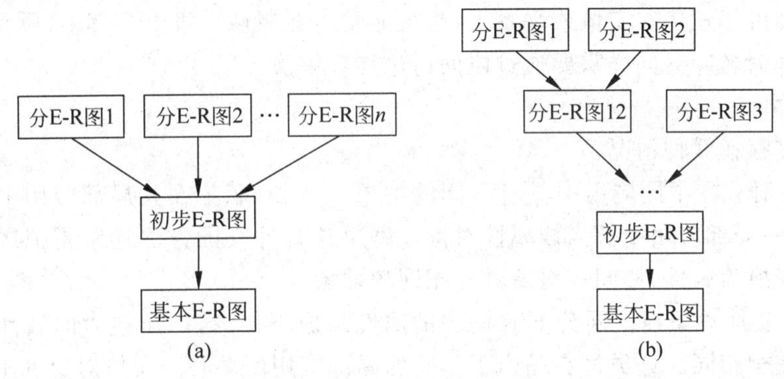

图 5.12 全局 E-R 图模型设计的两种方式

第一种方法将多个分 E-R 图一次集成比较复杂,做起来难度较大;第二种方法逐步集成,由于每次只集成两个分 E-R 图,因而可以有效降低复杂度。无论采用哪种方法,在每次集成局部 E-R 图时,都要分两步进行。

(1) 合并 E-R 图。进行 E-R 图合并时,要解决各分 E-R 图之间的冲突问题,并将各分 E-R 图合并起来生成初步 E-R 图。

(2) 修改和重构初步 E-R 图。修改和重构初步 E-R 图的目的是要消除不必要的实体集冗余和联系冗余,生成基本 E-R 图。

1. 合并分 E-R 图,生成初步 E-R 图

由于各个局部应用所面对的问题是不同的,且通常是由不同的设计人员进行不同局部的 E-R 图设计,这样导致各个分 E-R 图之间必定会存在许多不一致的地方,即产生冲突问题。因此合并分 E-R 图时,并不能简单地将各个分 E-R 图画在一起,而是必须先消除各个分 E-R 图之间的不一致,形成一个能被全系统所有用户共同理解和接受的统一的概念模型。合理消除各个分 E-R 图的冲突是进行合并的主要工作和关键所在。

各分 E-R 图之间的冲突主要有 3 类:属性冲突、命名冲突和结构冲突。

1）属性冲突

属性冲突有两种情况：属性域冲突和属性取值单位冲突。

(1) 属性域冲突，即属性值的类型、取值范围或取值集合不同。例如对于零件号属性，不同部门可能会采用不同的编码形式，且定义的类型也各不相同，有的部门把它定义为整型，有的则定义为字符型。又如关于年龄，某些部门以出生日期来表示，另一些部门用整数表示职工年龄。这些属性域冲突需要各个部门之间协商解决。

(2) 属性取值单位冲突。例如零件的重量，不同部门可能分别用公斤、斤或千克来表示，结果造成数据统计错误。这类冲突同样需要各部门协商解决。

2）命名冲突

命名冲突主要有两种：同名异义冲突和异名同义冲突。

(1) 同名异义冲突，即不同意义的对象在不同的局部应用中使用相同的名字。

(2) 异名同义冲突，即意义相同的对象在不同的局部应用中有不同的名字。例如对于科研项目，财务科称为项目，科研处称为课题，生产管理处称为工程。

命名冲突可能发生在实体或联系上，也可能发生在属性一级上。其中，属性的命名冲突更常见。处理命名冲突同样需要通过协商讨论加以解决。

3）结构冲突

结构冲突存在 3 种情况。

(1) 同一对象在不同应用中具有不同的抽象。例如，职工在某局部应用中被当成实体对象，而在另一局部应用中被当成属性对待。解决这种冲突的方法通常是把属性变换为实体或把实体变换为属性，使同一对象具有相同的抽象。

(2) 同一实体对象在不同分 E-R 图中的属性组成不一致，即所包含的属性个数和属性排列顺序不完全相同。这类冲突是由于不同的局部应用所关心的实体对象的不同侧面而造成的。解决方法是使该实体对象的属性取各分 E-R 图中属性的并集，再适当调整属性的次序，使之兼顾各种局部应用。

(3) 实体之间的联系在不同的分 E-R 图中为不同的类型。此类冲突解决方法是根据应用的语义对实体联系的类型进行综合或调整。设有实体集 E1、E2 和 E3；在一个分 E-R 图中 E1 和 E2 是多对多联系，在另一分 E-R 图中 E1 和 E2 则又是一对多联系，这就是联系类型不同的情况；在某一个 E-R 图中 E1 和 E2 发生联系，而在另一个 E-R 图中 E1、E2 和 E3 三者之间发生联系，这就是联系涉及的对象不同的情况。

解决结构冲突的方法是根据应用的语义对实体联系的类型进行综合或调整。如图 5.13 所示就是一个综合 E-R 图的实例。一个分 E-R 图中零件与产品之间的"构成"联系是多对多联系，另一个分 E-R 图中产品、零件与供应商三者之间存在多对多的"供应"联系，显然这两个联系相互不包含，合并时需要把它们综合起来表示。

2. 消除不必要的冗余，设计基本 E-R 图

在初步 E-R 图中可能存在冗余的数据和实体间冗余的联系。冗余数据就是可由基本数据导出的数据。而冗余联系则是可由其他联系导出的联系。冗余数据和冗余联系容易破坏数据库的完整性，给数据库维护增加困难，应当加以消除。消除了冗余的初步 E-R 图就称为基本 E-R 图。消除冗余的主要方法是用分析方法消除冗余和用规范化理论消除冗余。

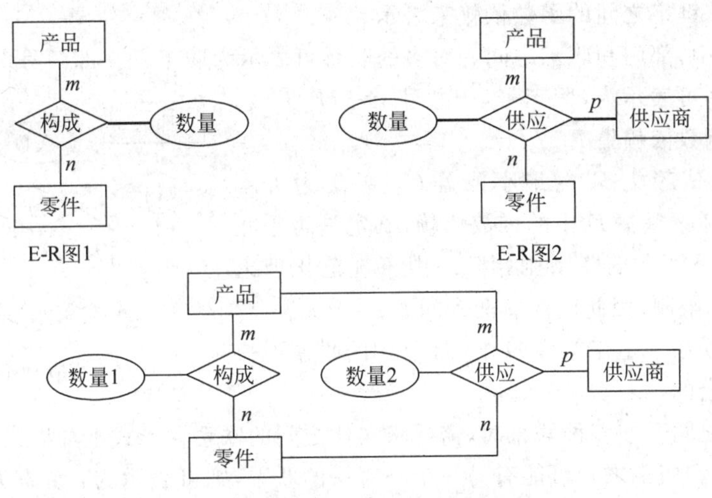

图 5.13 合并两个分 E-R 图时的综合

1）用分析方法消除冗余

分析方法是消除冗余的主要方法。分析方法消除冗余是以数据字典和数据流图为依据，根据数据字典中关于数据项之间逻辑关系的说明来消除冗余。在实际应用中，并不是要将所有的冗余数据与冗余联系都消除。有时为了提高数据查询效率、减少数据存取次数，在数据库中设计了一些数据冗余或冗余联系。也就是说，在设计数据库结构时，冗余数据的消除或存在需要根据用户的整体要求来确定。如果希望存在某些冗余，则应该把数据字典中数据关联的说明作为完整性约束条件。

例如，在图 5.14 中，如果 $Q_3 = Q_1 \times Q_2$，且 $Q_4 = \sum Q_5$，则 Q_3 和 Q_4 是冗余数据，因此 Q_3 和 Q_4 可以被消去。而消去 Q_3，产品与材料间的多对多的冗余联系也应当被消去。但若物种部门经常需要查询各种材料的库存量，如果每次都要查询每个仓库中此种材料的库存，再求和，则查询效率非常低下，因此应保留 Q_4，同时把"$Q_4 = \sum Q_5$"定义为 Q_4 的完整性约束条件。每当 Q_5 被更新，就会触发完整性检查例程，以便对 Q_4 做相应的修改。

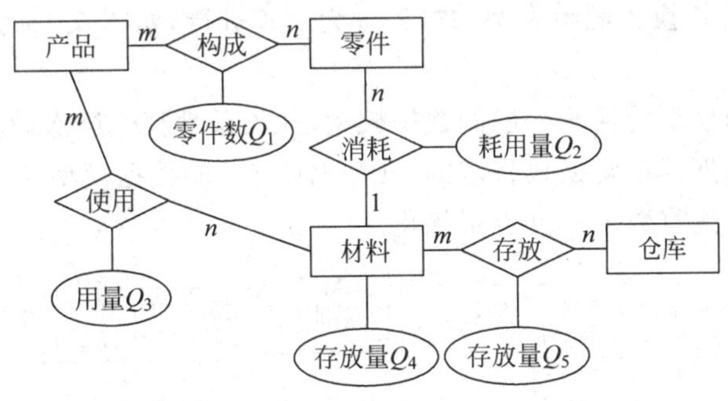

图 5.14 消除冗余的实例

2）用规范化理论消除冗余

规范化理论中，函数依赖的概念提供了消除冗余的形式化工具。具体方法描述如下：

(1) 确定分 E-R 图实体之间的数据依赖。实体之间的一对一、一对多、多对多的联系可以用实体的主关键字之间的函数依赖来表示。

如图 5.15 中,部门和职工之间一对多的联系可表示为职工号→部门号;职工和产品之间多对多的联系可表示为(职工号,产品号)→工作天数。这样可以得到函数依赖集 F_L。

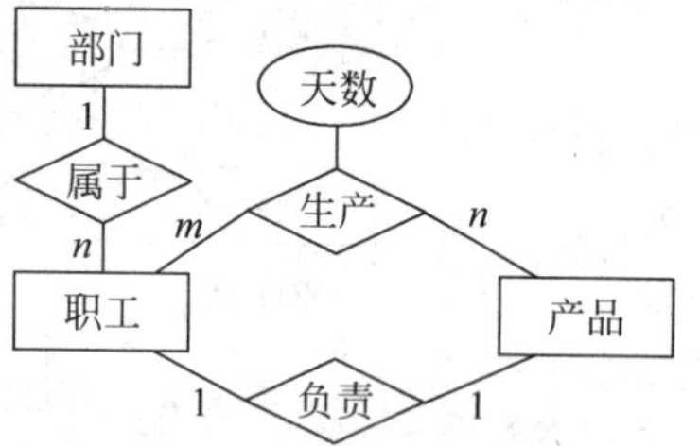

图 5.15 人事管理系统的分 E-R 图

(2) 求函数依赖集 F_L 的最小覆盖 G_L,差集为 $D=F_L-G_L$。逐一考察差集 D 中的函数依赖,确定是否是冗余的联系,如果是冗余的联系则删除。由于规范化理论受泛关系假设的限制,因此应注意两个问题:

- 冗余的联系一定在差集 D 中,而 D 中的联系不一定是冗余的;
- 当实体之间存在多种联系时,需要将实体之间的联系在形式上加以区分。如图 5.15 中,部门和职工之间可能有另一个一对一的联系,则可表示为:负责人.职工号→部门号,部门号→负责人.职工号。

5.4 逻辑结构设计

数据库的概念结构设计的结果是使用 E-R 图来表示的,它是一种用户数据要求的图形化形式。如前所述,E-R 图独立于任何数据模型,也独立于任何一个 DBMS。逻辑结构设计的任务就是把概念模型结构转换成某个具体的 DBMS 所支持的数据模型。

理论上设计数据库逻辑结构的步骤应该是:首先选择最适合的数据模型,并按转换规则将概念模型转换为所选定的数据模型,然后从支持选定的数据模型的各个 DBMS 中选出最佳的 DBMS,根据选定的 DBMS 的特点和限制对数据模型做适当修正。但实际情况通常先给定了计算机环境和 DBMS,再进行数据库逻辑结构设计。因此在概念模型向逻辑模型转换时,就要考虑适合给定的 DBMS 的问题。

当前 DBMS 一般只支持关系、网状、层次模型中的某一种,即使是同一种数据模型,不同的 DBMS 也有其不同的限制,提供不同的环境和工具。

通常将概念模型转换为逻辑模型的过程分为 3 步进行,如图 5.16 所示为概念模型向逻辑模型转换的步骤。

(1) 把概念结构模型转换为一般的数据模型,如关系、网状、层次模型;

(2) 将一般的数据模型转换成特定的 DBMS 所支持的数据模型;

(3) 通过优化方法将数据模型进行优化。

图 5.16 逻辑结构设计的 3 个步骤

当前大多数设计的数据库应用系统都采用支持关系数据模型的 RDBMS,因此本节只介绍 E-R 图转换为关系数据模型的转换原则与方法。

5.4.1 E-R模型向关系模型的转换

将 E-R 图转换成关系模型需要解决两个问题：一个是如何将实体型和实体型间的联系转换为关系模式；另一个是如何确定这些关系模式的属性和主关键字。关系模型的逻辑结构是一组关系模式，而 E-R 图表示的概念模型则是由实体型、实体的属性和实体型间的联系 3 个要素组成。将 E-R 图转换为关系模型实际上就是需要将实体型、实体的属性和实体型之间的联系转换为相应的关系模式。下面是概念模型转换为关系模型的基本转换规则。

1. 实体型的转换规则

概念模型中的一个实体型转换为关系模型中的一个关系，实体的属性就是关系的属性，实体的主关键字就是关系的主关键字，关系的结构是关系模式。

2. 实体型之间联系的转换规则

从概念模型向关系模型转换时，实体型之间的联系按照以下规则转换。

1) 一对一(1∶1)联系的转换方法

一个 1∶1 联系可以转换为一个独立的关系模式，也可以与任意一端的实体型所对应的关系模式合并。若将其转换为一个独立的关系模式，则与该联系相连的各实体的主关键字以及联系本身的属性均转换为关系的属性，且每个实体的主关键字均为该关系的候选关键字。若将其与某一端实体型所对应的关系模式合并，则需要在被合并关系中增加属性，新增属性为联系本身的属性和与此联系相关的另一个实体型的主关键字。

【例 5.1】 将如图 5.17 所示是一对一联系的 E-R 图转换为关系模型。

解答：该例有 3 种方法可供选择(关系模式中标有下划线的属性为主关键字)。

方法 1：将 1∶1 联系"负责"形成独立的关系。转换后的关系模型为：

职工(<u>职工号</u>,姓名,年龄)；

产品(<u>产品号</u>,产品名,价格)；

负责(<u>职工号,产品号</u>)。

方法 2：将"负责"与"职工"两关系合并。转换后的关系模型为：

职工(<u>职工号</u>,姓名,年龄,产品号)；

产品(<u>产品号</u>,产品名,价格)。

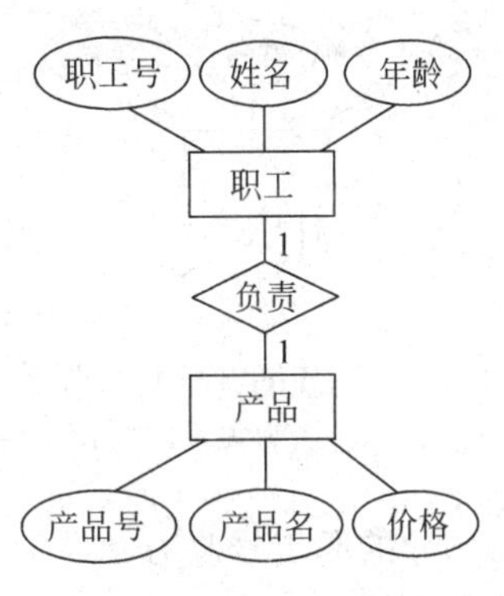

图 5.17 二元 1∶1 联系转换为关系的实例

方法 3：将"负责"与"产品"两关系合并。转换后的关系模型为：

职工(<u>职工号</u>,姓名,年龄)；

产品(<u>产品号</u>,产品名,价格,职工号)。

上面的 3 种方法中不难发现，方法 1 中的关系多，增加了系统的复杂性；方法 2 中由于并不是每个职工都负责产品，这样会造成产品号属性空值较多；综合比较，方法 3 较合理。

2）一对多($1:n$)联系的转换方法

一个 $1:n$ 联系的转换有两种转换方法：一种方法是将联系转换为一个独立的关系，其关系的属性由与该联系相连的各实体的主关键字以及联系自身的属性组成，而该关系的主关键字为 n 端实体的主关键字；另一种方法是与 n 端对应的关系模式合并，即在 n 端实体中增加新属性，新属性由联系对应的 1 端实体的主关键字和联系自身的属性构成，新增属性后原关系的主关键字不变。

【例 5.2】 将如图 5.18 所示的一对多联系的 E-R 图转换为关系模型。

解答：该例有两种方法可供选择(关系模式中标有下划线的属性为主关键字)。

方法 1：将 $1:n$ 联系“存储”形成独立的关系。转换后的关系模型为：

仓库(仓库号，地点，面积)；

产品(产品号，产品名，价格)；

存储(仓库号，产品号，数量)。

方法 2：将“存储”与 n 端关系“产品”合并。转换后的关系模型为：

仓库(仓库号，地点，面积)；

产品(产品号，产品名，价格，仓库号，数量)。

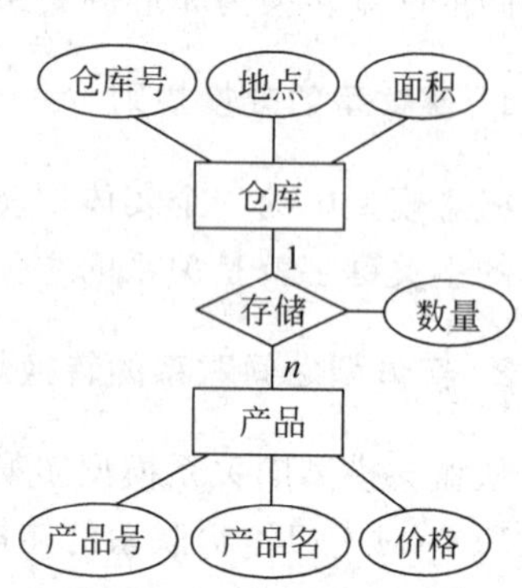

图 5.18 二元 $1:n$ 联系转换为关系的实例

比较上面两种转换方法可以发现，方法 1 使用的关系多，但对存储变化大的场合比较适用；相反，方法 2 中关系少，它适合存储变化比较小的应用场合。

【例 5.3】 将图 5.19 所示的同一实体集内的一对多联系的 E-R 图转换为关系模型。

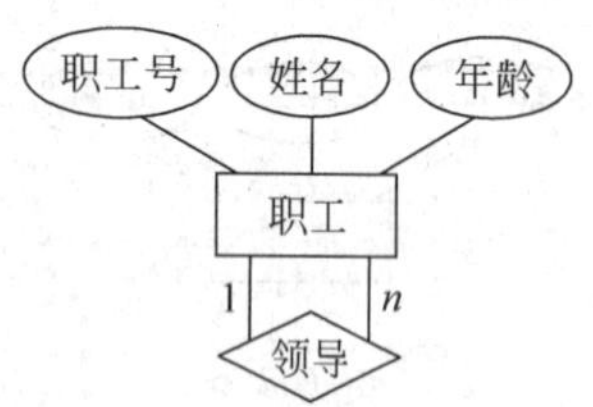

图 5.19 实体集内部 $1:n$ 联系转换为关系的实例

解答：该例有两种方法可供选择(关系模式中标有下划线的属性为主关键字)。

方法 1：转换为两个关系模式。

职工(职工号，姓名，年龄)；

领导(领导工号，职工号)。

方法 2：转换为一个关系模式。

职工(职工号，姓名，年龄，领导工号)。

在方法 2 中由于同一关系中不能有相同的属性名，所以将领导的职工号改为领导工号。两种方法相比，方法 2 关系少，且能充分表达，所以采用方法 2 更好。

3）多对多($m:n$)联系的转换方法

此情况只有一种转换方法，一个 $m:n$ 联系转换为一个关系。转换方法是：与该联系相连的各实体的主关键字以及联系自身的属性均转换为关系的属性，各实体的主关键字组成新关系的主关键字或主关键字的一部分，新关系的主关键字为多属性构成的组合关键字。

【例 5.4】 将图 5.20 所示的多对多二元联系的 E-R 图转换为关系模型。

解答：该例转换的关系模型为(关系模式中标有下划线的属性为主关键字)。

学生(学号，姓名，性别)；

课程(课程号，课程名，学时数)；

选修(学号,课程号,成绩)。其中,学号和课程号分别为该关系"选修"的两个外关键字。

4) 3个或3个以上实体间的多元联系的转换方法

分两种情况采用不同方法处理。

(1) 对于1∶n的多元联系,转换为关系模型的方法是修改1端的实体对应的关系,即将与联系相关的其他实体的主关键字和联系自身的属性作为新属性加入到1端实体中。

(2) 对于m∶n的多元联系,转换为关系模型的方法是新建一个独立的关系,该关系的属性为多元联系的各实体的主关键字以及联系自身的属性,新关系的主关键字为各实体主关键字的组合。

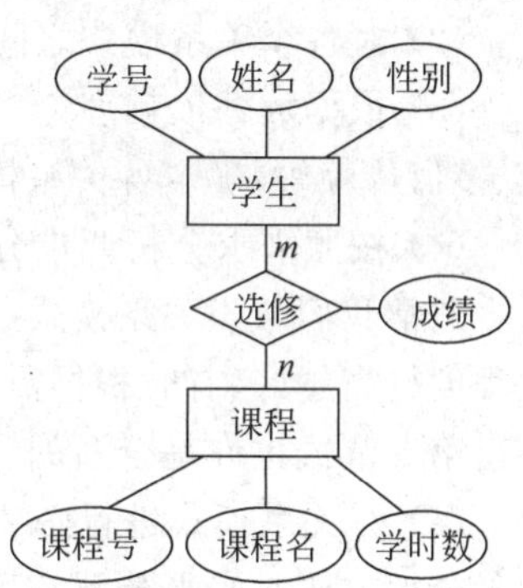

图5.20 二元m∶n联系转换为关系的实例

【例5.5】 将图5.21所示的多个实体间的多对多联系的E-R图转换为关系模型。

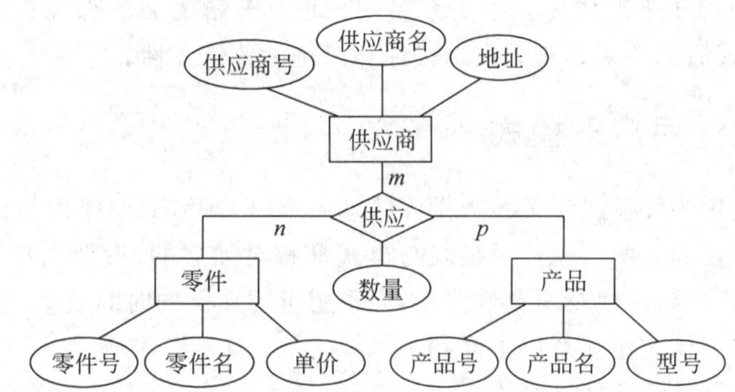

图5.21 多实体间多对多联系转换为关系模型的实例

解答:该例转换的关系模型为(关系模式中标有下划线的属性为主关键字):

供应商(<u>供应商号</u>,供应商名,地址);

零件(<u>零件号</u>,零件名,单价);

产品(<u>产品号</u>,产品名,型号);

供应(<u>供应商号,零件号,产品号</u>,数量)。

其中,供应关系中的供应商号、零件号、产品号分别是该关系的3个外关键字。

3. 关系合并规则

在关系模型中,具有相同主关键字的关系模式可根据情况合并为一个关系。

5.4.2 关系数据模型的优化

从概念模型E-R图转换为逻辑模型,设计得出的结果并不是唯一的。为了提高数据库应用系统的性能,需要对所得的逻辑模型进行适当修改、调整其结构,也就是数据模型的优化。关系数据模型的优化是以规范化理论为指导原则,优化方法如下所述。

(1) 确定数据依赖:按照需求分析的语义,分别写出各个关系模式内部各属性之间的数据依赖,以及不同关系模式属性之间的数据依赖。

(2) 对各个关系模式之间的数据依赖进行极小化处理,消除冗余的联系。

(3) 依据数据依赖理论对关系模式进行分析,分析是否存在部分函数依赖、传递函数依赖、多值依赖等,确定各关系模式属于第几范式。

(4) 按照需求分析要求分析关系模式是否合适,确定是否对某些模式进行合并或分解。

通常我们希望关系模式达到第三范式 3NF 甚至 BCNF 就比较良好了。但并不是规范化程度越高越好,有时根据需要可以对部分模式降低其范式,又称反规范化。有时第二范式甚至第一范式也许是合适的。

(5) 对关系模式进行必要的分解,提高数据操作的效率和存储空间的利用率。常用的两种分解方法是水平分解和垂直分解。

水平分解是把关系的元组分为若干个子集合,定义每个子集合为一个子关系,以提高系统的效率。通常把经常使用的数据分解出来形成一个子关系。垂直分解是把关系模式 R 的属性分解为若干子集合,形成若干子关系模式。垂直分解的原则是经常一起使用的属性从关系模式 R 中分离出来形成一个子关系模式。垂直分解需要确保无损连接性和保持函数依赖,即保证分解后的关系具有无损连接性和保持函数依赖性。

5.4.3 设计用户子模式

用户子模式又称为外模式。关系数据库管理系统(RDBMS)中提供的视图(View)就是根据用户子模式设计的。由于用户子模式与模式是相对独立的,设计用户子模式时只考虑用户对数据的使用需求、习惯及安全性要求,而不用考虑系统的时间效率、空间效率、易维护等问题。设计用户子模式应注意以下问题。

(1) 使用跟符合用户习惯的别名。

在合并分 E-R 图时应消除命名冲突,这在设计数据库整体结构时非常必要。但有时命名统一后会使某些用户感觉别扭,用视图机制定义子模式可以有效解决此问题。必要时可对子模式中的关系和属性名重新命名,使其与用户习惯一致,以便使用。

(2) 对不同级别的用户定义不同的子模式。

视图可以对表中的行和列进行限制,所以它还具有保证系统安全性的作用。对不同级别的用户定义不同的子模式,可保证系统的安全性。

例如,假设关系模式:产品(产品号,产品名,规格,单价,生产车间,生产负责人,产品成本,产品合格率,质量等级)。可在该关系上建立两个视图,即:

给一般顾客建立视图:产品 1(产品号,产品名,规格,单价);

给产品销售部门建立视图:产品 2(产品号,产品名,规格,单价,车间,生产负责人)。

建立视图后,产品 1 中包含了允许一般顾客查询的产品属性;产品 2 中包含允许销售部门查询的产品属性;生产领导部门则可以利用产品关系查询产品的全部属性数据。这样可以防止用户非法访问本来不允许查询的数据,保证了系统的安全性。

(3) 简化用户对系统的使用。

利用子模式可以简化使用、方便查询。在实际应用中经常会使用比较复杂的查询,包括多表连接、限制、分组、统计等。为了方便用户,可将这些复杂查询定义为视图,用户每次只对定义好的视图进行查询,避免了每次查询都要对其进行重复描述,大大简化了使用。

5.5 物理结构设计

数据库的物理结构设计的目的是对于给定的逻辑数据模型选取一个最适合应用环境的物理结构。数据库的物理结构是指数据库在物理设备上的存储结构与存取方法,它依赖于选定的数据库管理系统。数据库物理结构设计通常分两步进行。

(1) 确定数据的物理结构,在关系数据库中主要就是确定数据库的存取方法和存储结构。

(2) 对物理结构进行评价,评价的重点是时间和空间效率。

如果评价的结构满足原设计要求,则可以进行物理实施;否则应该重新设计或修改物理结构,有时甚至需要返回到逻辑结构设计阶段修改数据模型。

5.5.1 物理设计的主要内容

由于不同的数据库产品提供的物理环境、存取方法和存储结构各不相同,能够供给设计人员使用的设计变量、参数范围也各不相同,所以数据库的物理设计根本没有通用的设计方法,我们只能给出一般的设计内容和设计原则供数据库设计者参考。

数据库设计人员希望自己设计的数据库物理结构能够满足事务在数据库上运行时响应时间少、存储空间利用率高和事务吞吐率大的要求。因此,设计人员首先应该对要运行时事务进行详细分析,获得选择物理数据库设计所需的参数;其次,应该充分了解选定的DBMS的功能、提供的环境与工具等内部特征,尤其是存取方法和存储结构。

数据库设计者在确定数据存取方法时,必须清楚3种相关信息。

(1) 数据库查询事务的信息,包括查询所需的关系、查询条件所涉及的属性、连接条件所涉及的属性、查询的投影属性等信息。

(2) 数据库更新事务的信息,包括更新所需的关系、每个关系上的更新操作所涉及的属性、修改操作要改变的属性值等信息。

(3) 每个事务在各关系上运行的频率和性能要求。例如,某事务必须在5秒内完成,这对于存取方法的选择有着直接影响。

关系数据库物理设计的内容主要指选择存取方法和存储结构,包括确定关系、索引、聚簇、日志、备份等的存储安排和存储结构,确定系统配置等。

5.5.2 关系数据库的存取方法

由于数据库是为多用户共享的系统,对于同一个关系需要提供多条存取路径才能满足多用户共享数据的要求。数据库物理设计的任务之一就是确定建立哪些存取路径和选择哪些数据存取方法。存取方法是快速存取数据库中数据的技术。关系数据库中常用的存取方法分为3类:索引方法、聚簇方法和HASH方法。

1. 索引存取方法的选择

选择索引存取方法实际上就是根据应用要求确定对关系的哪些属性列建立索引、哪些属性列建立组合索引、哪些索引需要设计为唯一索引等。选择索引方法的基本原则是：

(1) 若一个属性经常出现在查询条件中，则考虑在此属性列上建立索引；若一组属性经常在查询条件中出现，则考虑在这组属性上建立组合索引。

(2) 若一个属性经常作为最大值和最小值等聚集函数的参数，则考虑在此属性上建立索引。

(3) 若一个(或一组)属性经常在连接操作的连接条件中出现，则考虑在此属性上建立索引。

(4) 关系上定义的索引数要适当，并不是越多越好。因为系统为了维护索引需要付出代价，查找索引也要付出代价。

例如，若一个关系的更新频率很高，这个关系上定义索引就不能太多。因为更新一个关系时，必须对这个关系上有关的索引做相应的修改。

2. 聚簇索引存取方法的选择

为了提高某个属性(或属性组)的查询速度，把该属性或属性组上具有相同值的元组集中存放在连续的物理块上的处理称为聚簇，这个属性或属性组称为聚簇码。

1) 建立聚簇的必要性

聚簇功能可以大大提高按聚簇码进行查询的效率。例如，假设要查询计科系的所有学生名单，若计科系学生人数为200，在极端情况下，这200名学生对应的数据元组分布在200个不同的物理块上。尽管对学生关系已按所在系别建立了索引，由索引很快找到计科系学生的元组标识，避免了全表扫描。但是再由元组标识去访问数据块时就要存取200个物理块，执行200次I/O操作。如果将同一个系的学生元组集中存放，则每读一个物理块就可得到多个满足查询条件的元组，从而减少了访问磁盘的次数。

2) 建立聚簇的基本原则

一个数据库可以建立多个聚簇，但一个关系只能加入一个聚簇。选择聚簇存取方法就是确定需要建立多少个聚簇，确定每个聚簇中包括哪些关系。聚簇设计时可分为两步进行：先根据规则确定候选聚簇，再从候选聚簇中去除不必要的关系。

设计候选聚簇的原则是：

(1) 对经常在一起进行连接操作的关系可以建立聚簇。

(2) 若一个关系的一组属性经常出现在相等、比较条件中，则该单个关系可以建立聚簇。

(3) 若一个关系的一个或一组属性上的值重复效率很高，则此单个关系可以建立聚簇。

(4) 若关系的主要应用是通过聚簇码进行访问或连接，而其他属性访问关系的操作很少时，可以使用聚簇。尤其当SQL语句中包括有与聚簇有关的ORDER BY，GROUP BY，UNION，DISTINCT等子句或短语时，使用聚簇特别有利，可以省去对结果集的排序操作。否则当关系较少利用聚簇操作时，最好不要使用聚簇。

检查候选聚簇，取消其中不必要关系的方法是：

(1) 从聚簇中删除经常进行全表扫描的关系。

(2) 从聚簇中删除更新操作远多于连接操作的关系。

(3) 不同的聚簇中可能包括相同的关系，一个关系可以在某一个聚簇中，但不能同时加入多个聚簇。要从这多个聚簇方案中选择一个较优的，即在这个聚簇上运行各种事务的总代价最小。

3）建立聚簇应该注意的问题

（1）聚簇虽然提高了某些应用的性能，但是建立与维护聚簇的开销是相当大的。

（2）对已有的关系建立聚簇，将导致关系中的元组移动其物理存取位置，这样使关系上原有的索引无效，需要重建原索引。

（3）当一个元组的聚簇码值改变时，该元组的存储位置也要相应移动，索引聚簇码值应当相当稳定，以减少修改聚簇码值引起的维护开销。

3. HASH 存取方法的选择

某些数据库管理系统提供了 HASH 存取方法。

若一个关系的属性主要出现在等值连接条件中或主要出现在相等比较选择条件中，且满足下面两个条件之一，则此关系可以选择 HASH 存取方法：

- 若一个关系的大小可预知且不变；
- 若关系的大小动态改变，且数据库管理系统提供了动态 HASH 存取方法。

5.6 数据库的实施

完成数据库物理结构设计并进行初步评价后，就可以进行数据库的实施了。数据库实施阶段的工作是：设计人员使用 DBMS 提供的数据定义语言和其他实用程序工具将数据库逻辑设计和物理设计的结果严格描述出来，当成 DBMS 可以接受的源代码，再经过调试产生目标模式，完成建立定义数据库结构的工作；最后就是组织数据入库了。

数据库的实施阶段包括两项重要工作：一个是数据的载入，另一个是应用程序的编码和调试。

1. 数据的载入和应用程序的调试

组织数据入库是数据库实施阶段最主要的工作。由于一般数据库系统中数据量都很大，而且数据来源于部门中的各个不同单位，分散在各种数据文件、原始凭证或单据中，有大量的纸质文件需要处理，数据的组织方式、结构和格式都与新设计的数据库系统有相当的差距。组织数据录入时需要将各类源数据从各个局部应用中抽取出来，并输入到计算机，再进行分类转换，综合成符合新设计的数据库结构的形式，最后输入到数据库中。因此，数据转换和组织数据入库工作是一件耗费大量人力物力的工作。

为了防止不正确的数据输入到数据库，应当采用多种方法多次地对数据检验。由于需要入库的数据格式或结构与系统的要求不完全一致，所以向数据库中输入数据时会发生错误，数据转换过程中也可能出错。因此，需要设计一个数据输入子系统来完成数据入库的工作。设计数据输入子系统时还要注意原有系统的特点，充分考虑老用户的习惯，这样才可以提高输入的质量。现在大多数 DBMS 都提供了不同的 DBMS 之间数据转换的工具，若原来是数据库系统，则要充分利用新系统的数据转换工具，先将原系统中的表转换成新系统中相同结构的临时表，再将这些表中的数据分类、转换，综合成符合新系统的数据模式，插入相应的表中。

2. 数据库的试运行

在部分数据输入到数据库后,就可以开始对数据库系统进行联合调试运行工作了,这也就是数据库的试运行。其主要工作是:

- 实际运行数据库应用程序,执行对数据库的各种操作,测试应用程序的功能是否满足设计要求。当然如果功能不满足设计要求,则需要对应用程序部分进行修改、调整,直到符合要求为止。
- 测试系统的性能指标,分析其是否符合设计目标。由于对数据库进行物理设计时考虑的性能指标只是近似的估计,和实际系统肯定有一定的差距,因此,必须在试运行时进行实际测量和评价系统性能指标。

值得注意的是,有些参数的最佳值常常是经过运行调试后找到的。若测试的结果与设计目标不符,则需要返回到物理设计阶段,重新调整物理结果,修改系统参数。某些情况下甚至需要返回到逻辑结果设计阶段修改逻辑结构。

最后还必须强调两点:

- 数据库的试运行操作应分步进行。通常应该分期分批组织数据入库,先输入小批量数据做调试用,待试运行结束基本合格后,再大批量输入数据,逐步增加数据量,逐步完成运行评价。
- 数据库的实施和调试是不可能一次完成的。在数据库试运行阶段,由于系统处于不稳定状态,软硬件故障随时都可能发生。另外,由于系统的操作人员对新系统还不熟悉,误操作在所难免。因此,在数据库试运行时,应该首先调试运行 DBMS 的恢复功能,做好数据库的转储和恢复工作,一旦发生故障就可以使数据库尽快恢复,尽量减少对数据库的破坏。

5.7 数据库的运行与维护

数据库试运行合格后,数据库开发工作基本完成,即可投入正式运行了。但由于应用环境不断变化,数据库运行过程中物理存储也不断变化,对数据库设计进行评价、调整与修改等维护工作是一个长期的任务。

在数据库运行阶段,对数据库经常性的维护工作主要是由数据库管理员 DBA 完成的。数据库的维护工作包括 4 个方面。

1. 数据库的转储和恢复

数据库的转储和恢复是系统正式运行后最重要的维护工作之一。数据库管理员要针对不同的应用要求制定不同的转储计划,以保证一旦发生故障能够尽快将数据库恢复到某种一致的状态,并尽可能减少对数据库的破坏。

2. 数据库的安全性、完整性控制

在数据库运行过程中,由于应用环境的变化,对安全性的要求也发生变化。比如,有的

数据原来是机密的，现在可以公开查询，而新增加的数据又可能是机密的。这些都需要数据库管理员根据实际情况修改原有的安全性控制。同样，数据库的完整性约束条件也会变化，也需要数据库管理员不断修正，以满足用户要求。

3. 数据库性能的监督、分析和改造

在数据库运行过程中，监督系统运行、对检测数据进行分析，并找出改进系统性能的方法。目前某些 DBMS 产品提供了监测系统性能的参数工具，数据库管理员可以利用这些工具方便得到系统运行过程中一系列性能参数值。数据库管理员应仔细分析这些数据，判断当前系统运行状况是否是最佳，应当做哪些改进，例如调整系统物理参数，或对数据库进行重组织或重构等。

4. 数据库的重组织与重构造

数据库系统在运行一段时间后，由于存在记录不断地增加、删除、修改等操作，使数据库的物理存储情况变坏，降低了数据的存取效率，数据库的性能下降。此时，数据库管理员需要对数据库进行重组织或部分重组织（只对频繁增删的表进行重组织）。DBMS 一般都提供了数据重组织的实用程序。在重组织过程中，按原设计要求重新安排存储位置、回收垃圾、减少指针链等，从而提高系统性能。

数据库的重组织并不修改原设计的逻辑结构和物理结构，而数据库的重构造是指部分修改数据库的模式和内模式，也就是需要修改逻辑结构或物理结构。当增加了新的应用或新的实体，或取消了某些应用，某些实体与实体间的联系发生了变化时，原来设计的数据库结构不能满足新的需求，此时需要调整数据库的模式和内模式。当然，数据库的重构造是有限的，只能做部分的修改，如果变化太大，而重构造还是不能满足需要，那么说明需要设计新的数据库应用系统了。

小结

本章主要讲解了数据库设计的方法和步骤，从需求分析到概念结构设计，再到逻辑结构设计和物理结构设计，最后是数据库的实施和数据库的运行与维护等。其中，重点与难点内容是数据库的概念结构设计和逻辑结构设计，也是数据库设计过程中最重要的两个环节。

需求分析是软件过程中至关重要的一步，也是数据库设计的第一步，是需要充分准确地分析用户对系统的需求。需求分析的成功与否对软件系统设计的好坏非常关键，因此，进行需求分析时必须严格按照软件工程思想进行，但这个阶段不是本课程的重点内容，有关需求分析的详细内容请参考软件工程相关课程。

数据库的概念结构设计是将用户需求抽象为概念模型，是整个数据库设计的关键。概念结构真实充分地反映现实世界，包括事物和事物之间的联系，而且易向各种数据模型转换（如关系数据模型）。利用 E-R 模型图描述数据库的概念模型。本节主要讲解了从局部 E-R 模型的设计到全局 E-R 模型的设计过程。在局部 E-R 模型设计中详细介绍了各种数据抽象方法的使用、简单属性与复合属性、单值属性与多值属性，以及弱实体等概念；在全局 E-R

模型设计中详细介绍了解决合并局部 E-R 模型过程中的 3 种冲突：属性冲突、命名冲突和结构冲突，从而形成初步 E-R 模型，并讲解了两种消除冗余方法，即分析方法和规范化理论法，最终设计出合理的基本 E-R 模型。

数据库的逻辑结构设计是将概念模型转换为逻辑模型，本章主要是利用基本 E-R 模型转换为关系数据模型。重点讲解了 E-R 模型向关系模型的转换规则，即实体型转换规则、实体型之间的联系转换规则以及关系合并规则。本节还综合介绍了如何对转换后的关系模型进行合理适当的优化，其中值得加深理解与注意的是反规范化，即某些时候需要适当降低规范化程度。

数据库的物理结构设计是数据库在物理设备上的存储结构与存取方法，它依赖于选定的具体数据库管理系统。完成数据库物理结构设计并进行初步评价后，就可以进行数据库的实施了。数据库的实施包括两项重要工作：一个是数据的载入，另一个是应用程序的编码和调试。而数据库正式运行后，需要由数据库管理员 DBA 负责数据库的运行管理与维护工作。

习题 5

5.1 问答题

1. 试述数据库的设计过程。

2. 什么是数据库的概念结构？试述其特点和设计策略。

3. 什么叫数据抽象？试举例说明。

4. 什么是数据库的逻辑结构设计？试述其设计步骤。

5. 试述 E-R 模型转换为关系模型的转换规则。

5.2 设计题

1. 学校中有若干系，每个系有若干班级和教研室，每个教研室有若干教师，其中有的教授和副教授每人各带若干研究生，每个班有若干学生，每个学生选修若干课程，每门课程可由若干学生选修。请用 E-R 图表达其概念模型，并将其转换为关系模型。

2. 如图 5.22 所示为某个教务管理数据库的 E-R 图，请将其转换为关系模型。

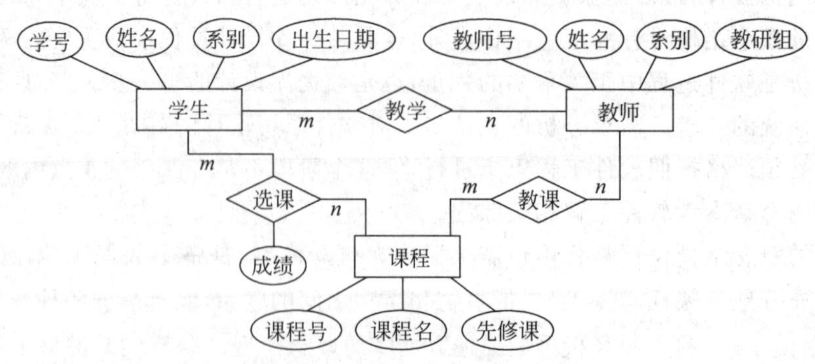

图 5.22 教学管理数据库 E-R 图

3. 如图 5.23 所示是一个销售业务管理的 E-R 图，请将其转换为关系模型。

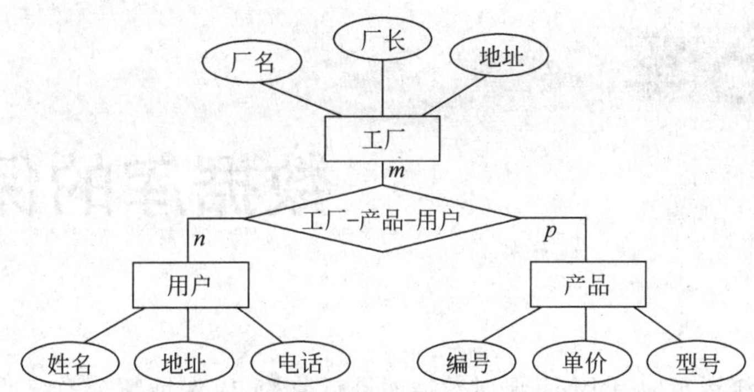

图 5.23 销售业务管理的 E-R 图

4. 现有一个局部应用，包括两个实体："出版社"和"作者"，它们是多对多的联系，请设计适当的属性并画出其 E-R 图，再将其转换为关系模型（包括关系名、属性名、关键字）。

5. 请设计一个图书馆数据库，此数据库中对每个借阅者保存读者记录，包括读者号，姓名，地址，性别，出生日期，单位；对每本书存有书号、书名、作者、出版社；对每本被借出的书存有读者号、借出日期和应还日期。要求画出其 E-R 图，并将其转换为关系模型。

6. 设有一家百货商店，已知信息有：

(1) 每个职工的数据是职工号、姓名、地址和所在商品部。

(2) 每个商品部的数据有：它的职工、经理和它经销的商品。

(3) 每种经销的商品数有：商品名、生产厂家、价格、型号和内部商品代号（商店自己规定的）。

(4) 关于每个生产厂家的数据有：厂名、地址、向商店提供的商品价格。

请设计该百货商店的概念模型，再将概念模型转换为关系模型。注意，某些信息可用属性表示，其他信息可用联系表示。

第6章 数据库的保护

在数据库系统运行时，DBMS要对数据库进行监控，以保证整个系统的正常运转，保证数据库中的数据安全可靠、正确有效，防止各种错误的产生，这就是对数据库的保护，有时也称为"数据控制"。这具体包括4个方面：数据的安全性、完整性、并发控制和数据库恢复内容。

6.1 事务

6.1.1 事务的定义

事务是一个用户定义的完整的工作单元，一个事务内的所有语句被作为整体执行，要么全部执行，要么全部不执行。遇到错误时，可以回滚事务，取消事务内所做的所有改变，从而保证数据库中数据的一致性和可恢复性。

比如甲乙两人通过ATM系统转账。甲有1000元，乙有1000元。甲将把500元从甲的账户划到乙的账户，最终的结果是甲有500元，乙的账户有1500元。但在交易时，当甲从账户上取走500元后，软件出现故障，没有来得及去给乙存钱，也就是甲的账户少了500，而乙并没有增加。这就会导致数据的不一致性存在。而通过事务，就可以解决这个问题。

6.1.2 事务的特性

事务必须有如下特性，称为ACID性质(也称为事务的ACIDITY)，以确保在事务执行之后数据库仍然是稳定的状态。

(1) 原子性(Atomic)：表示组成一个事务的多个数据库操作是一个不可分割的原子单元，只有所有的操作执行成功，整个事务才提交，事务中任何一个对数据库操作失败，已经执行的所有操作都必须撤销，让数据库返回到初始状态。即使事务中包含多个读写操作，也要将事务看成是一个操作单元。事务的原子特性是由DBMS的事务恢复子系统保证的。在事务执行过程中如果出现系统故障，则由恢复子系统撤销事务对数据库的全部影响。

(2) 一致性(Consistency)：事务应确保数据库的状态从一个一致状态转变为另一个一致状态。一致状态的含义是数据库中的数据应满足完整性约束。事务操作成功后，数据库所处的状态和它的业务规则是一致的，即数据不会被破坏。如从A账户转账100元到B帐户，不管操作成功与否，A和B的存款总额是不变的。

(3) 隔离性(Isolation)：在并发数据操作时，不同的事务拥有各自的数据空间，它们的操作不会对对方产生干扰。准确地说，并非要求做到完全无干扰，数据库规定了多种事务隔离级别，不同隔离级别对应不同的干扰程度，隔离级别越高，数据一致性越好，但并发性越弱。

(4) 持续性(Duarability)：一旦事务提交成功后，事务中所有的数据操作都必须被持久化到数据库中，即使提交事务后，数据库马上崩溃，在数据库重启时，也必须能保证能够通过某种机制恢复数据。一个事务一旦提交，它对数据库中数据的改变就应该是永久性的。接下来的其他操作或故障不应该对其有任何影响。

6.2 事务的并发控制

如果数据库只有一个用户，尤其是每一时刻只有一个事务操作数据库，就不会与其他用户的事务发生访问冲突，所以就不需要用锁(Lock)来锁定对象或资源。但是对于多用户数据库来说，当两个或两个以上用户试图修改数据库中的同一个表的同一个行时，这些用户的事务之间就会发生访问冲突，此时就需要一个合适的、能自动解决事务对数据并发访问所带来的问题的机制，所以，并发控制或锁定(Locking)机制是数据库管理系统(DBMS)中所必需的，是衡量其性能的重要标志之一。

6.2.1 并发操作中的3个问题

数据库是一个共享的数据资源。为了提高使用效率，数据库基本上都是多用户的，即允许多个用户并发地访问数据库中的数据。这样，同一时刻将会有若干个并发运行的事务。如果对这种并发访问不加以控制，就会破坏数据的一致性，将会出现丢失修改(Lost Update)、脏读(Dirty Read)和不可重复读(Non-repeatable Read)等问题，如图 6.1 所示。

1. 丢失修改

两个事务 T_1 和 T_2 读入同一个数据并修改，事务 T_2 提交的修改结果覆盖了事务 T_1 提交的修改结果，导致事务 T_1 的修改结果丢失。

例如：

(1) 甲售票点(T_1 事务)读出某航班的机票余额 A，此时为 16 张。

(2) 乙售票点(T_2 事务)读出同一航班的机票余额 A，此时也为 16 张。

(3) 甲售票点卖出 3 张机票，将机票余额 A 修改为 13 张，写回数据库。

(4) 乙售票点卖出 1 张机票，将机票余额 A 修改为 15 张，写回数据库。

实际上，甲、乙两个售票点共卖出 4 张机票，但是数据库中最后显示只卖出了 1 张机票。显然，这是由于并发访问所造成的。在上面的这种操作序列下，乙售票点的修改结果覆盖了甲售票点的修改结果，所以导致了这个错误。

2. 脏读

事务 T_1 更改某一数据，并写入数据库，事务 T_2 读取同一数据，但事务 T_1 由于某种原因被撤销,此时事务 T_1 更改过的数据恢复原来的值,使事务 T_2 读取到的值与数据库中的值不同,只是操作过程中的一个过渡性的、不需要的、脏的数据。例如,在图 6.1(b)中 T_1 将 C 值修改为 200,T_2 读到 C 为 200,而 T_1 由于某种原因撤销,其修改作废,C 恢复原值 100,这时 T_2 读到的 C 为 200,与数据库内容不一致就是“脏”数据。

3. 不可重复读

事务 T_1 读取数据后,事务 T_2 执行更改操作,使事务 T_1 无法再现前一次读取的结果。不可重复读包括以下几种情况。

(1) 事务 T_1 读取某一数据之后,事务 T_2 对其进行修改,使事务 T_1 再次读取该数据时,读取的结果与上次不同。

(2) 事务 T_1 按一定的条件读取某些数据记录以后,事务 T_2 删除了其中的部分记录,使事务 T_1 按相同的条件再次读取这些数据记录时,发现某些记录不存在了。

(3) 事务 T_1 按一定的条件读取某些数据记录以后,事务 T_2 插入了一些记录,使事务 T_1 按相同的条件再次读取这些数据记录时,发现增加了某些记录。

后两种关于记录的不可重复读现象也被称为幻像读(Phantom Read)现象。

如图 6.1 所示,产生上述 3 类数据不一致性的主要原因是并发操作破坏了事务的隔离性。并发控制就是要用正确的方式调度并发操作,使一个用户事务的执行不受其他事务的干扰,从而避免造成数据的不一致性。另一方面,对数据库的应用有时允许某些不一致性,例如,有些统计工作涉及的数据量很大,读到一些“脏”数据对统计精度没什么影响,这时可以降低对一致性的要求以减少系统开销。

T_1	T_2
① 读 $A=16$	
②	读 $A=16$
③ $A \leftarrow A-3$ 写回 $A=13$	
④	$A \leftarrow A-1$ 写回 $A=15$

(a) 丢失修改

T_1	T_2
① 读 $C=100$ $C \leftarrow C\times 2$ 写回 C	
②	读 $C=200$
③ ROLLBACK C 恢复为 100	

(b) 脏读

T_1	T_2
① 读 $A=50$ 读 $B=100$ 求和=150	
②	读 $B=100$ $B \leftarrow B\times 2$ 写回 $B=200$
③ 读 $A=50$ 读 $B=200$ 求和=250 (验算不对)	

(c) 不可重复读

图 6.1 三种数据不一致性

6.2.2 封锁技术

并发控制的主要技术是封锁(Locking)。例如在飞机订票例子中,甲事务要修改 A,若在读出 A 前先锁住 A,其他事务就不能再读取和修改 A 了,直到甲修改并写回 A 后解除了对 A 的封锁为止。这样,就不会丢失甲的修改。

锁与锁定是实现并发控制的非常重要的技术。

锁是一种机制，当多个事务可能会并发地访问同一个数据库对象时，该机制可以实现对并发访问的控制。其功能和特性如下所述。

(1) 在事务处理期间，使数据和对象保持一致性和完整性。

(2) 当数据或对象不是立即可用时，提供一种队列结构，允许将等待的会话加入到该队列中进行等待。

(3) DBMS 自动处理锁机制。

(4) 一般地，事务开始和结束决定了锁的自动持有和释放的时间。

(5) 不同的操作、访问可能对应不同的锁，即锁定的粒度不同、强度不同。

所谓锁定就是事务 T 在对某个数据库对象操作之前，先向数据库管理系统(DBMS)发出请求，对其加锁。加锁之后，事务 T 就对该数据库对象有了一定的控制。在事务 T 释放该控制之前，其他事务不能读取、不能修改或者不能使用该数据库对象，从而起到保护的作用。

锁有两种最基本、最简单的类型：排他锁(Exclusive Lock，X 锁)、共享锁(Share Lock，S 锁)。

1. 排他锁

排他锁又称为写锁。如果事务 T 在数据库对象 A 上加了 X 锁，则只允许事务 T 读取、更改 A。其他任何事务都不能对 A 加 X 锁或 S 锁，直到事务 T 释放 A 上的 X 锁为止。这就保证了其他事务在事务 T 释放 A 上的 X 锁之前，不能再读取、更改、使用 A，即保护 A 不被同时读写。

2. 共享锁

共享锁又称为读锁。如果事务 T 在数据库对象 A 上加了 S 锁，则只允许事务 T 读取 A 但不能更改 A。其他任何事务都只能对 A 加 S 锁而不能加 X 锁，直到事务 T 释放 A 上的 S 锁为止。这就保证了其他事务在事务 T 释放 A 上的 S 锁之前，只能读取 A 但不能更改 A，即保护 A 不被同时写。

锁除了对操作进行限制之外，锁对锁也进行限制，如表 6.1 所示。

表 6.1 封锁类型的相存矩阵

类别	NULL	S 锁	X 锁
S 锁	可以	可以	不可以
X 锁	可以	不可以	不可以

当运用 X 锁和 S 锁对数据库对象进行加锁或锁定时，还需要遵守一些规定或约定。例如，何时申请 X 锁或 S 锁、持锁的时间或何时释放锁等，这些规定被称为锁定协议(Locking Protocol)。可以规定不同严格程度的锁定协议，防止不同并发访问中的问题。主要有以下 3 个级别的协议。

1) 一级锁定协议

事务 T 在修改数据库对象 A 之前，必须先对其加 X 锁，并直到事务结束时才释放 X

锁;如果事务 T 仅仅是读取 A,则不需要加任何锁。

该协议可以防止丢失修改的问题,但不能防止脏读、不可重复读的问题。例如,事务 T_1 在请求修改 A 之前先对 A 加上了 X 锁,所以,当事务 T_2 再请求修改 A 之前就无法再加 X 锁了,事务 T_2 只能等待事务 T_1 释放 A 上的 X 锁之后才能在 A 上加 X 锁,才能修改 A。这时事务 T_2 修改的 A 已经是 T_1 修改之后的值了。事务 T_2 在此基础上进行修改就不会丢失 T_1 修改的结果了。

2) 二级锁定协议

一级锁定只是在事务 T 修改 A 之前加 X 锁,但如果仅仅是读取 A,则不需要加任何锁,所以,一级锁定协议可以防止丢失修改的问题,但不能防止脏读、不可重复读的问题。

二级锁定协议是在一级锁定协议的基础上,加上事务 T 在读取 A 之前必须加 S 锁,读完后立即释放 S 锁。

二级锁定协议可以进一步防止脏读的问题。例如,事务 T_1 在请求修改数据库对象 A 之前先对 A 加了 X 锁,所以,当事务 T_2 再请求读取 A 之前就无法再加 S 锁了,事务 T_2 只能等待事务 T_1 释放了 A 上的 X 锁之后才能在 A 上加 S 锁,才能读取 A。事务 T_1 因某种原因被撤销,A 恢复成原来的值,然后事务 T_1 就释放了 A 上的锁。这时事务 T_2 读取的 A 已经是事务 T_1 撤销之后的值了,事务 T_2 就不会读脏数据了。

3) 三级锁定协议

二级锁定协议在事务 T 读取 A 之前必须加 S 锁,但读完后立即释放 S 锁,所以在整个事务中还不能防止可能出现的不可重复读的问题。

三级锁定协议是在一级锁定协议的基础上,加上事务 T 在读取 A 之前必须加 S 锁,直到事务 T 结束后才释放 S 锁。

三级锁定协议可以进一步防止不可重复读问题。例如,事务 T_1 在请求读取 A 之前先对 A 加了 S 锁,所以,当事务 T_2 再请求修改 A 之前就无法再加 X 锁了,T_2 就只能等待 T_1 释放了 A 上的 S 锁之后才能在 A 上加 X 锁,才能修改 A。所以,在事务 T_1 中无论何时都可以重复读取到相同的数据,如图 6.2 所示。

6.2.3 并发调度与两段封锁协议

计算机系统对并发事务中并发操作的调度是随机的,而不同的调度可能会产生不同的结果,那么哪个结果是正确的,哪个是不正确的呢?

如果一个事务运行过程中没有其他事务同时运行,也就是说,它没有受到其他事务的干扰,那么就可以认为该事务的运行结果是正常的或者预想的。因此,将所有事务串行起来的调度策略一定是正确的调度策略。虽然以不同的顺序串行执行事务可能会产生不同的结果,但由于不会将数据库置于不一致状态,所以都是正确的。

定义:多个事务的并发执行是正确的,当且仅当其结果与按某一次序串行地执行它们时的结果相同,称这种调度策略为可串行化(Serializable)的调度。

可串行性(Serializability)是并发事务正确性的准则。按这个准则规定,一个给定的并发调度,当且仅当它是可串行化的,才认为是正确调度。

T_1	T_2
① Xlock A	
② 读 $A=16$	
	Xlock A
③ $A \leftarrow A-1$	等待
写回 $A=15$	等待
COMMIT	等待
Unlock A	等待
④	获得 Xlock A
	读 $A=15$
	$A \leftarrow A-1$
⑤	写回 $A=14$
	COMMIT
	Unlock A

(a) 没有丢失修改

T_1	T_2
① Slock A	
Slock B	
读 $A=50$	
读 $B=100$	
求和$=150$	
②	Xlock B
	等待
	等待
③ 读 $A=50$	等待
读 $B=100$	等待
求和$=150$	等待
COMMIT	等待
Unlock A	等待
Unlock B	等待
④	获得 Xlock B
	读 $B=100$
	$B \leftarrow B\times 2$
⑤	写回 $B=200$
	COMMIT
	Unlock B

(b) 可重复读

T_1	T_2
① Xlock C	
读 $C=100$	
$C \leftarrow C\times 2$	
写回 $C=200$	
②	Slock C
	等待
③ ROLLBACK	等待
(C恢复为100)	等待
Unlock C	等待
④	获得 Slock C
	读 $C=100$
⑤	COMMIT
	Unlock C

(c) 不读"脏"数据

图 6.2 用封锁机制解决数据的不一致性

例如，现在有两个事务，分别包含下列操作。

事务 T_1：读 B；$A=B+1$；写回 A。

事务 T_2：读 A；$B=A+1$；写回 B。

假设 A,B 的初值均为 2。按 $T_1 \rightarrow T_2$ 次序执行结果为 $A=3$,$B=4$；按 $T_2 \rightarrow T_1$ 次序执行结果为 $B=3$,$A=4$。

图 6.3 给出了对这两个事务的 3 种不同的调度策略。

图 6.3(a)和图 6.3(b)为两种不同的串行调度策略，虽然执行结果不同，但它们都是正确的调度；图 6.3(c)中两个事务是交错执行的；由于其执行结果与图 6.3(a)、(b)的结果都不同，所以是错误的调度；图 6.3(d)中两个事务也是交错执行的，其执行结果与串行调度图 6.3(a)执行结果相同，所以是正确的调度。

为了保证并发操作的正确性，DBMS 的并发控制机制必须提供一定的手段来保证调度是可串行化的。

从理论上讲，在某一事务执行时禁止其他事务执行的调度策略一定是可串行化的调度，这也是最简单的调度策略，但这种方法实际上是不可取的，这使用户不能充分共享数据库资源。目前 DBMS 普遍采用封锁方法实现并发操作调度的可串行性，从而保证调度的正确性。

两段锁(Two-Phase Locking，2PL)协议就是保证并发调度可串行性的封锁协议。

T_1	T_2
Slock B	
$Y=B=2$	
Unlock B	
Xlock A	
$A=Y+1$	
写回 $A(=3)$	
Unlock A	
	Slock A
	$X=A+3$
	Unlock A
	Xlock B
	$B=X+1$
	写回 $B(=4)$
	Unlock B

(a) 串行调度

T_1	T_2
	Slock A
	$X=A=2$
	Unlock A
	Xlock B
	$B=X+1$
	写回 $B(=3)$
	Unlock B
Slock B	
$Y=B+3$	
Unlock B	
Xlock A	
$A=Y+1$	
写回 $A(=4)$	
Unlock A	

(b) 串行调度

T_1	T_2
Slock B	
$Y=B=2$	
	Slock A
	$X=A=2$
Unlock B	
	Unlock A
Xlock A	
$A=Y+1$	
写回 $A(=3)$	
	Xlock B
	$B=X+1$
	写回 $B(=3)$
Unlock A	
	Unlock B

(c) 不可串行化的调度

T_1	T_2
Slock B	
$Y=B=2$	
Unlock B	
Xlock A	
	Slock A
$A=Y+1$	等待
写回 $A(=3)$	等待
Unlock A	等待
	$X=A+3$
	Unlock A
	Xlock B
	$B=X+1$
	写回 $B(=4)$
	Unlock B

(d) 可串行化的调度

图 6.3　并发事务的不同调度

所谓两段锁协议是指所有事务必须分两个阶段对数据项加锁和解锁。

- 在对任何数据进行读、写操作之前，首先要申请并获得对该数据的封锁。
- 在释放一个封锁之后，事务不再申请和获得任何其他封锁。

所谓"两段"锁的含义是，事务分为两个阶段。第一阶段是获得封锁，也称为扩展阶段。在这阶段，事务可以申请获得任何数据项上的任何类型的锁，但是不能释放任何锁。第二阶段是释放封锁，也称为收缩阶段。在这阶段，事务可以释放任何数据项上的任何类型的锁，但是不能再申请任何锁。

例如，事务 T_1 遵守两段锁协议，其封锁序列如下。

Slock A　Slock B　Xlock C　Unlock B　Unlock A　Unlock C

|←—— 扩展阶段 ——→|　|←—— 收缩阶段 ——→|

可以证明，若并发执行的所有事务均遵守两段锁协议，则对这些事务的任何并发调度策略都是可串行化的。

需要说明的是，事务遵守两段锁协议是可串行化调度的充分条件，而不是必要条件。也就是说，若并发事务都遵守两段锁协议，则对这些事务的任何并发调度策略都是可串行化的，若对并发事务的一个调度是可串行化的，不一定所有事务都符合两段锁协议，如图 6.4 所示。

图 6.4(a)和图 6.4(b)都是可串行化的调度，但图 6.4(a)中 T_1 和 T_2 都遵守两段锁协议，图 6.4(b)中 T_1 和 T_2 不遵守两段锁协议。

另外要注意两段锁协议和防止死锁的一次封锁法的异同之处。一次封锁法要求每个事务必须一次将所有要使用的数据全部加锁，否则就不能继续执行，因此一次封锁法遵守两段锁协议；但是两段锁协议并不要求事务必须一次将所有要使用的数据全部加锁，因此，遵守两段锁协议的事务可能发生死锁。

T_1	T_2	T_1	T_2
Slock (B)		Slock B	
读 $B=2$		读 $B=2$	
$Y=B$		$Y=B$	
Xlock A		Unlock B	
	Slock A	Xlock A	
	等待		Slock A
$A=Y+1$	等待		等待
写回 $A=3$	等待	$A=Y+1$	等待
Unlock B	等待	写回 $A=3$	等待
Unlock A	等待	Unlock A	等待
	Slock A		Slock A
	读 $A=3$		读 $A=3$
	$Y=A$		$X=A$
	Xlock B		Unlock B
	$B=Y+1$		Xlock B
	写回 $B=4$		$B=X+1$
	Unlock B		写回 $B=4$
	Unlock A		Unlock B

(a) 遵守两段锁协议　　(b) 不遵守两段锁协议

图 6.4　两段锁协议

6.3 数据库的完整性

数据库完整性(Database Integrity)是指数据库中数据的正确性和相容性。数据库完整性由各种各样的完整性约束来保证,因此,可以说数据库完整性设计就是数据库完整性约束的设计。数据库完整性约束可以通过 DBMS 或应用程序来实现,基于 DBMS 的完整性约束作为模式的一部分存入数据库中。通过 DBMS 实现的数据库完整性按照数据库设计步骤进行设计,而由应用软件实现的数据库完整性则纳入应用软件设计。

6.3.1 数据完整性概念

数据完整性是指存储在数据库中的所有数据值都是正确的状态。如果数据库中存储了不正确的数据值,则称该数据库已损失了数据的完整性。

满足完整性要求的数据具有以下 3 个特点:

(1) 数据的值正确无误。

(2) 数据的存在必须确保同一表格数据之间不存在完全相同的两条或多条数据。

(3) 数据的存在必须能维护不同表格数据之间的关联情况。

6.3.2 数据库完整性的实施定义

根据数据完整性机制所作用的数据库对象和范围不同,数据完整性可分为实体完整性、域完整性、引用完整性以及用户自定义完整性。

而对于数据库的完整性是通过约束来实现的。它们定义关于列中允许值的规则,是强制完整性的标准机制。使用约束优先于使用触发器、规则和默认值。查询优化器也使用约束定义生成高性能的查询执行计划。对于每种数据完整类型对应的实施途径如表 6.2 所示。

(1) 实体完整性:这里的实体指表中的记录,一个实体就是表中的一条记录。实体完整性要求在表中不能存在完全相同的记录,而且每条记录都要具有一个非空且不重复的键值。这样就可以保证数据所代表的任何事物都不存在重复。实现实体完整性的方法主要有主键约束、唯一索引、唯一约束和指定 IDENTITY 属性。

(2) 域完整性:组成记录的列称为域,域完整性也可称为列完整性。域完整性要求向表中指定列输入的数据必须具有正确的数据类型、格式以及有效的数据范围。实现域完整性的方法主要有 CHECK 约束、外键约束、默认约束、非空定义、规则以及在建表时设置的数据类型。

(3) 引用完整性:引用完整性又称为参照完整性。引用完整性是指作用于有关联的两个或两个以上的表,通过使用主键和外键或主键和唯一键之间的关系,使表中的键值在所有表中保持一致。实现引用完整性的方法主要有外键约束。

(4) 用户自定义完整性:用户自定义完整性是应用领域需要遵守的约束条件,其允许用户定义不属于其他任何完整性分类的特定业务规则。所有的完整性类型都支持用户定义完整性。

表 6.2 实施完整性的定义

数据完整性类型	实 施 定 义
实体完整性	PRIMARY KEY(主键)约束 UNIQUE KEY(唯一)约束 Unique Index(唯一索引) Identity Column(标识列)
域完整性	Default(默认值) CHECK(检查)约束 FOREIGN KEY(外键)约束 Data type(数据类型) Rule (规则) NOT NULL(非空)
引用完整性	FOREIGN KEY(外键)约束 CHECK (检查)约束 Trigger (触发器) Stored procedure(存储过程)
用户自定义完整性	Rule (规则) Trigger (触发器) Stored procedure(存储过程)

6.3.3 数据库完整性的实施约束

约束是通过限制列、行中的数据和表之间的数据来保证数据完整性的方法。约束可以确保把有效的数据输入到列中和维护表与表之间的特定关系。

SQL 中约束分为以下 3 种类型。

(1) 与表相关的约束：表定义中的一种约束。最常用的约束又分为字段级约束、表级约束。字段级约束就是为某一个字段值设置约束。表约束是将包含多个字段的字段组合设置为约束。

(2) 断言：在断言定义中的一种约束。

(3) 域约束：在域定义中的一种约束。

Microsoft SQL Server 2005 系统提供了 5 种约束类型，即 PRIMARY KEY(主键)、FOREIGN KEY(外键)、UNIQUE、CHECK、NOT NULL 约束。

1. NOT NULL 约束

概念：NULL 表示未定义或未知的值；NOT NULL 约束只能作为列约束。

创建表时设置：

```
CREATE TABLE worker                /*职工表*/
( no int NOT NULL,                 /*编号*/
name char(8) NOT NULL              /*姓名*/
sex char(2) NULL                   /*性别*/
);
```

2. PRIMARY KEY 约束

PRIMARY KEY 约束标识列或列集，这些列或列集的值唯一标识表中的行。一个 PRIMARY KEY 约束可以：

(1) 作为表定义的一部分在创建表时创建。

(2) 添加到尚没有 PRIMARY KEY 约束的表中(一个表只能有一个 PRIMARY KEY 约束)。

(3) 如果已有 PRIMARY KEY 约束，则可对其进行修改或删除。例如，可以使表的 PRIMARY KEY 约束引用其他列，更改列的顺序、索引名、聚集选项或 PRIMARY KEY 约束的填充因子。定义了 PRIMARY KEY 约束的列的列宽不能更改。

在一个表中，不能有两行包含相同的主键值。不能在主键内的任何列中输入 NULL 值。在数据库中 NULL 是特殊值，代表不同于空白和 0 值的未知值。建议使用一个小的整数列作为主键。每个表都应有一个主键。

例如，下面的 SQL 语句在 test 数据库中创建一个名为 department 的表，其中指定 dno 为主键：

```
CREATE TABLE department            /*部门表*/
( dno int PRIMARY KEY,             /*部门号,为主键*/
dname char(20),                    /*部门名*/
);
```

3. FOREIGN KEY 约束

FOREIGN KEY 约束标识表之间的关系，用于强制参照完整性，为表中一列或者多列数据提供参照完整性。FOREIGN KEY 约束也可以参照自身表中的其他列，这种参照称为自参照。

FOREIGN KEY 约束可以在下面情况下使用：

(1) 作为表定义的一部分在创建表时创建。

(2) 如果 FOREIGN KEY 约束与另一个表(或同一表)已有的 PRIMARY KEY 约束或 UNIQUE 约束相关联,则可向现有表添加 FOREIGN KEY 约束。一个表可以有多个 FOREIGN KEY 约束。

(3) 对已有的 FOREIGN KEY 约束进行修改或删除。例如,要使一个表的 FOREIGN KEY 约束引用其他列。定义了 FOREIGN KEY 约束列的列宽不能更改。

下面就是一个使用 FOREIGN KEY 约束的例子:

```
CREATE TABLE worker                     /*职工表*/
( no int PRIMARY KEY,                   /*编号,为主键*/
name char(8),                           /*姓名*/
sex char(2),                            /*性别*/
dno int                                 /*部门号*/
   FOREIGN KEY REFERENCES department(dno)
   ON DELETE NO ACTION,
address char(30)                        /*地址*/
);
```

如果一个外键值没有主键,则不能插入带该值(NULL 除外)的行。

使用 FOREIGN KEY 约束,还应注意以下几个问题:

(1) 一个表中最多可以有 253 个可以参照的表,因此,每个表最多可以有 253 个 FOREIGN KEY 约束。

(2) FOREIGN KEY 约束中,只能参照同一个数据库中的表,而不能参照其他数据库中的表。

(3) FOREIGN KEY 子句中的列数目和每个列指定的数据类型必须和 REFERENCE 子句中的列相同。

(4) FOREIGN KEY 约束不能自动创建索引。

(5) 参照同一个表中的列时,必须只使用 REFERENCE 子句,而不能使用 FOREIGN KEY 子句。

(6) 在临时表中,不能使用 FOREIGN KEY 约束。

4. UNIQUE 约束

UNIQUE 约束在列集内强制执行值的唯一性。对于 UNIQUE 约束中的列,表中不允许有两行包含相同的非空值。主键也强制执行唯一性,但主键不允许空值,而且每个表中主键只能有一个,但是 UNIQUE 列却可以有多个。UNIQUE 约束优先于唯一索引。

例如,下面的 SQL 语句在 test 数据库中创建了一个 table5 表,其中指定了 c1 字段不能包含重复的值:

```
CREATE TABLE table5
( c1 int UNIQUE,
  c2 int
);
INSERT table5 VALUES(1,100);
```

如果再插入一行:

```
INSERT table5 VALUES(1,200);
```

则会出现如下的错误：

```
服务器：消息 2627,级别 14,状态 2,行 1
```

违反了 UNIQUE KEY 约束'UQ__table5__4BAC3F29'。不能在对象'table5'中插入重复键。

语句已终止。

5. CHECK 约束

CHECK 约束通过限制用户输入的值来加强域完整性。它指定应用于列中输入的所有值的布尔(取值为 TRUE 或 FALSE)搜索条件,拒绝所有不取值为 TRUE 的值。可以为每列指定多个 CHECK 约束。

例如,下面的 SQL 语句在 test 数据库中创建一个 table6 表,其中使用 CHECK 约束来限定 f2 列只能为 0～100 分：

```
CREATE TABLE table6
( f1 int,
  f2 int NOT NULL CHECK(f2 >= 0 AND f2 <= 100)
);
```

当执行如下语句：

```
INSERT table6 VALUES(1,120);
```

则会出现如下的错误：

```
服务器：消息 547,级别 16,状态 1,行 1
```

INSERT 语句与 COLUMN CHECK 约束'CK__table6__f2__4D94879B'冲突。该冲突发生于数据库'test',表'table6', column'f2'。

语句已终止。

6. 断言

以上的约束都是对某一个元组或者元组的某一个属性进行约束的,还有一种约束属于全局约束,那就是断言。断言是一种可以应用于多个表的 CHECK 约束,必须在表定义之外独立地创建。

例如,下面是一个学生教学数据库的关系模式：

```
学生 (学号,姓名,年龄,性别);
S ( SNO , SN , AGE, SEX );
课程 (课程号,课程名, 任课老师,学分);
C ( CNO , CN , T, CREDIT );
选课关系(学号,课程号,成绩);
SC ( SNO, CNO, G );
```

要求不允许男同学选修张三老师教授的课程。

可以创建断言 ass1 如下：

```
CREATE ASSERTION ass1 CHECK (
                    NOT EXISTS ( SELECT *
                                 FROM   C
```

```
                    WHERE   CNO IN   (SELECT CNO
                                      FROM C
                                      WHERE T = '张三') AND
                            SNO  IN  ( SELECT SNO
                                      FORM S
                                      WHERE SEX = '男'))
);
```

当建立了这样一个断言 ass1 后,数据库系统会把这个断言的定义存放在数据字典中,每当学生选课时,即插入或更新数据库表的时候,系统都要检查一下所做的插入或修改操作是否满足 ss1 断言的约束条件,如果满足条件,则允许更新;否则,则拒绝插入或更新,并给出出错信息。

6.3.4 数据库完整性的实施规则

规则限制了可以存储在表中或者用户定义数据类型的值,它可以使用多种方式来完成对数据值的检验,可以使用函数返回验证信息,也可以使用关键字 BETWEEN、LIKE 和 IN 完成对输入数据的检查。

当将规则绑定到列或者用户定义数据类型时,规则将指定可以插入到列中的可接受的值。规则是作为一个独立的数据库对象存在的,表中每列或者每个用户定义数据类型只能和一个规则绑定。

规则的作用和 CHECK 约束的部分功能相同。在向表的某列插入或更新数据时,用它来限制输入的新值的取值范围。

规则和 CHECK 的不同方面:

(1) CHECK 约束是由 CREATE TABLE 语句在创建表的时候指定的。规则需要作为单独的数据库对象来实现。

(2) 在一个列上只能使用一个规则,但可以使用多个 CHECK 约束。

(3) 规则可用于多个列。而 CHECK 约束只能用于它所定义的列。

1. 创建规则

创建规则使用 CREATE RULE 语句,其语法格式如下:

```
CREATE RULE rule AS condition_expression
```

各参数含义如下:

(1) rule 是新规则的名称。规则名称必须符合标识符规则。可以选择是否指定规则所有者的名称。

(2) condition_expression 是定义规则的条件。规则可以是 WHERE 子句中任何有效的表达式,并且可以包含诸如算术运算符、关系运算符和谓词(如 IN、LIKE、BETWEEN)之类的元素。规则不能引用列或其他数据库对象。可以包含不引用数据库对象的内置函数。

"condition_expression"包含一个变量。每个局部变量的前面都有一个@符号。该表达式引用通过 UPDATE 或 INSERT 语句输入的值。在创建规则时,可以使用任何名称或符号表示值,但第一个字符必须是@符号。

例如:CREATE rule age_rule as @value>0

2. 绑定规则

规则创建后,需要把它和列绑定到一起。则新插入的数据必须符合该规则。

语法格式如下:

```
Sp_bindrule [@rulename = ] < rule_name >
[@objectname = ]'object_name'
[,@futureonle = ]'futureonly_flag'
```

各参数含义如下:

(1) [@rulename =] rule 指定规则名称。

(2) [@objname =] object_name 指定规则绑定的对象。

(3) Futureonly 此选项仅在绑定规则到用户自定义数据类型上时才可以使用。当指定此选项时,仅以后使用此用户自定义数据类型的列会应用新规则,而当前已经使用此数据类型的列则不受影响。

例如:

```
Sp_bindrule age_rule,'student.age'
```

规则必须与列的数据类型兼容。规则不能绑定到 text、image 或 timestamp 列。一定要用单引号(')将字符和日期常量引起来,在二进制常量前加 0x。例如,不能将"@value LIKE A%"用作数字列的规则。如果规则与其所绑定的列不兼容,SQL Server 将在插入值时(而不是在绑定规则时)返回错误信息。

对于用户定义数据类型,只有尝试在该类型的数据库列中插入值,或更新该类型的数据库列时,绑定到该类型的规则才会激活。因为规则不检验变量,所以在向用户定义数据类型的变量赋值时,不要赋予绑定到该数据类型的列的规则所拒绝的值。

3. 解除和删除规则

对于不再使用的规则,可以使用 DROP RULE 语句删除。要删除规则首先要解除规则的绑定,解除规则的绑定可以使用 sp_unbindrule 存储过程。

语法格式如下:

```
sp_unbindrule [ @objname = ] 'object_name'
     [ , [ @futureonly = ] 'futureonly_flag' ]
[, futureonly];
```

例如:

```
sp_unbindrule 'student.age'
drop rule age_rule;
```

6.4 数据库的安全性

数据库是计算机系统中大量数据集中存放的场所,它保存着长期积累的信息资源,它们都是经过长期不懈的艰苦努力所获得的,因此是一种宝贵的信息财富,如何保护这些财富使之不受来自外部的破坏与非法滥用是数据库管理系统的重要任务。在计算机网络发达的今天,数据库一方面承担着网上开放向用户提供数据支撑服务,以达到数据资源共享的目的;而另一方面又要承担着开放所带来的负面影响,及防止非法与恶意使用数据库而引起的灾难性后果,因此,保护数据库中的数据不受外部的破坏与非法盗用是当今网络时代中的重要责任。

安全性问题不是数据库系统所独有的,所有计算机系统都有这个问题。只是在数据库系统中大量数据集中存放,而且为许多最终用户直接共享,从而使安全性问题更为突出。系统安全保护措施是否有效是数据库系统的主要指标之一。

因此,有关数据库中的数据保护包括计算机系统外部的保护:

- 环境的保护,如加强警戒、防火、防盗等。
- 社会的保护,如建立各种法规、制度,进行安全教育等。
- 设备的保护,如及时进行设备检查、维修,部件更新等。

也包括计算机系统中的保护:

- 网络中数据传输时数据保护。
- 计算机系统中的数据保护。
- 操作系统中的数据保护。
- 数据库系统中的数据保护。
- 应用系统中的数据保护。

数据库的安全性和计算机系统的安全性,包括操作系统、网络系统的安全性是紧密联系、相互支持的,因此,在讨论数据库的安全性之前首先讨论计算机系统安全性的一般问题。

6.4.1 安全性问题

所谓计算机系统安全性,是指为计算机系统建立和采取的各种安全保护措施,以保护计算机系统中的硬件、软件及数据,防止其因偶然或恶意的原因使系统遭到破坏、数据遭到更改或泄露等。计算机安全不仅涉及计算机系统本身的技术问题、管理问题,还涉及法学、犯罪学、心理学的问题。其内容包括了计算机安全理论与策略、计算机安全技术、安全管理、安全评价、安全产品以及计算机犯罪与侦察、计算机安全法律、安全监察等。概括起来,计算机系统的安全性问题可分为3大类,即技术安全类、管理安全类和政策法律类。

技术安全是指计算机系统中采用具有一定安全性的硬件、软件来实现对计算机系统及其所存数据的安全保护,当计算机系统受到无意或恶意的攻击时仍能保证系统正常运行,保证系统内的数据不增加、不丢失、不泄露。技术安全之外的,诸如软硬件意外故障、场地的意外事故、管理不善导致的计算机设备和数据介质的物理破坏、丢失等安全问题,视为管理安全。而政策法律类则指政府部门建立的有关计算机犯罪、数据安全保密的法律道德准则和政策法规、法令,本书只讨论技术安全类。

随着计算机资源共享和网络技术的应用日益广泛和深入,特别是Internet技术的发展,计算机安全性问题越来越得到人们的重视。对各种计算机及其相关产品、信息系统的安全性要求越来越高。为此,在计算机安全技术方面逐步发展建立了一套可信(Trusted)计算机系统的概念和标准。只有建立了完善的可信或安全标准,才能规范和指导安全计算机系统部件的生产,比较准确地测定产品的安全性能指标,满足民用和国防的需要。

为降低进而消除对系统的安全攻击,尤其是弥补原有系统在安全保护方面的缺陷,人们在计算机安全技术方面逐步建立了一套可信标准。在目前各国所引用或制定的一系列安全标准中，最重要的当推 1985 年美国国防部(Department of Defense，DoD)正式颁布的《DoD 可信计算机系统评估标准》。

制定这个标准的目的主要有：

(1) 提供一种标准，使用户可以对其计算机系统内敏感信息安全操作的可信程度做评估。

(2) 给计算机行业的制造商提供一种可循的指导规则，使其产品能够更好地满足敏感应用的安全需求。

TCSEC 又称桔皮书，1991 年 4 月美国 NCSC(国家计算机安全中心)颁布了《可信计算机系统评估标准关于可信数据库系统的解释》(Trusted Database Interpretation，TDI，即紫皮书)，将 TCSEC 扩展到数据库管理系统。TDI 中定义了数据库管理系统的设计与实现中需满足和用以进行安全性级别评估的标准。

TDI/TCSEC 标准的基本内容如下。

TDI 与 TCSEC 一样，从以下 4 个方面来描述安全性级别划分的指标：安全策略、责任、保证和文档。每个方面又细分为若干项。

根据计算机系统对上述各项指标的支持情况，TCSEC(TDI)将系统划分为 4 组(division)7 个等级，依次是 D；C(C1，C2)；B(B1，B2，B3)；A(A1)，按系统可靠或可信程度逐渐增高。

在 TCSEC 中建立的安全级别之间具有一种偏序向下兼容的关系，即较高安全性级别提供的安全保护要包含较低级别的所有保护要求，同时提供更多或更完善的保护能力。

(1) D 级是最低级别，为无安全保护的系统。

保留 D 级的目的是为了将一切不符合更高标准的系统，统统归于 D 组。如 DOS 就是操作系统中安全标准为 D 的典型例子。它具有操作系统的基本功能，如文件系统、进程调度等，但在安全性方面几乎没有什么专门的机制来保障。

(2) C1 级只提供了非常初级的自主安全保护。能够实现对用户和数据的分离，进行自主存取控制(DAC)，保护或限制用户权限的传播。

满足该级别的系统必须具有如下功能。

- 主体、客体及主、客分离。
- 身份标识与鉴别。
- 数据完整性。
- 自主访问控制。

其核心是自主访问控制。

C1 级安全适合于单机工作方式，现有的商业系统往往稍作改进即可满足要求。

(3) C2 级实际是安全产品的最低档次，提供受控的存取保护，即将 C1 级的 DAC 进一步细化，以个人身份注册负责，并实施审计和资源隔离。

满足该级别的系统必须具有如下功能。

- 满足 C1 级标准的全部功能。
- 审计。

C2 级安全的核心是审计。

C2 级适合于单机工作方式，很多商业产品已得到该级别的认证。达到 C2 级的产品在其名称中往往不突出“安全”(Security)这一特色,如操作系统中 Microsoft 的 Windows NT 3.5,数字设备公司的 Open VMS VAX 6.0 和 6.1。数据库产品有 Oracle 公司的 Oracle 7,Sybase 公司的 SQL Server 11.0.6 等。

(4) B1 级采用标记安全保护。对系统的数据加以标记,并对标记的主体和客体实施强制存取控制(MAC)以及审计等安全机制。

满足该级别的系统必须具有如下功能。

- 满足 C2 级标准全部功能。
- 强制访问控制。

B1 级安全的核心是强制访问控制。

B1 级适合于网络工作方式,能够较好地满足大型企业或一般政府部门对于数据的安全需求,这一级别的产品才认为是真正意义上的安全产品。满足此级别的产品前一般多冠以“安全”(Security)或“可信的”(Trusted)字样,作为区别于普通产品的安全产品出售。目前国内使用的系统基本不符合此种标准,而在国际上有部分系统符合此种标准。

(5) B2 级采用结构化保护。建立形式化的安全策略模型并对系统内的所有主体和客体实施 DAC 和 MAC。

满足该级别的系统必须具有如下功能。

- 满足 B1 级标准全部功能。
- 隐蔽通道。
- 数据库安全的形式化。

B2 级安全核心是隐蔽通道与形式化。

B2 级适合于网络工作方式,从互联网上的最新资料看,经过认证的、B2 级以上的安全系统非常稀少。例如,符合 B2 标准的操作系统只有 Trusted Information Systems 公司的 Trusted XENIX 一种产品,符合 B2 标准的网络产品只有 Cryptek Secure Communications 公司的 LLC VSLAN 一种产品,而数据库方面则没有符合 B2 标准的产品。

(6) B3 级采用安全域。

满足该级别的系统必须具有如下功能。

- 满足 B2 级标准的全部功能。
- 访问监控器。

B3 级安全核心是访问监控器。

该级的 TCB 必须满足访问监控器的要求,审计跟踪能力更强,并提供系统恢复过程,它适合于网络工作方式,目前国内外均尚无符合此类标准的系统。

(7) A1 级采用验证设计,即提供 B3 级保护的同时给出系统的形式化设计说明和验证以确信各安全保护真正实现。

满足该级别的系统必须具有如下功能。

- 满足 B3 级标准的全部功能。
- 较高的形式化要求。

此级为安全之最高等级,应具有完善之形式化要求,目前尚无法实现,仅是一种理想化的等级。

我国国家标准于 1999 年颁布为与国际接轨其基本结构与 TCSEC 相似,我国标准分 5 级,从第一级到第五级基本上与 TCSEC 标准的 C 级(C1,C2)及 B 级(B1,B2,B3)一致,我国标准与 TCSEC 标准比较如表 6.3 所示。

表 6.3　TCSEC 标准与我国国标的比较

TCSEC 标准	我国标准
D 级标准	无
C1 级标准	第一级：用户自主保护级
C2 级标准	第二级：系统审计保护级
B1 级标准	第三级：安全标记保护级
B2 级标准	第四级：结构化保护级
B3 级标准	第五级：访问验证保护级
A 级标准	无

6.4.2　数据库安全控制

安全模型中，用户要求进入计算机系统时，系统首先根据输入的用户标识进行用户身份鉴定，只有合法的用户才准许进入计算机系统。对已进入系统的用户，DBMS 还要进行存取控制，只允许用户执行合法操作。操作系统一级也会有自己的保护措施。数据最后还可以以密码形式存储到数据库中。操作系统一级的安全保护措施可参考操作系统的有关书籍，这里不再详述。另外对于强力逼迫透露口令、盗窃物理存储设备等行为而采取的保安措施，例如出入机房登记、加锁等，也不在这里的讨论之列。

这里只讨论与数据库有关的用户标识与鉴定、授权等安全技术。

1. 用户标识与鉴别

数据库系统不允许一个未经授权的用户对数据库进行操作。用户标识和鉴别是系统提供的最外层的安全保护措施。数据库用户在数据库管理系统注册时，每个用户都有一个用户标识符。但一般说来，用户标识符是用户公开的标识，它不足以成为鉴别用户身份的凭证。为了鉴别用户身份，一般采用以下几种方法。

(1) 利用只有用户知道的信息鉴别用户。

(2) 利用只有用户具有的物品鉴别用户。

(3) 利用用户的个人特征鉴别用户。

目前，几乎所有的商品化数据库管理系统都是采用口令识别用户。口令识别这种控制机制的优点是简单并易掌握。目前对其攻击主要有尝试猜测、假冒登录和搜索系统口令表 3 种方法。

2. 授权

授权(Authorization)是指对用户存取权限的规定和限制。在数据库管理系统中，用户存取权限指的是不同的用户对于不同数据对象所允许执行的操作权限，每个用户只能访问他有权存取的数据并执行有权进行的操作。存取权限由两个要素组成：数据对象和操作类型。对一个用户进行授权就是定义这个用户可以在哪些数据对象上进行哪些类型的操作。

授权有两种：系统特权和对象特权。系统特权由 DBA 授予某些数据库用户，只有得到系统特权，才能成为数据库用户。对象特权是授予数据库用户对某些数据对象进行某些操作的特权,它既可由 DBA 授予,也可由数据对象的创建者授予。在系统初始化时,系统中至少有一个具有 DBA 特权的用户。

授权表中一个衡量授权机制的重要指标就是授权粒度,即可以定义的数据对象的范围。在关系数据库中,授权粒度包括关系、记录或属性。一般说来,授权定义中粒度越细,授权子系统就越灵活。如表 6.4 是一个授权粒度很粗的表,只对整个关系授权：USER1 拥有对关系 *A* 的所有权限,USER2 拥有对关系 *B* 的 SELECT 权限和对关系 *C* 的 UPDATE 权限,USER3 则拥有对关系 *C* 的 INSERT 权限。而表 6.5 的授权精确到关系的某一属性,授权粒度较为精细：USER2 只能查询关系 *B* 的 ID 列和关系 *C* 的 NAME 列。

表 6.4 授权粒度很粗的表

用户标识	数据对象	访问特权
USER1	关系 *A*	ALL
USER2	关系 *B*	SELECT
USER2	关系 *C*	UPDATE
USER3	关系 *C*	INSERT
…	…	…

表 6.5 授权粒度较为精细的表

用户标识	数据对象	访问特权
USER1	关系 *A*	ALL
USER2	列 *B*.ID	SELECT
USER2	列 *C*.NAME	UPDATE
USER3	关系 *C*	INSERT
…	…	…

授权表中衡量授权机制的另一个重要指标是允许的登记项的范围。表 6.4 和表 6.5 的授权表中的授权只涉及关系或列的名字,不涉及具体的值,这种系统不必访问具体数据本身就可实现的控制称为“值独立”控制。而表 6.6 中的授权表不但可以对列授权,还可通过存取谓词提供与具体数值有关的授权,即可以对关系中的一组满足特定条件的记录授权。表中 USER1 只能对关系 *A* 的 ID 值＞5000 的记录进行操作。对于与数据值有关的授权,可以通过另一种措施——视图定义与查询修改来保护数据库的安全。

表 6.6 授权粒度精细的表

用户标识	数据对象	访问特权	存取谓词
USER1	关系 *A*	ALL	ID＞5000
USER2	列 *B*.ID	SELECT	
USER2	列 *C*.NAME	UPDATE	
USER3	关系 *C*	INSERT	
…	…	…	

3. 视图定义与查询修改

此前曾提到过,与数据值有关的授权,可以通过视图的定义与查询修改来保护数据库的

安全。为不同的用户定义不同的视图,可以限制各个用户的访问范围。通过视图机制把要保密的数据对无权存取这些数据的用户隐藏起来,可以自动地对数据提供一定程度的安全保护,且实现了数据库的逻辑独立性。但这种安全保护往往不够精细,达不到应用系统的要求,实际应用中常将视图机制与授权机制结合起来使用,首先用视图机制屏蔽一部分保密数据,然后在视图上进一步进行授权。

4. 数据加密

数据加密(Data Encryption)是保护数据在存储和传递过程中不被窃取或修改的有效手段。加密的基本思想是根据一定的算法将原始数据(明文)加密成不可直接识别的格式(密文),数据以密文的形式存储和传输。数据加密后,对不知道解密算法的人,即使通过非法手段访问到数据,也只是一些无法辨认的二进制代码。目前,数据加密技术有两种 ISO 标准。

(1) 数据加密标准(Data Encryption Standard,DES)。DES 使用 64 位(实际为 56 位密钥,8 位校验)密钥,把 64 位二进制数据加密成 64 位密文数据。DES 算法是公开的,其保密性仅取决于对密钥的保密。DES 的复杂结构使得至今还没有人找到快捷的破译方法。

(2) 公开密钥数据加密标准。它的主要特点是:加密和解密使用不同的密钥,每个用户保存一对密钥,即公开密钥和秘密密钥,公开密钥用作加密密钥,秘密密钥用作解密密钥。该标准中最著名的是 RSA 公司的 RSA 体制。

5. 安全审计

安全审计是一种监视措施,对于某些高度敏感的保密数据,系统跟踪记录有关这些数据的访问活动,并将跟踪的结果记录在一个特殊文件——审计日志(Audit Log)中,根据这些数据可对潜在的窃密企图进行事后分析和调查。审计日志记录一般包括以下内容。

(1) 操作日期和时间。

(2) 操作终端标识与操作者标识。

(3) 操作类型如查询、修改等。

(4) 操作所涉及的数据如表、视图、记录、属性等。

(5) 数据的前像和后像。

6.4.3 SQL Server 的安全机制

SQL Server 采用 4 个等级的安全验证,分别是:

(1) 操作系统安全验证。

(2) SQL Server 安全验证。

(3) SQL Server 数据库安全验证。

(4) SQL Server 数据库对象安全验证。

1. 操作系统安全验证

安全性的第一层在网络层,大多数情况下,用户将登录到 Windows 网络,但是他们也能登录到任何与 Windows 共存的网络,因此,用户必须提供一个有效的网络登录名和口令,否则其进程将被中止在这一层。这种安全验证是通过设置安全模式来实现的。

2. SQL Server 安全验证

安全性的第二层在服务器自身。当用户到达这层时,他必须提供一个有效的登录名和口令才能继续操作。服务器安全模式不同,SQL Server 就可能会检测登录到不同的 Windows 登录名。这种安全验证是通过 SQL Server 服务器登录名管理来实现的。

3. SQL Server 数据库安全性验证

这是安全性的第三层。当一个用户通过第二层后,用户必须在他想要访问的数据库里有一个分配好的用户名。这层没有口令,取而代之的是登录名被系统管理员映射为用户名。如果用户未被映射到任何数据库,他就几乎什么也做不了。这种安全验证是通过 SQL Server 数据库用户管理来实现的。

4. SQL Server 数据库对象安全验证

SQL Server 安全性的最后一层是处理权限,在这层 SQL Server 检测用户用来访问服务器的用户名是否获准访问服务器中的特定对象。可能只允许访问数据库中指定的对象,而不允许访问其他对象。这种安全验证是通过权限管理来实现的。

6.4.4 Oracle 的安全机制

Oracle 数据库中的安全机制包括:

(1) 数据库用户和模式。
(2) 权限控制。
(3) 角色。
(4) 存储设置和空间份额。
(5) 存储资源限制。
(6) 数据库系统跟踪。
(7) 数据库审计。

1. 数据库用户

在 Oracle 数据库系统中可以通过设置用户的安全参数维护安全性。为了防止非授权用户对数据库进行存取,在创建用户时必须使用安全参数对用户进行限制。由数据库管理员通过创建、修改、删除和监视用户来控制用户对数据库的存取。用户的安全参数包括用户名、口令、用户默认表空间、用户临时表空间、用户空间存取限制和用户资源存取限制。

Oracle 提供操作系统验证和 Oracle 数据库验证两种验证方式。操作系统验证有两大优点,一是用户可方便地连接到 Oracle,不需要指定用户名和口令;二是对用户授权的控制集中在操作系统,Oracle 不需要存储和管理用户口令。Oracle 数据库验证方式仅当操作系统验证不能用于数据库用户鉴别时才使用。使用 Oracle 数据库验证方式要为每个数据库用户建立一个口令,系统以加密的形式将口令存储在数据字典中,用户随时可修改口令。在用户与数据库连接时必须经过验证,以防止对数据库的非授权使用。

用户表空间设置包括对用户的默认表空间、用户的临时表空间、表空间存取限制的设置。

对用户资源限制进行设置可以防止用户无控制地消耗宝贵的系统资源。资源限制由环境文件管理。一个环境文件是一组命名的赋给用户的资源限制。Oracle提供以下资源限制。

(1) 为了防止无控制地使用CPU时间,Oracle可限制每次调用的CPU时间和在一次会话期间所使用的CPU的时间,以0.01s为单位。

(2) 为了防止过多的I/O,Oracle可限制每次调用和每次会话的逻辑数据块读取数目。

(3) 每个用户的并行会话数的限制。

(4) 会话空闲时间的限制。

(5) 每次会话可消逝时间的限制和专用SGA(System Global Area,共享内存区域)空间量的限制。

2. 权限管理

在Oracle中根据系统管理方式的不同,将权限分为两类:系统权限和对象权限。

系统权限是指在系统级控制数据库的存取和使用的机制,系统权限决定了用户是否可以连接到数据库以及在数据库中可以进行哪些操作。系统权限是对用户或角色设置的,在Oracle中提供了一百多种不同的系统权限,其详细内容请查阅有关Oracle手册。

对象权限是指在对象级控制数据库的存取和使用的机制,用于设置一个用户对其他用户的表、视图、序列、过程、函数、包的操作权限。对于不同类型的对象,有不同类型的对象权限。对于有些模式对象,如聚集、索引、触发器、数据库链接等没有相关的对象权限,这些权限由系统进行控制。

3. 角色

角色(Role)是一个数据库实体,该实体是一个已命名的权限集合。使用角色可以将这个集合中的权限同时授予或撤销。

Oracle中的角色可以分为预定义角色和自定义角色两类。当运行作为数据库创建的一部分脚本时,会自动为数据库预定义一些角色,这些角色主要用来限制数据库管理系统权限。此外,用户也可以根据自己的需求,将一些权限集中到一起,建立用户自定义的角色。

4. 审计

数据库审计属于数据安全范围,是由数据库管理员审计用户的。Oracle数据库系统的审计就是对选定的用户在数据库中的操作情况进行监控和记录,结果被存储在SYS用户的数据库字典中,数据库管理员可以查询该字典,从而获取审计结果。

Oracle支持3种审计级别。

(1) 语句审计,对某种类型的SQL语句审计,不指定结构或对象。又可分为成功语句审计、不成功语句审计、成功与不成功语句审计。

(2) 特权审计,是对系统权限的使用情况进行审计。

(3) 对象审计,对特殊模式对象上的指定语句进行审计。

Oracle中的AUDIT语句用来设置审计功能,NOAUDIT语句取消审计功能。

例如,对修改教师信息teacher表结构或修改teacher表数据的操作进行审计。

```
AUDIT ALTER,UPDATE
```

```
ON teacher;
```

取消对 teacher 表的一切审计:

```
NOAUDIT ALTER,UPDATE
ON teacher;
```

审计设置以及审计内容一般都放在数据字典中。在默认情况下,系统为了节省资源、减少 I/O 操作,数据库的审计功能是关闭的。为了启动审计功能,必须把审计开关打开(即把系统参数 audit_trail 设为 true),才可以在系统表(SYS_AUDITTRAIL)中查看审计信息。

5. 数据加密

数据库密码系统要求将明文数据加密成密文数据,在数据库中存储密文数据,查询时将密文数据取出解密得到明文信息。Oracle 9i 提供了特殊 DBMS-OBFUSCATION-TOOLKIT 包,在 Oracle 10g 中又增加了 DBMS-CRYPTO 包用于数据加密/解密,支持 DES,AES 等多种加密/解密算法。

6.4.5 安全数据库的研究方向

安全数据库的研究方向主要有安全模型和数据库入侵检测两个方面。

1. 安全模型

当前研究的安全模型包括存取矩阵模型、TakeGrant 模型、动作-实体(Action-Entity)模型、基于角色的访问控制(RBAC)模型、Biba 模型、安全数据视图模型、Smith & Winslett 模型等。

其中,角色管理机制 RBAC 受到越来越广泛的关注。RBAC 模型将权限组织成角色,用户通过获得角色成员的资格来行使权限,这大大简化了权限管理的复杂性。更重要的是 RBAC 是政策中立的,RBAC 模型可以实施 DAC 和 MAC 两种存取控制。虽然这些模型是从信息安全角色提出的,但其原理仍适用于数据库领域,并有成功的运用。

2. 数据库入侵检测

数据库入侵检测不同于网络的入侵检测,必须从多个层次上对用户的行为进行检测。有学者提出可以针对数据库模式之间的关系,通过模式的主关键字和外关键字的函数依赖确定查询属性之间的关系参量来检测异常。还有学者提出,可以对数据库事务活动的异常进行监控,或者通过捕获数据库的应用语义来检测数据库应用程序的异常。由于数据库结构的复杂性,数据库入侵检测技术面临着更多的研究难点,技术上还处在研究阶段。

入侵恢复与传统数据库恢复的不同点在于入侵恢复往往需要在运行时恢复且可能需要撤销已提交的恶意事务。数据库恢复技术可分为两个阶段:第一阶段确定应该撤销的事务,可以利用事务之间通过对数据的读写形成的依赖关系或数据本身存在的依赖关系来确定。第二阶段是撤销已提交的事务,可以更新和利用传统恢复机制中的回滚或重做等方法来实现。

数据库入侵模型和数据库恢复模型的实现将是今后的主要研究工作。

6.5 数据库的恢复

6.5.1 故障类型

数据库系统中可能发生各种各样的故障，大致可以分为以下 4 类。

1. 事务内部的故障

事务内部的故障有的是可以通过事务程序本身发现的，有的是非预期的，不能由事务程序处理的。

例如银行转账事务：

该事务把一笔金额从一个账户甲转给另一个账户乙。

```
BEGIN TRANSACTION
读账户甲的余额 BALANCE;
BALANCE = BALANCE - AMOUNT; -- AMOUNT 为转账金额
IF(BALANCE < 0) THEN {
    打印'金额不足,不能转账';
    ROLLBACK; -- 撤销该事务
}
ELSE {
    读账户乙的余额 BALANCE1;
    BALANCE1 = BALANCE1 + AMOUNT;
    写回 BALANCE1;
    COMMIT; -- 提交该事务
}
```

事务内部更多的故障是非预期的，是不能由应用程序处理的。如运算溢出、并发事务发生死锁而被选中撤销该事务、违反了某些完整性限制等。以后，事务故障仅指这类非预期的故障。

事务故障意味着事务没有达到预期的终点(COMMIT 或者显式的 ROLLBACK)，因此，数据库可能处于不正确状态。恢复程序要在不影响其他事务运行的情况下，强行回滚(ROLLBACK)该事务，即撤销该事务已经做出的任何对数据库的修改，使得该事务好像根本没有启动一样。这类恢复操作称为事务撤销(UNDO)。

2. 系统故障

系统故障是指造成系统停止运转的任何事件，使得系统要重新启动，通常称为软故障(Soft Crash)。

例如，特定类型的硬件错误(CPU 故障)、操作系统故障、DBMS 代码错误、突然停电等。这类故障影响正在运行的所有事务，但不破坏数据库。这时主存内容，尤其是数据库缓冲区(在内存)中的内容都被丢失，所有运行事务都非正常终止。发生系统故障时，一些尚未完成的事务的结果可能已送入物理数据库，有些已完成的事务可能有一部分甚至全部留在缓冲区，尚未写回到磁盘上的物理数据库中，从而造成数据库可能处于不正确的状态。为保证数据一致性，恢复子系统必须在系统重新启动时让所有非正常终止的事务回滚，强行撤销(UNDO)

所有未完成事务。重做(REDO)所有已提交的事务,以将数据库真正恢复到一致状态。

3. 介质故障

介质故障称为硬故障(Hard Crash),硬故障指外存故障。如磁盘损坏、磁头碰撞,瞬时强磁场干扰等。

这类故障将破坏数据库或部分数据库,并影响正在存取这部分数据的所有事务。这类故障比前两类故障发生的可能性小得多,但破坏性最大。

4. 计算机病毒

计算机病毒是具有破坏性、可以自我复制的计算机程序。计算机病毒已成为计算机系统的主要威胁,自然也是数据库系统的主要威胁。因此,数据库一旦被破坏仍要用恢复技术把数据库加以恢复。

恢复机制涉及的两个关键问题是:

(1) 如何建立冗余数据?

(2) 如何利用这些冗余数据实施数据库恢复?

建立冗余数据最常用的技术是:数据转储和登录日志文件。通常在一个数据库系统中,这两种方法是一起使用的。

6.5.2 数据库的备份

1. 数据转储的概念

数据转储就是 DBA 定期地将整个数据库复制到磁带或另一个磁盘上保存起来的过程。这些备用的数据文本称为后备副本或后援副本。

当数据库遭到破坏后可以将后备副本重新装入,但重装后备副本只能将数据库恢复到转储时的状态,要想恢复到故障发生时的状态,必须重新运行自转储以后的所有更新事务。例如,系统在 T_a 时刻停止运行事务进行数据库转储,在 T_b 时刻转储完毕,得到 T_b 时刻的数据库一致性副本。系统运行到 T_f 时刻发生故障。为恢复数据库,首先由 DBA 重装数据库后备副本,将数据库恢复至 T_b 时刻的状态,然后重新运行自 T_b 时刻至 T_f 时刻的所有更新事务,这样就把数据库恢复到故障发生前的一致状态。

转储是十分耗费时间和资源的,不能频繁进行。DBA 应该根据数据库使用情况确定一个适当的转储周期。

2. 静态转储和动态转储

转储按转储时的状态分为静态转储和动态转储。

静态转储是在系统中无运行事务时进行的转储操作。即转储操作开始的时刻,数据库处于一致性状态,而转储期间不允许(或不存在)对数据库的任何存取、修改活动。显然,静态转储得到的一定是一个数据一致性的副本。

静态转储简单,但转储必须等待正运行的用户事务结束才能进行,同样,新的事务必须等待转储结束才能执行。显然,这会降低数据库的可用性。

动态转储是指转储期间允许对数据库进行存取或修改，即转储和用户事务可以并发执行。

动态转储可克服静态转储的缺点，它不用等待正在运行的用户事务结束，也不会影响新事务的运行。但是，转储结束时后援副本上的数据并不能保证正确有效。例如，在转储期间的某个时刻 T_c，系统把数据 $A=100$ 转储到磁带上，而在下一时刻 T_d，某一事务将 A 改为 200。转储结束后，后备副本上的 A 已是过时的数据了。为此，必须把转储期间各事务对数据库的修改活动登记下来，建立日志文件(Log File)。这样，后援副本加上日志文件就能把数据库恢复到某一时刻的正确状态。

3. 海量转储和增量转储

转储按转储方式分为海量转储和增量转储。

海量转储是指每次转储全部数据库。增量转储则指每次只转储上一次转储后更新过的数据。

从恢复角度看，使用海量转储得到的后备副本进行恢复一般说来会更方便一些。但如果数据库很大，事务处理又十分频繁，则增量转储方式更实用、更有效。

4. 数据转储方法

数据转储有两种方式，分别可以在两种状态下进行，因此数据转储方法可以分为 4 类：动态海量转储、动态增量转储、静态海量转储和静态增量转储。

6.5.3　日志文件

1. 日志文件的格式和内容

日志文件是用来记录事务对数据库的更新操作的文件。概括起来日志文件主要有两种格式：以记录为单位的日志文件和以数据块为单位的日志文件。

(1) 以记录为单位的日志文件，包括：

- 各个事务的开始(BEGIN TRANSACTION)标记；
- 各个事务的结束 (COMMIT 或 ROLL BACK)标记；
- 各个事务的所有更新操作。

这里每个事务开始的标记、结束标记和每个更新操作构成一个日志记录(Logrecord)。

(2) 以数据块为单位的日志文件，包括：

- 事务标识(标明是哪个事务)；
- 操作的类型(插入、删除或修改)；
- 操作对象(记录内部标识)；
- 更新前数据的旧值(对插入操作而言，此项为空值)；
- 更新后数据的新值(对删除操作而言，此项为空值)。

对于以数据块为单位的日志文件，日志记录的内容包括事务标识和被更新的数据块。由于将更新前的整个块和更新后的整个块都放入日志文件中，操作的类型的操作对象等信息就不必放入日志记录中。

2. 日志文件的作用

日志文件在数据库恢复中起着非常重要的作用。可以用来进行事务故障恢复和系统故障恢复,并协助后备副本进行介质故障恢复。具体的作用如下所述。

(1) 事务故障恢复和系统故障必须用日志文件。

(2) 在动态转储方式中必须建立日志文件,后援副本和日志文件综合起来才能有效地恢复数据库。

(3) 在静态转储方式中,也可以建立日志文件。

例如,当数据库毁坏后可重新装入后援副本把数据库恢复到转储结束时刻的正确状态,然后利用日志文件,把已完成的事务进行重做处理,对故障发生时尚未完成的事务进行撤销处理。这样不必重新运行那些已完成的事务程序就可把数据库恢复到故障前某一时刻的正确状态。

3. 登记日志文件

为保证数据库是可恢复的,登记日志文件时必须遵循两条原则。

(1) 登记的次序严格按并发事务执行的时间次序。

(2) 必须先写日志文件,后写数据库。

把对数据的修改写到数据库中和把写表示这个修改的日志记录写到日志文件中是两个不同的操作。有可能在这两个操作之间发生故障,即这两个写操作只完成了一个。如果先写了数据库修改,而在运行记录中没有登记下这个修改,则以后就无法恢复这个修改了。如果先写日志,但没有修改数据库,按日志文件恢复时只不过是多执行一次不必要的UNDO操作,并不会影响数据库的正确性。所以为了安全,一定要先写日志文件,即首先把日志记录写到日志文件中,然后写数据库的修改。这就是“先写日志文件”的原则。

6.5.4 故障恢复的方法

不同类型的故障有不同的恢复策略。

1. 事务故障的恢复

事务故障是指事务在运行至正常终止点前被中止,这时恢复子系统应利用日志文件撤销(UNDO)此事务已对数据库进行的修改。事务故障的恢复是由系统自动完成的,对用户是透明的。

恢复步骤如下所述。

(1) 反向扫描文件日志(即从最后向前扫描日志文件),查找该事务的更新操作。

(2) 对该事务的更新操作执行逆操作。即将日志记录中“更新前的值”写入数据库。这样,如果记录中是插入操作,则相当于做删除操作(因此时“更新前的值”为空)。若记录中是删除操作,则做插入操作;若是修改操作,则相当于用修改前值代替修改后值。

(3) 继续反向扫描日志文件,查找该事务的其他更新操作,并做同样处理。

(4) 如此处理下去,直至读到此事务的开始标记,事务故障恢复就完成了。

2. 系统故障的恢复

系统故障造成数据库不一致状态的原因有两个:一是未完成事务对数据库的更新可能

已写入数据库，二是已提交事务对数据库的更新可能还留在缓冲区没来得及写入数据库。因此，恢复操作就是要撤销故障发生时未完成的事务，重做已完成的事务。

系统故障的恢复是由系统在重新启动时自动完成的，不需要用户干预。步骤如下所述。

(1) 正向扫描日志文件(即从头扫描日志文件)，找出在故障发生前已经提交事务(这些事务既有 BEGIN TRANSACTION 记录，也有 COMMIT 记录)，将其事务标识记入重做(REDO)队列。同时，找出故障发生时尚未完成的事务(这些事务只有 BEGIN TRANSACTION 记录，无相应的 COMMIT 记录)，将其事务标识记入撤销队列。

(2) 对撤销队列中的各个事务进行撤销(UNDO)处理：进行 UNDO 处理的方法是，反向扫描日志文件，对每个 UNDO 事务的更新操作执行逆操作，即将日志记录中"更新前的值"写入数据库。

(3) 对重做队列中的各个事务进行重做(REDO)处理。进行 REDO 处理的方法是：正向扫描日志文件，对每个 REDO 事务重新执行日志文件登记的操作。即将日志记录中"更新后的值"写入数据库。

3. 介质故障的恢复

发生介质故障后，磁盘上的物理数据和日志文件被破坏，这是最严重的一种故障，恢复方法是重装数据库，然后重做已完成的事务。

恢复步骤如下所述。

(1) 装入最新的数据库后备副本(离故障发生时刻最近的转储副本)，使数据库恢复到最近一次转储时的一致性状态。对于动态转储的数据库副本，还需同时装入转储开始时刻的日志文件副本，利用恢复系统故障的方法(即 REDO＋UNDO)，才能将数据库恢复到一致性状态。

(2) 装入相应的日志文件副本(转储结束时刻的日志文件副本)，重做已完成的事务。即首先扫描日志文件，找出故障发生时已提交的事务的标识，将其记入重做队列；然后正向扫描日志文件，对重做队列中的所有事务进行重做处理。即将日志记录中"更新后的值"写入数据库。

介质故障的恢复需要 DBA 介入。但 DBA 只需要重装最近转储的数据库副本和有关的各日志文件副本，然后执行系统提供的恢复命令即可，具体的恢复操作仍由 DBMS 完成。

4. 具有检查点的恢复技术

利用日志技术进行数据库恢复时，恢复子系统必须搜索日志，确定哪些事务需要 REDO，哪些事务需要 UNDO。一般来说，需要检查所有日志记录。这样做会有两个问题：一是搜索整个日志将耗费大量的时间；二是很多需要 REDO 处理的事务。实际上已经将它们的更新操作结果写到数据库中了，然而恢复子系统又重新执行了这些操作，浪费了大量时间。为了解决这些问题，又发展了具有检查点的恢复技术。

具有检查点的恢复技术在日志文件中增加一类新的记录——检查点记录(Checkpoint)，增加一个重新开始文件，并让恢复子系统在登录日志文件期间动态地维护日志。

1) 检查点记录的内容

检查点记录的内容包括：

(1) 建立检查点时刻所有正在执行的事务清单。

(2) 这些事务最近一个日志记录的地址。

重新开始文件用来记录各个检查点记录在日志文件中的地址。

2) 动态维护日志文件

周期性地执行如下操作：建立检查点，保存数据库状态。

动态维护日志文件的步骤如下所述。

(1) 将当前日志缓冲中的所有日志记录写入磁盘的日志文件上。

(2) 在日志文件中写入一个检查点记录。

(3) 将当前数据缓冲的所有数据记录写入磁盘的数据库中。

(4) 把检查点记录在日志文件中的地址写入一个重新开始文件。

3) 具有检查点的数据库恢复策略

各事务 T 说明如下所述。

T_1：在检查点之前提交；

T_2：在检查点之前开始执行，在检查点之后故障点之前提交；

T_3：在检查点之前开始执行，在故障点时还未完成；

T_4：在检查点之后开始执行，在故障点之前提交；

T_5：在检查点之后开始执行，在故障点时还未完成。

恢复策略如下所述。

T_3 和 T_5 在故障发生时还未完成，所以予以撤销；

T_2 和 T_4 在检查点之后才提交，它们对数据库所做的修改在故障发生时可能还在缓冲区中，尚未写入数据库，所以要 REDO；

T_1 在检查点之前已提交，所以不必执行 REDO 操作。

4) 具有检查点的数据库恢复步骤

(1) 从重新开始文件中找到最后一个检查点记录在日志文件中的地址，由该地址在日志文件中找到最后一个检查点记录。

(2) 由该检查点记录得到检查点建立时刻所有正在执行的事务清单 ACTIVE-LIST。

建立两个事务队列：

- UNDO-LIST：需要执行 UNDO 操作的事务集合。
- REDO-LIST：需要执行 REDO 操作的事务集合。

把 ACTIVE-LIST 暂时放入 UNDO-LIST 队列，REDO 队列暂为空。

(3) 从检查点开始正向扫描日志文件。

- 如有新开始的事务 T_i，把 T_i 暂时放入 UNDO-LIST 队列。
- 如有提交的事务 T_j，把 T_j 从 UNDO-LIST 队列移到 REDO-LIST 队列。
- 直到日志文件结束。

(4) 对 UNDO-LIST 中的每个事务执行 UNDO 操作，对 REDO-LIST 中的每个事务执行 REDO 操作。

6.5.5 数据库镜像

介质故障是对系统影响最为严重的一种故障。系统出现介质故障后，用户应用全部中断，恢复起来也比较费时。而且 DBA 必须周期性地转储数据库，这也加重了 DBA 的负担。如果不及时而正确地转储数据库，一旦发生介质故障，会造成较大的损失。

随着磁盘容量越来越大，价格越来越便宜，为避免磁盘介质出现故障影响数据库的可用性，许多数据库管理系统提供了数据库镜像(Mirror)功能用于数据库恢复。即根据 DBA 的要求，自动把整个数据库或其中的关键数据复制到另一个磁盘上。每当主数据库更新时，DBMS 自动把更新后的数据复制过去，即 DBMS 自动保证镜像数据与主数据的一致性。

一旦出现介质故障，可由镜像磁盘继续提供使用，同时 DBMS 自动利用镜像磁盘数据进行数据库的恢复，不需要关闭系统和重装数据库副本。

在没有出现故障时，数据库镜像还可以用于并发操作，即当一个用户对数据加排他锁修改数据时，其他用户可以读镜像数据库上的数据，而不必等待该用户释放锁。

小结

数据库保护又称为数据库控制，是通过 4 方面实现的，即安全性控制、完整性控制、并发性控制和数据恢复。

数据库的安全性是保护数据库，因防止非法使用数据库，造成的数据泄露，更改或破坏。数据库的完整性是保护数据库中的数据的正确性、有效性、相容性。并发控制是为了防止多个用户同时存取同一数据造成的数据不一致。

习题 6

1. 事务中的提交和回滚是什么意思？
2. 试述事务的概念及事务的 4 个特性。
3. 并发操作会产生几种不一致情况？用什么方法避免各种不一致的情况？
4. 叙述封锁的概念。
5. 怎样进行系统故障的恢复？
6. 什么是数据库的完整性约束条件？可分为哪几类？
7. 数据库安全性和计算机系统的安全性有什么关系？
8. 设有 3 个事务 T_1，T_2 和 T_3，所包含的动作为：

T_1：$A=A+2$；

T_2：$A=A\times2$；

T_3：$A=A**2$(即 A^2)。

设 A 的初值为 0。

(1) 若这 3 个事务允许并发执行，则有多少种可能的正确结果？请一一列举。

(2) 请给出一个可串行化的调度，并给出执行结果。

(3) 请给出一个非串行化的调度，并给出执行结果。

(4) 若这 3 个事务都遵守两段锁协议，请给出一个不产生死锁的可串行化调度。

(5) 若这 3 个事务都遵守两段锁协议，请给出一个产生死锁的调度。

第7章 数据库系统的新技术

随着计算机应用领域的不断拓展和多媒体技术的发展，数据库已是计算机科学技术中发展最快、应用最广泛的重要分支之一，数据库技术的研究也取得了重大突破，它已成为计算机信息系统和计算机应用系统的重要的技术基础和支柱。从20世纪60年代末开始，数据库系统已从第一代层次数据库、网状数据库和第二代的关系数据库系统，发展到第三代以面向对象模型为主要特征的数据库系统。关系数据库理论和技术在20世纪70～80年代得到长足的发展和广泛而有效的应用，20世纪80年代，关系数据库成为应用的主流，几乎所有新推出的数据库管理系统(DBMS)产品都是关系型的，它在计算机数据管理的发展史上是一个重要的里程碑。这种数据库具有数据结构化、最低冗余度、较高的程序与数据独立性、易于扩充、易于编制应用程序等优点。目前较大的信息系统都是建立在关系数据库系统理论设计之上的。但是，这些数据库系统包括层次数据库、网状数据库和关系数据库，不论其模型和技术上有何差别，却主要是面向和支持商业和事务处理应用领域的数据管理。然而，随着用户应用需求的提高、硬件技术的发展和Internet/Intranet提供的更加丰富多彩的多媒体交流方式，数据库技术与网络通信技术、人工智能技术、面向对象程序设计技术、并行计算技术等相互渗透、互相结合成为当前数据库技术发展的主要特征，形成了数据库新技术。

7.1 概述

从20世纪80年代以来，数据库技术在商业领域的巨大成功刺激了其他领域对数据库技术需求的迅速增长。另一方面，在应用中提出的一些新的数据管理的需求也直接推动了数据库技术的研究与发展，尤其是面向对象数据库系统(Object Oriented DataBase System，OODBS)的研究与发展。

7.1.1 传统数据库系统的局限性

围绕数据库结构和模型的演变，传统的数据库技术在发展过程中主要经历了以下阶段。

1. 网状数据库

网状数据库将记录作为数据的基本存储单位，一个记录可以包含若干数据项。这些数据项可以是多值的也可以是复合的，前者称为向量，后者称为重复组。网状数据库处理方法是将网状结构分解成若干棵二级树结构，称为系。系类型是两个或两个以上的记录类型之间联系的一种描述。在一个系类型中，有一个记录类型处于主导地位，称为系主记录类型，其他称为成员记录类型。系主和成员之间的联系是一对多的联系。

第一个网状数据库管理系统是由美国通用电气公司的Bachman在1964年研发成功的(Integrated Data Store，IDS)，这也是世界上第一个数据库管理系统，它奠定了网状数据库的基础，并在当时得到了广泛的认可和应用。1971年，美国数据系统委员会CODASYL提出了著名的DBTG报告，以后，根据DBTG报告实现的系统一般称为DBTG系统。现有的网状数据库系统大都是采用DBTG方案的。DBTG系统是典型的3级结构体系：子模式、模式、存储模式。相应的数据定义语言分别称为子模式定义语言SSDDL、模式定义语言SDDL、设备介质控制语言DMCL。另外还有数据操纵语言DML。

2. 层次数据库

层次数据库管理系统是紧随网状数据库而出现的。现实世界中很多事物是按层次组织起来的。层次数据模型的提出，首先是为了模拟这种按层次组织起来的事物。层次数据库也是按记录来存取数据的。层次数据模型中最基本的数据关系是基本层次关系，它代表两个记录型之间一对多的关系，也叫作双亲子女关系(PCR)。数据库中有且仅有一个记录型无双亲，称为根节点。其他记录型有且仅有一个双亲。在层次模型中从一个节点到其双亲的映射是唯一的，所以对每一个记录型(除根节点外)只需要指出它的双亲，就可以表示出层次模型的整体结构。层次模型是树状的。

早在1969年IBM公司就推出了IMS的最初版本，之后，层次数据库管理系统得到了迅速发展，同时它也影响了其他类型的数据库管理系统，特别是网状系统的出现和发展。今天，层次模型的数据库管理系统无论从技术上还是方法上都早已完善和成熟，并将随其支持方法的发展而发展。无论从哪一个方面讲，层次模型都早已成为传统数据库管理系统3大数据模型之一。

3. 关系数据库

尽管网状数据库和层次数据库已经解决了数据的集中和共享问题，但在数据独立性和抽象级别上仍有很大欠缺。用户在这两种数据库进行存取操作时，必须明确数据的存储结构，具体指明存取路径。为了弥补这些不足，人们开始将目光转向关系数据库管理系统。

1970年，IBM的研究员，有“关系数据库之父”之称的埃德加·弗兰克·科德(Edgar Frank Codd)博士在刊物*Communication of the ACM*上发表了题为“*A Relational Model of Data for Large Shared Data Banks*(大型共享数据库的关系模型)”的论文，文中首次提出了数据库的关系模型的概念，奠定了关系模型的理论基础。后来Codd又陆续发表多篇文章，论述了范式理论和衡量关系系统的12条标准，用数学理论奠定了关系数据库的基础。IBM的Ray Boyce和Don Chamberlin将Codd关系数据库的12条准则的数学定义以简单的关键字语法表现出来，里程碑式地提出了SQL语言。由于关系模型简单明了，具有坚实的数学理论基础，所以，一经推出就受到了学术界和产业界的高度重视和广泛响应，并很快成为数据库市场的主流。20世纪80年代以来，计算机厂商推出的数据库管理系统几乎都支持关系模型，数据库领域当前的研究工作大都以关系模型为基础。

SQL 的出现使得关系数据库产品成为当前数据库市场的主流,其中较为著名的数据库厂商包括 IBM,Oracle,Microsoft,Sybase 等。

传统数据库适合处理格式化数据,较好地满足了商业事务处理的要求。但是,当试图将传统的数据库系统运用到新的应用领域时,立刻暴露出传统数据库系统的局限性,主要表现在以下几个方面。

(1) 面向机器的数据模型。传统数据库只能表示离散、有限的数据及其关系,对复杂对象就无能为力了。

(2) 数据类型简单、固定。现在数据库需要存储的不仅仅是传统的数字、字符、文本等,比如多媒体数据库需要存储视频、音频、图形、图像、动画、HTML/XML、流数据等更复杂的数据,空间数据库需要存储空间关系数据,这些都是传统数据库所无法实现的。

(3) 结构与行为完全分离。传统数据库主要关心数据的独立性以及存取的效率,是语法数据库,语义表达差,难以抽象模拟行为。

(4) 阻抗失配。指在关系系统中,数据操纵语言(如 SQL)与程序设计语言之间的失配。

(5) 被动响应。传统数据库系统只能响应和执行用户要求它们做的事情。而现在的数据操作还需要互操作、主动性操作、领域搜索浏览、时态查询等,还要能够进行自定义操作。

(6) 存储、管理的对象有限。传统数据库缺乏知识管理和对象管理的能力。而现在存储的新需求是海量、多维性等。

(7) 事务处理能力较差。传统数据库不支持长事务和嵌套事务的处理。

面对数据库应用领域的不断扩展和用户要求的多样化、复杂化,传统的数据库技术遇到了严峻的挑战。正是这些缺陷决定了当前数据库的研究方向与未来的努力方向,新一代数据库技术应运而生。

7.1.2 数据库技术与相关技术的结合

近年来,数据库研究者为了在新的应用领域建立适合的数据库系统,进行了艰苦的探索,从多方面发展了现有的数据库系统技术。新一代数据库系统的发展目前呈现出了百花齐放的局面,其特点是:

(1) 面向对象的方法和技术。面向对象的方法和技术对计算机各个领域都产生了深远的影响。该数据模型克服了传统数据模型的局限性,为新一代数据库系统的探索带来了希望,促进了数据库技术在新的技术基础之上继续发展。

(2) 数据库技术与多学科技术的有机结合。这是当前数据库技术发展的重要特征。传统的数据库技术和其他计算机技术互相结合、渗透,使数据库中新的技术内容层出不穷。数据库的许多概念、技术内容、应用领域,甚至某些原理都有了重大的发展变化,建立和实现了一系列新型数据库。比如,与分布处理技术相结合的分布式数据库、与并行处理技术相结合的并行数据库、与人工智能技术相结合的主动数据库、与多媒体技术相结合的多媒体数据库、与模糊技术相结合的模糊数据库、与移动通信技术相结合的移动数据库、与 Web 技术相结合的 Web 数据库系统、与传感器网络相结合的传感器网络数据库等。

(3) 面向专门应用领域的数据库技术。在传统数据库的基础上,为了适应专门的应用领域,研究和开发适合该应用领域的数据库技术,如工程数据库、统计数据库、科学数据库、空间数据库、地理数据库等。这是当前数据库技术发展的又一个重要特征。

7.2　分布式数据库系统

分布式数据库系统(DDBS)包含分布式数据库管理系统(DDBMS)和分布式数据库(DDB)。在分布式数据库系统中,一个应用程序可以对数据库进行透明操作,数据库中的数据分别在不同的局部数据库中存储、由不同的DBMS进行管理、在不同的机器上运行、由不同的操作系统支持、被不同的通信网络连接在一起。

一个分布式数据库在逻辑上是一个统一的整体,在物理上则是分别存储在不同的物理节点上。一个应用程序通过网络的连接可以访问分布在不同地理位置的数据库。它的分布性表现在数据库中的数据不是存储在同一场地。更确切地讲,不存储在同一计算机的存储设备上。这就是与集中式数据库的区别。从用户的角度看,一个分布式数据库系统在逻辑上和集中式数据库系统一样,用户可以在任何一个场地执行全局应用。就好像那些数据是存储在同一台计算机上,由单个数据库管理系统(DBMS)管理一样,用户并没有什么不一样的感觉。

所谓分布数据库系统就是数据分布存放在计算机网络的不同场地的计算机中,每个场地都有自治处理能力(独立处理),并完成局部的应用;而且每个场地也参与(至少一种)全局应用程序的执行,全局应用程序可以通过网络通信访问系统中多个场地的数据。

分布式数据库系统是在集中式数据库系统的基础上发展起来的,是计算机技术和网络技术结合的产物。分布式数据库系统适合于单位分散的部门,允许各个部门将其常用的数据存储在本地,实施就地存放本地使用,从而提高响应速度,降低通信费用。分布式数据库系统与集中式数据库系统相比具有可扩展性,通过增加适当的数据冗余,提高系统的可靠性。在集中式数据库中,尽量减少冗余度是系统目标之一。其原因是冗余数据浪费存储空间,而且容易造成各副本之间的不一致性。而为了保证数据的一致性,系统要付出一定的维护代价,减少冗余度的目标是用数据共享来达到的。而在分布式数据库中却希望增加冗余数据,在不同的场地存储同一数据的多个副本,其原因是:

(1) 提高系统的可靠性、可用性当某一场地出现故障时,系统可以对另一场地上的相同副本进行操作,不会因一处故障而造成整个系统的瘫痪;

(2) 提高系统性能,系统可以根据距离选择离用户最近的数据副本进行操作,减少通信代价,改善整个系统的性能。

7.2.1　分布式数据库系统的结构

1. 分布式数据库系统的体系结构

分布式数据库系统的体系结构是:(n个)局部数据模式+(1个)全局数据模式。

如图7.1所示,其中下部为局部数据模式,是各场地上局部数据库系统的3级模式结构;上部为全局数据模式,是用来协调局部数据模式使之成为一个整体的模式结构。

分布式DBS的体系结构分为4级:全局外模式、全局概念模式、分片模式和分配模式。

(1) 全局外模式:它们是全局应用的用户视图,是全局概念模式的子集。

(2) 全局概念模式:全局概念模式定义了分布式数据库中所有数据的逻辑结构。

(3) 分片模式：分片模式定义片段以及定义全局关系与片段之间的映像。这种映像是一对多的，即每个片段来自一个全局关系，而一个全局关系可分成多个片段。

(4) 分配模式：片段是全局关系的逻辑部分，一个片段在物理上可以分配到网络的不同场地上。分配模式根据数据分配策略的选择定义片段的存放场地。

分布式 DBS 的分层体系结构有 3 个特征：

(1) 数据分片和数据分配概念的分离，形成了"数据分布独立性"概念。

(2) 数据冗余的显式控制。

(3) 局部 DBMS 的独立性。

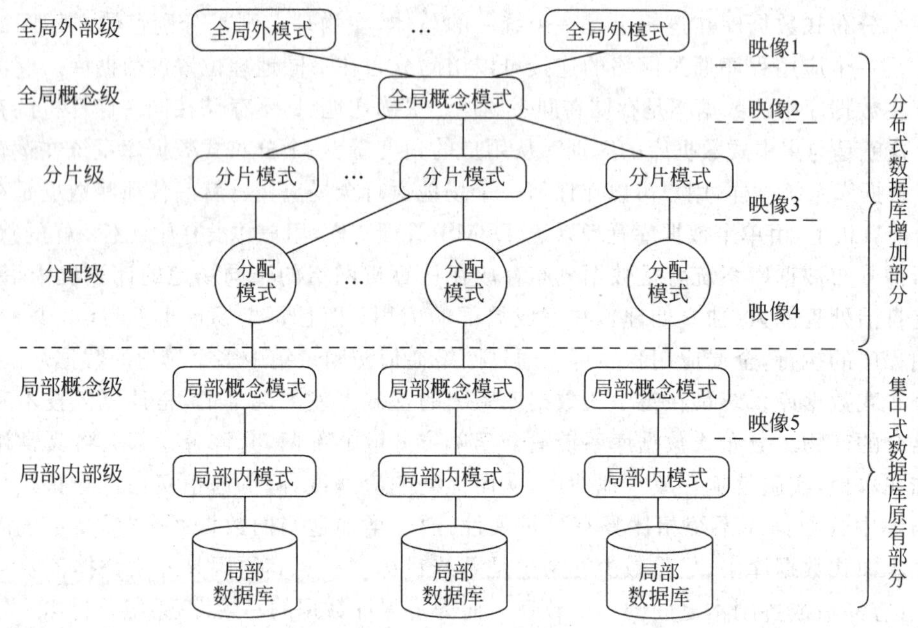

图 7.1 分布式数据库系统的体系结构

2. 分布式数据存储

分布式数据存储可以从数据分配和数据分片两个角度考察。

数据分配是指数据在计算机网络各场地上的分配策略。

(1) 集中式：所有数据均安排在同一个场地上。

(2) 分割式：所有数据只有一份，分别被安置在若干个场地。

(3) 全复制式：数据在每个场地重复存储。

(4) 混合式：数据库分成若干可相交的子集，每一子集安置在一个或多个场地上，但是每一场地未必保存全部数据。

对于上述分配策略，有 4 个评估因素：

(1) 存储代价；

(2) 可靠性；

(3) 检索代价；

(4) 更新代价。

存储代价和可靠性是一对矛盾的因素；检索代价和更新代价也是一对矛盾的因素。

数据分片将数据库整体逻辑结构分解为合适的逻辑单位——片段，然后由分配模式来定义片段及其副本在各场地的物理分布，其主要目的是提高访问的局部性，有利于按照用户的需求组织数据的分布和控制数据的冗余度。

数据分片是指数据存放单位不是全部关系，而是关系的一个片段，也就是关系的一部分。其包括如下几种方式。

(1) 水平分片：按一定的条件把全局关系的所有元组划分成若干不相交的子集，每个子集为关系的一个片段。

(2) 垂直分片：把一个全局关系的属性集分成若干子集，并在这些子集上做投影运算，每个投影为垂直分片。

(3) 混合型分片：将水平分片与垂直分片方式综合使用则为混合型分片。

数据分片应遵循下面的准则。

(1) 完备性条件：必须把全局关系的所有数据映射到各个片段中，绝不允许发生属于全局关系的某个数据不属于任何一个片段。

(2) 重构条件：划分所采用的方法必须确保能够由各个片段重建全局关系。

(3) 不相交条件：要求一个全局关系被划分后得到的各个数据片段互相不重叠。

3. 分布透明性

分布透明性是分布式数据库系统要实现的主要目标之一，这里的透明性是指对用户隐匿了数据的具体位置，用户不必了解数据在何处和如何得到它们。如果用户对分布式数据库的操作完全像使用集中式数据库一样，不必考虑数据如何分片、数据存放在哪个场地以及数据存放的物理细节等，则分布式数据库将具有完全透明性。

分布透明性有3个层次，从高到低依次为分片透明性、位置透明性和局部数据模型透明性。

1) 分片透明性

分片透明性位于全局概念模式与分片模式之间，是指用户只需对全局关系进行操作，不必考虑数据的分片及存储场地，其应用程序的编写与集中式数据库相同。当分片模式改变时，只需改变全局概念模式到分片模式之间的映像，而不会影响到全局概念模式和应用程序。

2) 位置透明性

位置透明性位于分片模式与分配模式之间，是指用户不必知道数据的存储场地，即数据分配到哪个或哪些场地存储对用户是透明的。当存储场地发生变化时，只需改变分片模式到分配模式之间的映像，而不会影响分片模式、全局概念模式和应用程序。

3) 局部数据模型透明性

局部数据模型透明性也称局部映像透明性，位于分配模式与局部概念模式之间，是指用户不用考虑局部DBMS所支持的数据模型、使用哪种数据操纵语言，但要考虑数据如何分片、片段及其副本在各场地上的分配。

7.2.2 分布式数据库系统的特点

1. 分布式数据库的特点

1) 数据独立性与位置透明性

数据独立性是数据库方法追求的主要目标之一，分布透明性指用户不必关心数据的逻辑分区,不必关心数据物理位置分布的细节,也不必关心重复副本(冗余数据)的一致性问题,同时也不必关心局部场地上数据库支持哪种数据模型。分布透明性的优点是很明显的。有了分布透明性,用户的应用程序书写起来就如同数据没有分布一样。当数据从一个场地移到另一个场地时不必改写应用程序,当增加某些数据的重复副本时也不必改写应用程序。数据分布的信息由系统存储在数据字典中,用户对非本地数据的访问请求由系统根据数据字典予以解释、转换、传送。

2) 集中和节点自治相结合

数据库是用户共享的资源。在集中式数据库中,为了保证数据库的安全性和完整性,对共享数据库的控制是集中的,并设有 DBA 负责监督和维护系统的正常运行。在分布式数据库中,数据的共享有两个层次:一是局部共享,即在局部数据库中存储局部场地上各用户的共享数据,这些数据是本场地用户常用的;二是全局共享,即在分布式数据库的各个场地也存储可供网中其他场地的用户共享的数据,支持系统中的全局应用。因此,相应的控制结构也具有两个层次:集中和自治。分布式数据库系统常常采用集中和自治相结合的控制结构,各局部的 DBMS 可以独立地管理局部数据库,具有自治的功能。同时,系统又设有集中控制机制,协调各局部 DBMS 的工作,执行全局应用。当然,不同的系统集中和自治的程度不尽相同。有些系统高度自治,连全局应用事务的协调也由局部 DBMS、局部 DBA 共同承担而不要集中控制,不设全局 DBA,有些系统则集中控制程度较高,场地自治功能较弱。

3) 支持全局数据库的一致性和可恢复性

分布式数据库中各局部数据库应满足集中式数据库的一致性、可串行性和可恢复性。除此以外,还应保证数据库的全局一致性、并行操作的可串行性和系统的全局可恢复性。这是因为全局应用要涉及两个以上节点的数据,因此,在分布式数据库系统中一个业务可能由不同场地上的多个操作组成。例如,银行转账业务包括两个节点上的更新操作。这样,当其中某一个节点出现故障操作失败后如何使全局业务回滚呢?如何使另一个节点撤销已执行的操作(若操作已完成或完成一部分)或者不必再执行业务的其他操作(若操作尚没执行)?这些技术要比集中式数据库复杂和困难得多,分布式数据库系统必须解决这些问题。

4) 复制透明性

用户不用关心数据库在网络中各个节点的复制情况,被复制的数据的更新都由系统自动完成。在分布式数据库系统中,可以把一个场地的数据复制到其他场地存放,应用程序可以使用复制到本地的数据在本地完成分布式操作,避免通过网络传输数据,提高了系统的运行和查询效率。但是对于复制数据的更新操作,就要涉及对所有复制数据的更新。

5) 易于扩展性

在大多数网络环境中,单个数据库服务器最终会不满足使用。如果服务器软件支持透明的水平扩展,那么就可以增加多个服务器来进一步分布数据和分担处理任务。

2. 分布式数据库系统的优点

1) 更适合分布式的管理与控制

分布式数据库系统的结构更适合具有地理分布特性的组织或机构使用,允许分布在不同区域、不同级别的各个部门对其自身的数据实行局部控制。例如,实现全局数据在本地录入、查询、维护,这时由于计算机资源靠近用户,可以降低通信代价,提高响应速度,而涉及其他场地数据库中的数据只是少量的,从而可以大大减少网络上的信息传输量。同时,局部数据的安全性也可以做得更好。

2)具有灵活的体系结构

集中式数据库系统强调的是集中式控制,物理数据库是存放在一个场地上的,由一个DBMS集中管理。多个用户只可以通过近程或远程终端在多用户操作系统支持下运行该DBMS来共享集中式数据库中的数据。而分布式数据库系统的场地局部DBMS的自治性使得大部分的局部事务管理和控制都能就地解决,只有在涉及其他场地的数据时才需要通过网络作为全局事务来管理。分布式DBMS可以设计成具有不同程度的自治性,从具有充分的场地自治到几乎是完全集中式的控制。

3)系统经济,可靠性高,可用性好

与一个大型计算机支持一个大型的集中式数据库在加一些进程和远程终端相比,由超级微型计算机或超级小型计算机支持的分布式数据库系统往往具有更高的性价比和实施灵活性。分布式系统比集中式系统具有更高的可靠性和更好的可用性。如由于数据分布在多个场地并有许多复制数据,在个别场地或个别通信链路发生故障时,不至于导致整个系统的崩溃,而且系统的局部故障不会引起全局失控。

4)在一定条件下响应速度加快

如果存取的数据在本地数据库中,那么就可以由用户所在的计算机来执行,速度就快。

5)可扩展性好,易于集成现有系统,也易于扩充

对于一个企业或组织,可以采用分布式数据库技术在以建立的若干数据库的基础上开发全局应用,对原有的局部数据库系统作某些改动,形成一个分布式系统。这比重建一个大型数据库系统要简单,既省时间,又省财力、物力。也可以通过增加场地数的办法,迅速扩充已有的分布式数据库系统。

3. 分布式数据库系统的劣势

1)通信开销较大,故障率高

例如,在网络通信传输速度不高时,系统的响应速度慢,与通信相关的因素往往导致系统故障,同时系统本身的复杂性也容易导致较高的故障率。当故障发生后系统恢复也比较复杂,可靠性有待提高。

2)数据的存取结构复杂

一般来说,在分布式数据库中存取数据,比在集中式数据库中存取数据更复杂,开销更大。

3)数据的安全性和保密性较难控制

在具有高度场地自治的分布式数据库中,不同场地的局部数据库管理员可以采用不同的安全措施,但是无法保证全局数据都是安全的。这个安全性问题是分布式系统固有的问题。因为分布式系统是通过通信网络来实现分布控制的,而通信网络本身却在保护数据的安全性和保密性方面存在弱点,故数据很容易被窃取。

7.3 对象关系数据库系统

面向对象的方法和技术对数据库发展的影响最为深远,它起源于程序设计语言,把面向对象的相关概念与程序设计技术相结合,是一种认识事物和世界的方法论,它以客观世界中一种稳定的客观存在实体对象为基本元素,并以"类"和"继承"来表达事物间具有的共性和它们之间存在的内在关系。面向对象数据库系统将数据作为能自动重新得到和共享的对象存储,包含在对象中的是完成每一项数据库事务处理指令,这些对象可能包含不同类型的数据,包括传统的数据和处理过程,也包括声音、图形和视频信号,对象可以共享和重用。面向对象的数据库系统的这些特性通过重用和建立新的多媒体应用能力使软件开发变得容易,这些应用可以将不同类型的数据结合起来。面向对象数据库系统的好处是它支持WWW应用的能力。

鉴于传统的关系数据库系统在解决新兴应用领域中的问题时倍感吃力,而面向对象的数据库系统是一项相对较新的技术,尚缺乏理论支持。它可能在处理大量包含很多事务的数据方面比关系数据库系统慢得多,尤其是缺少得力的查询语言,因此人们开始研究一种中间产品,将关系数据库与面向对象数据库结合,即混合关系对象数据库,这种数据库将关系数据库管理系统处理事务的能力与面向对象数据库系统处理复杂关系与新型数据的能力结合起来。

对象-关系数据库系统兼有关系数据库和面向对象的数据库两方面的特征。它除了具有原来关系数据库的种种特点外,还应该具有以下特点:

(1) 允许用户扩充基本数据类型,即允许用户根据应用需求自己定义数据类型、函数和操作符,而且一经定义,这些新的数据类型、函数和操作符将存放在数据库管理系统核心中,可供所有用户公用。

(2) 能够在SQL中支持复杂对象,即由多种基本类型或用户定义的类型构成的对象。

(3) 能够支持子类对超类的各种特性的继承,支持数据继承和函数继承,支持多重继承,支持函数重载。

(4) 能够提供功能强大的通用规则系统,而且规则系统与其他对象-关系能力是集成为一体的,例如,规则中的事件和动作可以是任意的SQL语句、可以使用用户自定义的函数、规则能够被继承等。

7.3.1 面向对象模型

1. 面向对象(简称OO)模型的核心概念

1) 对象(Object)

(1) 属性

属性描述对象的状态、组成和特性。对象的某一属性可以是单值的货值的集合,也可以是一个对象,即对象的嵌套。

(2) 方法

方法描述了对象的行为特性。方法的定义包括两部分:一是方法的接口,二是方法的实现。

2）对象标识符(Object IDentifer)

面向对象数据库中的每个对象都有一个唯一的不变的标识称为对象标识(OID)。对象标识具有永久持久性，即一个对象一经产生就会赋予一个在全系统中唯一的对象标识符，直到它被删除。OID是由系统统一分配的、唯一的，用户不能对OID进行修改。因此，OID与关系数据库中码KEY的概念和某些关系系统中支持的记录标识RID、元组(表的行)标识TID是有本质区别的。OID是独立于值、系统全局唯一的。

3）封装(Encapsulation)

每一个对象是具有其状态与行为的封装，其中状态是该对象一系列属性值的集合，而行为是在对象状态上操作的集合，操作也称为方法。

OO模型的一个关键概念就是封装。每一个对象是其状态和行为的封装。封装是对象的外部界面与内部实现之间实行清晰隔离的一种抽象，外部与对象的通信只能通过消息，这个就是OO模型的主要特征之一。但是，对象封装之后查询属性值必须通过调用方法，不能像关系数据库那样(SQL)进行随机、按内容的查询，这就不够方便灵活，失去了关系数据库的重要优势，因此，OODB中必须在对象封装方面做必要的修改或者妥协。

4）类(Class)

共享同样属性和方法集的所有对象构成了一个对象类(简称类)，一个对象就是某一个类的实例(Instance)。面向对象数据库模式是类的集合。

2. 类层次(结构)

面向对象的数据模型提供了一种类层次结构。超类是子类的抽象(Generalization)或概括，子类是超类的特殊化(Specialization)或者具体化。

3. 继承

在OO模型中常用的有两种继承，即单继承和多重继承。单继承的层次结构图是一棵树，多继承的层次结构是一个带根的有向无回路图。

继承优点如下：第一，它是建模的有力工具，提供了对现实世界简明而精确的描述；第二，它提供了信息重用机制。

由封装和继承还导出面向对象的其他优良特性，如多态性、动态联编等。

4. 对象的嵌套

一个对象的属性可以是一个对象，这样对象之间产生一个嵌套层次结构。对象嵌套概念是面向对象数据库系统中的又一个重要概念。

7.3.2 对象关系数据库

对象关系数据库(简称ORDBS)是关系数据库系统与面向对象数据库模型的结合。它保持了关系数据库系统的非过程化数据存取方式和数据动力性，继承了关系数据库系统已有的技术，支持原有的数据管理，又能支持OO模型和对象管理。

1. 对象关系数据库系统中扩展的关系数据类型

1) 大对象 LOB(Large Object)类型

LOB 可以存储多达 10 亿字节的串。LOB 又分为二进制大对象(Binary Large Object,BLOB)和字符串大对象(Character Large Object,CLOB)两种。BLOB 用于存储音频、图像数据。CLOB 用于存储长字符串数据。LOB 类型数据是直接存储在数据库中,由 DBMS 维护,不是存在外部文件中。LOB 类型可以像其他数据类型的数据一样被查询、提取、插入和修改。

应用程序在操作 LOB 类型数据库时用 LOB 定位器(LOB Locater)来提取 LOB 数据。应用程序通常并不传输整个 LOB 类型的值,而是通过 LOB 定位器访问大对象值。

2) BOOLEAN 类型

BOOLEAN 是布尔类型,它支持 3 个真值:true,false 和 unknown。除了传统的 NOT,AND 和 OR 布尔操作外,SQL3 还支持了两个新的操作:EVERY(而不是 ALL)和 ANY。这两个操作的参数都是 BOOLEAN 类型,该 BOOLEAN 值通常由一个表达式得到。

3) 集合类型(Collection Type)ARRAY

相同类型元素的有序集合称为数组 ARRAY,这是 SQL3 新增的集合类型,它允许在数据库的一行中存储数组。SQL3 中数据只能是一维的,而且数组中的元素不能再是数组。

4) DISTINCT 类型

SQL3 新增了一种 DISTINCT 类型。在应用中,不同字段经常定义成同一种数据类型。例如,职工的年龄 age 和鞋子 shoeSize 字段都定义成了 Integer 类型。表达式"where shoeSize>age"语法是对的,因为它们是同种类型,但是这个显然不符合实际应用的语义。这时可以将 age 和鞋子字段定义成 distinct 字段。

2. 对象关系数据库系统中扩展的对象类型及其定义

在 ORDBMS 中,类型 TYPE 具有类(CLASS)的特征,可以看成类。

1) 行对象与行类型

```
Create ROW TYPE person - type
(
        Pno NUMBER,
        Name VARCHAR2(100),
        Address VARCHAR2(200)
);
```

现在创建一个行类型 person-type。

```
Create table person_extent OF person - type
        (Pno primay key);
```

创建了一个表 person_extent,它由行类型 person-type 来定义。表的属性直接对应行类型的属性定义。表中每行都是一个对象,有 OID 标识符。

2) 列对象和对象类型

在实际 ORDBMS 中(Oracle)提供了列对象的概念,可以创建一个对象类型,表的属性是该对象类型。

```
Create Type address_objtype AS OBJECT
(
          Street VARCHAR2(50),
          City VARCHAR(50)
          );
Create Type name_objtype AS OBJECT
(
          firstname VARCHAR2(50),
          lastname VARCHAR(50)
          );
```

然后创建一个表,定义其中的属性是对象类型。

```
Create table people_reltab
(
          ID BUMBER(10),
          address_objtype address,
          name_objtype name
        );
```

3）抽象数据类型(Abstract Data Type,ADT)

SQL3 允许用户创建指定的带有自身行为说明和内部结构的用户定义类型称为抽象数据类型。

ADT 一般形式如下。

```
CREATE TYPE <type name>(
          所有属性名及其类型说明,
          [定义该类型的等于(=)和小于(<)函数,]
          定义该类型其他函数(方法)
       );
```

特点：

(1) ADT 的属性定义和行类型的属性定义类同。

(2) 在创建 ADT 的语句中,通过用户定义的函数比较对象的值。如果不定义该类型的比较函数,则采用默认的等于和小于函数来比较对象的大小。

(3) ADT 的行为通过方法 methods、函数 function 实现。

(4) SQL3 要求抽象数据类型是封装的,而行类型则不要求封装。

(5) ADT 有 3 个通用的系统内置函数,即构造函数(Construction Function)、观察函数(Observer Function)和删除函数(Mutation Function)。

- 构造函数用来生成对象值。
- 观察函数用来读取属性值。
- 删除函数用来修改和删除属性值,与 update 和 delete 类似。

(6) ADT 可以参与类型继承。

3. 参照类型(Reference Type)

SQL3 提供了一种特殊的类型：参照类型,也称为引用类型,简称 REF 类型。因为类型

直接可能具有相互参照的联系,因此引入了一个 REF 类型的概念:

```
REF <类型名>
```

REF 类型总是和某个特定的类型相联系。它的值是 OID。OID 是系统生成的,不能修改。

例如:

```
Create ROW TYPE employee_type (
        Name VARCHAR(35),
        Age INTEGER
);
Create ROW TYPE Comp_type (
        Compname VARCHAR(20),
        Location VARCHAR(20)
);
```

然后创建基于行类型的表:

```
Create table Employee OF employee_type
Create table Company OF Comp_type;
```

实际应用中 Employee 的元组与 Company 中的元组存在相互参照关系。即某个职工在某个公司工作,可以使用 REF 类型描述这种参照关系。

```
Create ROW TYPE Employment_type(
        Employee REF (employee_type),
        Company REF(Comp_type)
);
Create table Employment OF Employment_type;
```

这样,表 Employment 中某一个元组的 employee 属性值是某个职工的 OID,company 属性值是该职工所在公司的 OID。从而描述了职工和公司的相互参照关系。

4. 继承性

ORDBMS 应该支持继承性,一般是单继承性。

例如:

```
Create type emp_type
Under person_type AS(
        Emp_id integer,
        Salary real)
NOT FINAL;
```

NOT FINAL 表示不是类层次结构中最后的叶节点,FINAL 则表示该类型是类层次结构的叶节点。

5. 子表和超表

SQL3 支持子表和超表的概念。超表、子表、子表的子表也构成一个表层次结构。表层次结构和类型层次结构的概念十分相似。

如果一个基表是用类型来定义的，那么它可以有子表或者超表，如图 7.2 所示。

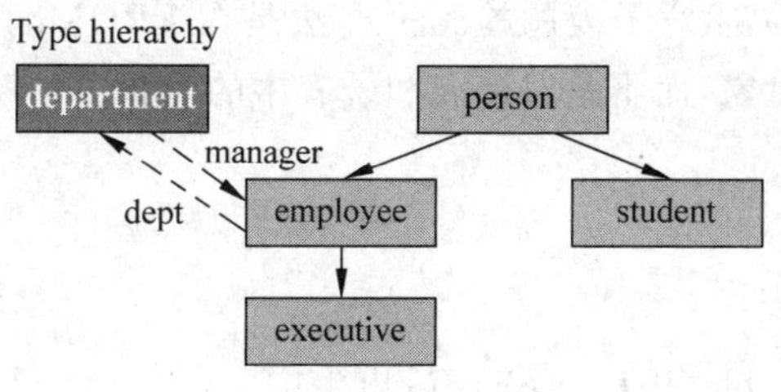

图 7.2　子表和超表

例如：

```
Create TYPE person
(
   Id integer, name VARCHAR(20),birthday INTEGER,address VARCHAR(40)
)NOT FINAL;
Create Type employee
UNDER person
(salary INTEGER)
NOT FINAL;
Create TYPE executive
UNDER employee
(bonus INTEGER)
FINAL;
Create TYPE student
UNDER person
(major VARCHAR(10),wage DECIMAL)
FINAL;
```

基于这些类型可以定义为以下的基本表和层次表。

```
Create table person_table OF person
(name WITH OPTIONS NOT NULL);
Create table employee_table OF employee
UNDER person_table;
Create table executive_table OF executive
UNDER employee _table;
Create table student _table OF student
UNDER person_table;
```

这些表就构成了一个表层次。子表可以继承父表的属性、约束条件、触发器等，子表可以定义自己的新属性。

可以使用 SQL 的 select，insert，delete，update 语句对这些表进行操作。对某个表的查询起始是对该表和它所有子表中对象集合的查询。这个即为表的多态。

```
Select name,address
From person_table
Where birthday <= 1970;
```

这个查询是要找出 person_table 表上 1970 年后出生的人。查询结果包括了 employee_table,executive_table,student_table 表上所有人。

也可以使用 ONLY 关闭对子表的检索。办法是在 FROM 子句中使用 ONLY 将检索的对象限制为指定表的对象,而不是对该表和子表中的对象。

```
Select name,address
From ONLY person_table
Where birthday <= 1970;
```

这个只找出 person_table 表上 1970 年后出生的人,没有包括 employee_table,executive_table,student_table 表上的。

insert,delete,update 语句也是同样的规则。

7.4 多媒体数据库系统

多媒体数据库系统是多媒体技术与数据库技术的结合,它是当前最有吸引力的一种技术。

1. 主要特征

(1) 多媒体数据库系统必须能表示和处理多种媒体数据。多媒体数据在计算机内的表示方法决定于各种媒体数据所固有的特性和关联。对常规的格式化数据使用常规的数据项表示。对非格式化数据,像图形、图像、声音等,就要根据该媒体的特点来决定表示方法。可见在多媒体数据库中,数据在计算机内的表示方法比传统数据库的表示形式复杂,对非格式化的媒体数据往往要用不同的形式来表示。所以,多媒体数据库系统要提供管理这些异构表示形式的技术和处理方法。

(2) 多媒体数据库系统必须能反映和管理各种媒体数据的特性,或各种媒体数据之间的空间或时间的关联。在客观世界里,各种媒体信息有其本身的特性或各种媒体信息之间存在一定的自然关联,例如,关于乐器的多媒体数据包括乐器特性的描述、乐器的照片、利用该乐器演奏某段音乐的声音等。这些不同媒体数据之间存在自然的关联,包括时序关系(如多媒体对象在表达时必须保证时间上的同步特性)和空间结构(如必须把相关媒体的信息集成在一个合理布局的表达空间内)。

(3) 多媒体数据库系统应提供比传统数据库管理系统更强的适合非格式化数据查询的搜索功能,允许对 Image 等非格式化数据做整体和部分搜索,允许通过范围、知识和其他描述符的确定值和模糊值搜索各种媒体数据,允许同时搜索多个数据库中的数据,允许通过对非格式化数据的分析建立图示等索引来搜索数据,允许通过举例查询(Query-by-Example)和通过主题描述查询使复杂查询简单化。

(4) 多媒体数据库系统还应提供事务处理与版本管理功能。

2. 主要技术

(1) 数据模型。建立数据库模型是实现多媒体数据库的关键。目前实现多媒体数据库管理的途径模型主要有4种,分别是基于关系的模型、基于面向对象的模型、基于超文本的模型或超媒体方法、开发全新的数据模型。而实现多媒体库管理的途径都需要使用与之对应的数据模型。其中,用基于超文本的模型来实现对多媒体的描述及操纵。在面向对象语言中,嵌入数据库功能而形成多媒体数据库的关键是:如何在面向对象语言中增加对持久性对象的存储管理。此种方法亦受面向对象方法的限制。开发全新的数据模型从底层实现多媒体数据库系统,该方法首先建立一个包含面向对象数据库核心概念的数据模型,然后设计相应的语言和相应的面向对象数据库管理系统的核心。这种方式系统结构清晰、效率高,但难度大。

(2) 数据的压缩与还原。多媒体的数据要占据很大的空间,如一段2mm左右的音乐要占据数十KB至数百KB的存储空间,而一幅图像则根据分辨率和尺寸要占据数MB至数十MB的存储空间。所以,必须在存储时进行数据压缩,重放时进行数据还原。

(3) 存储管理和存取方法。动态声音和图像形成的大对象即使进行了压缩,存储量也十分惊人。大对象一般是分页面进行管理的。

(4) 用户界面。由于在多媒体计算机中增加了声音和图像接口,所以多媒体数据库应提供更加友好的用户界面。多媒体宿主语言调用、SQL语言以及虚拟现实技术都将使用户方便地接收和反馈信息。

(5) 分布式技术。传统的分布式系统在管理多媒体数据时已不能满足要求。现在不仅要解决数据模型和数据压缩等问题,还必须解决多媒体数据集成和异构全局多媒体数据语言查询等问题。同时,多媒体数据对宽带也有要求。

3. 实现方法

(1) 完善面向对象数据库。完善面向对象数据库使之适应多媒体数据的处理,以便逐步为用户接受。面向对象数据库模型中的对象、属性、方法、消息及对象类的层次结构和继承等特点,使其能够较好地解决多媒体信息管理面临的问题,因此受到人们的重视。

(2) 从关系数据库模型发展多媒体数据库。传统的关系数据库模型建立在严格的数学基础——关系代数上,它为数据库用户提供了一种高级的、集合式的非过程数据库语言,在常规数据的信息管理中发挥了巨大的作用。发展至今,关系数据库模型已具有了成熟的理论基础、完备的数据库管理技术和广泛的应用领域,但是当它面对应用领域所涉及的图形、图像、文字、声音、动画时便显得无法适应。因此,传统的关系数据库模型要想适应多媒体数据的处理要求,必须从概念和体系结构上对其做较大的扩展和修改。

(3) 分布式超媒体数据库。分布式超媒体数据库系统是一种以超媒体信息管理技术为基础的分布式系统。由于多媒体数据具有形象直观、语义丰富和时空关联等特点,并且若是在分布式环境下,则还必须将多媒体信息通过网络予以发布,这将使得多媒体的空间同步或表现建模变得更为复杂,分布式超媒体数据库表现的功能特点能较好地解决这些问题。分布式超媒体数据库用超媒体节点和链分别描述实体和实体之间的联系。它是按主题、节点名和媒体对象做查询对象,基于内容的查询可向用户提供良好的人机交互方式,同时它采用超媒体浏览导航机制,除了具有一般的查询功能以外,还具有浏览过滤功能,能自动确定用户感兴趣的主题,采用宏文献结构来支持大型数据库分布到网上。

4. 实例

(1) 图像数据库。图像数据库中的图像和图形具有一些不同于常规数据类型的特征:数据是静态的,尺寸是可变的,数据量有大有小。所有的图像与常规的字符数据平等处理,但图像对象和特征的辨认是不精确的,对图像内容的不精确的描述自然意味着查询的不精确匹配。

(2) 视频数据库。一般认为,用面向对象方法适合于视频数据库的数据建模框架,为了从视频数据库中调出派生的场景,需要对每一场景进行语义描述,所以模型中必须有减少场景描述程度的机制。不同的建模框架对查询语言影响较大,有关查询语言的功能问题不能与数据模型剥离开来,对取出的场景在规定时间内重放是必要的,利用图像处理技术进行视频索引将丰富视频数据库的检索功能。需要开发一种新的存储系统体系结构以保证最低的数据传输速度,不管被访问的视频图像有多大,也不管用户的数量有多大,视频图像的发送系统要求存储数据量大且有足够的带宽传输,必须保证最低的传输速度,以保证图像的质量要有不同于传统的事务管理方法,主要保证数据的添加。

(3) 音频数据库。在音频数据库中,对音频数据如何存放才能方便分析,而且对音频数据的检索是音频数据库成功实现的关键,传统的数据存放和处理方式是无法满足这些要求的。

5. 应用及前景

多媒体数据库目前已经广泛应用于许多领域中,具有犯罪现场录像、犯罪嫌疑人相片、声音和指纹等信息的犯罪嫌疑犯跟踪系统;具有声音、相片的多媒体户籍管理系统;Internet 上静态图像的检索系统;视频会议等。虚拟图书馆、虚拟博物馆和虚拟药品库让用户足不出户就可放眼观看世界,了解信息。视频数据库现也大量用于计算机辅助教学。

由于多媒体数据库对数字、字符、文字、图形、图像、语音处理和影视处理与数据库的独立性、安全性等优点的结合,使得多媒体数据库的应用前景十分广泛。

7.5 数据仓库与数据挖掘

如今,跨国公司和大型机构在本国和世界其他地方的许多地区营运,每一个运营地区都产生大量的数据。例如,大型连锁企业的数据来自数以千计的店铺,火车票的出售数据来自数以万计的火车票代售点。决策者需要从所有这些数据源查询信息。

因此,21 世纪的商业竞争是商业模式与获得能力、积累和有效利用企业已有知识的竞争。在新型的网络电子商务经济中,灵活、快速才能从竞争者中脱颖而出。现代商业成功的关键依赖于数据仓库的高效率管理策略和基于数据挖掘的交互式数据分析能力。数据仓库系统已经成为一个主要技术手段,促进企业组织向更新、更简洁、低成本、高利润方向发展。

下面介绍数据仓库和数据挖掘技术。

7.5.1 数据仓库

随着 20 世纪 90 年代后期 Internet 的兴起与飞速发展,人类进入了一个新的时代,大量的信息和数据迎面而来,用科学的方法去整理数据,从而从不同视角对企业经营各方面信息的精确分析、准确判断比以往更为迫切,实施商业行为的有效性也比以往更受关注。

使用这些技术建设的信息系统称为数据仓库系统。随着数据仓库技术应用的不断深入,近几年数据仓库技术得到长足的发展。典型的数据仓库系统,比如经营分析系统、决策支持系统等。也随着数据仓库系统带来的良好效果,各行各业的单位已经能很好地接受"整合"数据,从数据中找知识,运用数据知识、用数据"说话"等新的关系到改良生产活动各环节、提高生产效率、发展生产力的理念。

数据仓库技术就是基于数学及统计学严谨逻辑思维的并达成"科学的判断、有效的行为"的一个工具。数据仓库技术也是一种达成"数据整合、知识管理"的有效手段。

1. 数据仓库的概念

数据仓库之父 Bill Inmon 在 1991 年出版的 *Building the Data Warehouse* 一书中所提出的定义被广泛接受——数据仓库(Data Warehouse)是一个面向主题的(Subject Oriented)、集成的(Integrated)、相对稳定的(Non-Volatile)、反映历史变化(Time Variant)的数据集合,用于支持管理决策(Decision Making Support)。

(1) 面向主题的:操作型数据库的数据组织面向事务处理任务,各个业务系统之间各自分离,而数据仓库中的数据是按照一定的主题域进行组织的。因此,数据仓库是围绕企业的主要问题或议题组织归纳的,例如客户、产品、市场、销售、财务、分配、运输等,而不是围绕主要应用领域,如顾客发票、股票控制、产品销售等建立的。对于数据仓库中的每一个主题,都包含特定的值得关注的问题,如产品、顾客、部门、地区、促销等。

(2) 集成的:数据仓库中的数据是在对原有分散的数据库数据抽取、清理的基础上经过系统加工、汇总和整理得到的,必须消除源数据中的不一致性,以保证数据仓库内的信息是关于整个企业的一致的全局信息。

(3) 相对稳定的:数据仓库的数据主要供企业决策分析之用,所涉及的数据操作主要是数据查询,一旦某个数据进入数据仓库以后,一般情况下将被长期保留,而不是替换现有数据。也就是数据仓库中一般有大量的查询操作,但修改和删除操作很少,通常只需要定期地加载、刷新。

(4) 反映历史变化:数据仓库中的数据通常包含历史信息,系统记录了企业从过去某一时点(如开始应用数据仓库的时点)到目前的各个阶段的信息,通过这些信息,可以对企业的发展历程和未来趋势做出定量分析和预测。

数据仓库是一种特殊类型的数据库,它是由来自一个组织内部多个数据源的数据和信息,在统一的架构和统一的位置上,单一、一致、完整地存放或存档的一种数据库。收集来的数据会存储很长时间,并允许访问历史数据。因此,数据仓库为最终用户提供了单一的数据接口,使决策支持查询更容易书写。与面向事物的数据库相比,数据仓库提供了更强大的查询、功能和响应能力。

数据仓库是一系列技术的集成,旨在将操作型数据库有效集成为一个环境,使人们能够战略性地利用数据。这些技术包括关系和多维数据库管理系统、客户/服务器架构、元数据模型和存储、图形用户接口等。数据仓库从源系统中抽取信息,用于机构的战略性使用,以降低成本和提高收入。

数据仓库就是一种计算机系统开发准则，它允许企业用户分析他们系统的运行情况，并设法知道如何使系统更好地运行。数据仓库系统是一个商业领域的诊断系统。由于数据仓库包含了来自多个数据源的大量数据，因此数据仓库与源数据库相比大了很多。

2. 数据仓库的特点

E. F. Codd(1993)给出了数据仓库的下列明显特征：

(1) 多维概念视图。

(2) 普通的维度。

(3) 维与聚集层次不受限。

(4) 无限制的跨维操作。

(5) 动态稀疏矩阵处理。

(6) 客户/服务器体系。

(7) 支持多用户。

(8) 存取能力。

(9) 透明性。

(10) 直观的数据操作。

(11) 稳定的报表性能。

(12) 报表的灵活性。

数据仓库的优点如下：

(1) 投资(ROI)的高回报。

(2) 更有效地支持决策。

(3) 竞争的优势。

(4) 更好的企业智能。

(5) 提高企业决策制定者的生产力。

(6) 强化客户服务。

(7) 业务和信息资源重整。

数据仓库的局限性如下：

(1) 查询密度大。

(2) 数据仓库往往非常大，因此，性能优化很困难。

(3) 可扩展性可能是一个问题。

(4) 最终用户的要求不断增长。

(5) 数据同构化。

(6) 资源的高需求。

(7) 维护要求高。

(8) 集成复杂。

3. 数据仓库体系结构

企业数据仓库的建设是以现有企业业务系统和大量业务数据的积累为基础的。数据仓库不是静态的概念，只有把信息及时交给需要这些信息的使用者，供他们做出改善其业务经营的决策,信息才能发挥作用,也才有意义。而把信息加以整理、归纳和重组,并及时提供给相应的管理决策人员,是数据仓库的根本任务。因此,从产业界的角度看,数据仓库建设是一个工程,同时也是一个过程。整个数据仓库系统是一个包含 4 个层次的体系结构,具体如图 7.3 所示。

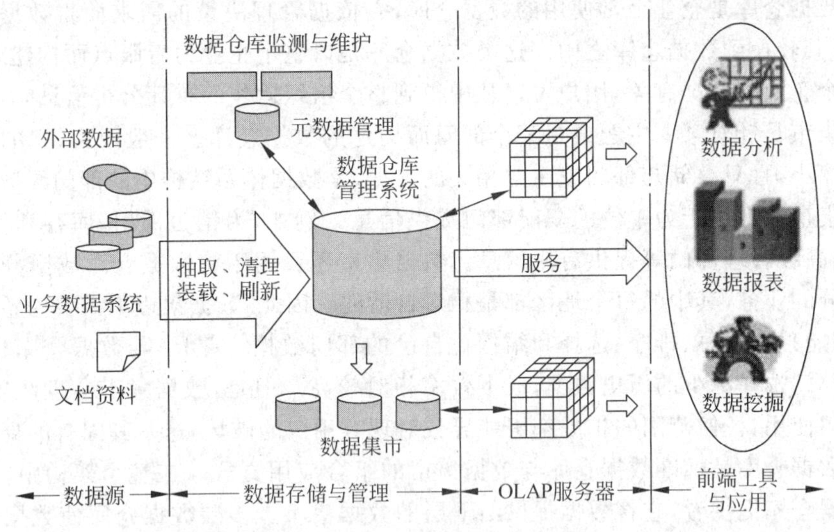

图 7.3　数据仓库系统的体系结构

(1) 数据源：是数据仓库系统的基础,是整个系统的数据源泉。通常包括企业内部信息和外部信息。内部信息包括存放于 RDBMS 中的各种业务处理数据和各类文档数据。外部信息包括各类法律法规、市场信息和竞争对手的信息等。

(2) 数据的存储与管理：是整个数据仓库系统的核心。数据仓库的真正关键是数据的存储和管理。数据仓库的组织管理方式决定了它有别于传统数据库,同时也决定了其对外部数据的表现形式。要决定采用什么产品和技术来建立数据仓库的核心,则需要从数据仓库的技术特点着手分析。针对现有各业务系统的数据,进行抽取、清理,并有效集成,按照主题进行组织。数据仓库按照数据的覆盖范围可以分为企业级数据仓库和部门级数据仓库(通常称为数据集市)。

(3) OLAP(联机分析处理)服务器：对分析需要的数据进行有效集成,按多维模型予以组织,以便进行多角度、多层次的分析,并发现趋势。其具体实现可以分为 ROLAP(关系型在线分析处理)、MOLAP(多维在线分析处理)和 HOLAP(混合型线上分析处理)。ROLAP 基本数据和聚合数据均存放在 RDBMS 之中；MOLAP 基本数据和聚合数据均存放于多维数据库中；HOLAP 基本数据存放于 RDBMS 之中,聚合数据存放于多维数据库中。

(4) 前端工具：主要包括各种报表工具、查询工具、数据分析工具、数据挖掘工具以数据挖掘及各种基于数据仓库或数据集市的应用开发工具。其中数据分析工具主要针对 OLAP 服务器,报表工具、数据挖掘工具主要针对数据仓库。

4. 数据仓库的分类

按照数据仓库的规模与应用层面来区分,数据仓库大致可分为下列几种：

(1) 标准数据仓库。

(2) 数据集市。

(3) 多层数据仓库。

(4) 联合式数据仓库。

标准数据仓库是企业最常使用的数据仓库,它依据管理决策的需求而将数据加以整理分析,再将其转换到数据仓库之中。这类数据仓库是以整个企业为着眼点而构建,所以其数据都与整个企业的数据有关,用户可以从中得到整个组织运作的统计分析信息。

数据集市是针对某一主题或是某个部门而构建的数据仓库。一般而言,它的规模比标准数据仓库小,且只存储与部门或主题相关的数据,是数据体系结构中的部门级数据仓库。

数据集市通常用于为单位的职能部门提供信息。例如,为销售部门、库存和发货部门、财务部门、高级管理部门等提供有用信息。数据集市还可用于将数据仓库数据分段以反映按地理划分的业务,其中的每个地区都是相对自治的。因此,数据集市不需要为整个企业服务,各部门能独立汇总、排序、选择和结构化自己的部门数据。并且,与数据仓库相比,数据集市能使部门选择更少的历史数据,成本效率相对较高。但是,数据集市一旦产生,便很难被其他部门使用,任何范围的扩展都可能导致对现有用户的破坏,这是其固有的局限性。

多层数据仓库是标准数据仓库与数据集市的组合应用方式。在整个架构中,有一个最上层的数据仓库提供者,它将数据提供给下层的数据集市。多层数据仓库使数据仓库系统走向分散之路,其优点是拥有统一的全企业性数据源,创建部门使用的数据集市就比较省时省事,而且各数据集市的工作人员可以分散整体性的工作开销。

联合式数据仓库是在整体系统中包含了多重的数据仓库或数据集市系统,也可以包括多层的数据仓库,但在整个系统中只有一个数据仓库数据的提供者,这种数据仓库系统适合大型企业使用。

5. 数据仓库的架构方式

传统的关系数据库一般采用二维数表的形式来表示数据,一个维是行,另一个维是列,行和列的交叉处就是数据元素。关系数据的基础是关系数据库模型,通过标准的 SQL 语言来加以实现。

数据仓库是多维数据库,它扩展了关系数据库模型,以星形架构为主要结构方式,并在它的基础上,扩展出理论雪花形架构和数据星座等方式,但不管是哪一种架构,维度表、事实表和事实表中的量度都是必不可少的组成要素。

1) 星形架构

星形模型是最常用的数据仓库设计结构的实现模式,它使数据仓库形成了一个集成系统,为最终用户提供报表服务,为用户提供分析服务对象。如图 7.4 所示,星形模式通过使用一个包含主题的事实表和多个包含事实的非正规化描述的维度表来支持各种决策查询。星形模型可以采用关系型数据库结构,模型的核心是事实表,围绕事实表的是维度表。通过事实表将各种不同的维度表连接起来,各个维度表都连接到中央事实

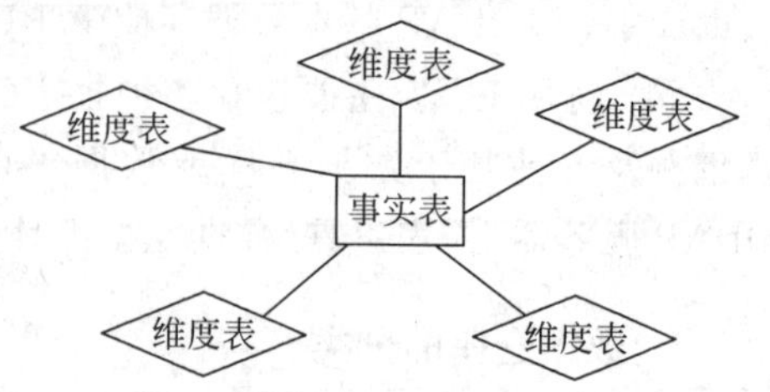

图 7.4　星形架构

表。维度表中的对象通过事实表与另一维度表中的对象相关联，这样就能建立各个维度表对象之间的联系。每一个维度表通过一个主键与事实表进行连接。

事实表主要包含了描述特定商业事件的数据，即某些特定商业事件的度量值。一般情况下，事实表中的数据不允许修改，新的数据只是简单地添加进事实表中，维度表主要包含了存储在事实表中数据的特征数据。每一个维度表利用维度关键字通过事实表中的外键约束于事实表中的某一行，实现与事实表的关联，这就要求事实表中的外键不能为空，这与一般数据库中外键允许为空是不同的。这种结构使用户能够很容易地从维度表中的数据分析开始，获得维度关键字，以便连接到中心的事实表进行查询，这样就可以减少在事实表中扫描的数据量，以提高查询性能。

使用星形模式主要有两方面的原因：提高查询的效率和通俗直观。采用星形模式设计的数据仓库的优点是由于数据的组织已经过预处理，主要数据都在庞大的事实表中，所以只要扫描事实表就可以进行查询，而不必把多个庞大的表联结起来，查询访问效率较高，同时由于维表一般都很小，甚至可以放在高速缓存中，与事实表进行连接时其速度较快，便于用户理解。对于非计算机专业的用户而言，星形模式比较直观，通过分析星形模式很容易组合出各种查询。

2）雪花形架构

雪花模型是对星形模型的扩展，每一个维度都可以向外连接多个详细类别表。在这种模式中，维度表除了具有星形模型中维度表的功能外，还连接对事实表进行详细描述的详细类别表。详细类别表通过对事实表在有关维上的详细描述达到了缩小事实表和提高查询效率的目的，雪花形架构如图 7.5 所示。

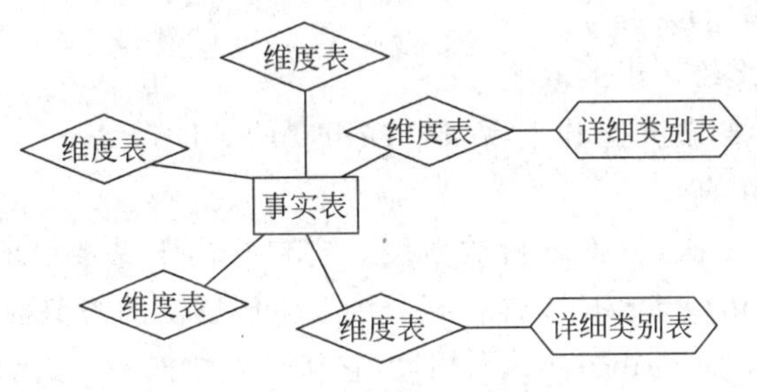

图 7.5　雪花形架构

雪花模型对星形模型的维度表进一步标准化，对星形模型中的维度表进行了规范化处理。雪花模型的维度表中存储了正规化的数据，这种结构通过把多个较小的标准化表（而不是星形模型中的大的非标准化表）联合在一起来改善查询性能。由于采取了标准化及维的低粒度，雪花模型提高了数据仓库应用的灵活性。

这些连接需要花费相当多的时间。一般来说，一个雪花形图表要比一个星形图表效率低。

6. 联机分析处理

数据仓库是进行决策分析的基础，因此，需要强有力的工具来辅助管理决策者进行分析和决策。

在实际决策过程中,决策者需要的数据往往不是某一指标单一的值,而是希望能从多个角度观察某一个指标或多个指标的值,并且找出这些指标之间的关系。决策所需的数据总是与一些统计指标、观察角度以及级别的统计有关,将这些观察数据的角度称为维。可以说决策数据是多维数据,多维数据分析是决策的主要内容。但传统的关系数据库系统及查询工具对于管理和应用这样复杂的数据显得力不从心。

联机分析处理(OLAP)是一种支持决策制定、商业建模和进行研究活动的高级数据分析环境,它可以定义为大量多维数据的动态综合、分析和合并。它是数据创建、管理、分析和报表的交互过程。OLAP 使用一系列图形工具为用户提供多维数据视图,允许他们使用简单的窗体技术来分析数据,以便他们准确掌握企业的经营状况,了解市场需求,制定正确方案,从而增加效益。

OLAP 是一种数据库接口工具,允许用户快速找到自己的数据。OLAP 工具是基于多维数据库的,允许用户以详细、多维和复杂的视图分析数据,这些工具利用多维数据库或具有多维特性的关系数据库来构建多维数据模型。

1) 逻辑概念和典型操作

OLAP 展现在用户面前的是一幅幅多维视图。

维(Dimension):是人们观察数据的特定角度,是考虑问题时的一类属性,属性集合构成一个维(时间维、地理维等)。

维的层次(Level):人们观察数据的某个特定角度(即某个维)还可以存在细节程度不同的各个描述方面(时间维:日期、月份、季度、年)。

维的成员(Member):维的一个取值,是数据项在某维中位置的描述("某年某月某日"是在时间维上位置的描述)。

度量(Measure):多维数组的取值。

OLAP 的基本多维分析操作有钻取(Drill-up 和 Drill-down)、切片(Slice)和切块(Dice),以及旋转(Pivot)等。

钻取:是改变维的层次,变换分析的粒度。它包括向下钻取(Drill-down)和向上钻取(Drill-up)/上卷(Roll-up)。Drill-up 是在某一维上将低层次的细节数据概括到高层次的汇总数据,或者减少维数;而 Drill-down 则相反,它从汇总数据深入到细节数据进行观察或增加新维。

切片和切块:是在一部分维上选定值后,关心度量数据在剩余维上的分布。如果剩余的维只有两个,则是切片;如果有 3 个或以上,则是切块。

旋转:是变换维的方向,即在表格中重新安排维的放置(例如行列互换)。

2) 分类

OLAP 系统按照其存储器的数据存储格式可以分为关系 OLAP(Relational OLAP,ROLAP)、多维 OLAP(Multidimensional OLAP,MOLAP)和混合型 OLAP(Hybrid OLAP,HOLAP)3 种类型。

(1) ROLAP

ROLAP 将分析用的多维数据存储在关系数据库中,并根据应用的需要有选择地定义一批实视图作为表也存储在关系数据库中。不必将每一个 SQL 查询都作为实视图保存,只定义那些应用频率比较高、计算工作量比较大的查询作为实视图。对每个针对 OLAP 服务器的查询，优先利用已经计算好的实视图来生成查询结果以提高查询效率。同时，用作ROLAP存储器的RDBMS也针对OLAP作相应的优化，比如并行存储、并行查询、并行数据管理、基于成本的查询优化、位图索引、SQL的OLAP扩展(Cube，Rollup)等。

(2) MOLAP

MOLAP将OLAP分析所用到的多维数据物理上存储为多维数组的形式，形成"立方体"的结构。维的属性值被映射成多维数组的下标值或下标的范围，而总结数据作为多维数组的值存储在数组的单元中。由于MOLAP采用了新的存储结构，从物理层实现起，因此又称为物理OLAP(Physical OLAP，POLAP)；而ROLAP主要通过一些软件工具或中间软件实现，物理层仍采用关系数据库的存储结构，因此称为虚拟OLAP(Virtual OLAP，VOLAP)。

(3) HOLAP

由于MOLAP和ROLAP有着各自的优点和缺点，且它们的结构迥然不同，这给分析人员设计OLAP结构提出了难题。为此一个新的OLAP结构——混合型OLAP(HOLAP)被提出，它能把MOLAP和ROLAP两种结构的优点结合起来。迄今为止，对HOLAP还没有一个正式的定义。但很明显，HOLAP结构不应该是MOLAP与ROLAP结构的简单组合，而是这两种结构技术优点的有机结合，能满足用户各种复杂的分析请求。

7.5.2　数据挖掘

我们现在已经生活在一个网络化的时代，通信、计算机和网络技术正改变着整个人类和社会。

大量信息在给人们带来方便的同时也带来了一大堆问题：第一是信息过量，难以消化；第二是信息真假难以辨识；第三是信息安全难以保证；第四是信息形式不一致，难以统一处理。人们开始提出一个新的口号"要学会抛弃信息"。人们开始考虑"如何才能不被信息淹没，而是从中及时发现有用的知识、提高信息利用率？"

随着数据库技术的迅速发展以及数据库管理系统的广泛应用，人们积累的数据越来越多。激增的数据背后隐藏着许多重要的信息，人们希望能够对其进行更高层次的分析，以便更好地利用这些数据。目前的数据库系统可以高效地实现数据的录入、查询、统计等功能，但无法发现数据中存在的关系和规则，无法根据现有的数据预测未来的发展趋势。缺乏挖掘数据背后隐藏的知识的手段，导致了"数据爆炸但知识贫乏"的现象。

面对这一挑战，数据开采和知识发现(DMKD)技术应运而生，并显示出强大的生命力。

1. 数据挖掘逐渐演变的过程

数据挖掘其实是一个逐渐演变的过程，在电子数据处理的初期，人们就试图通过某些方法来实现自动决策支持，当时机器学习成为人们关心的焦点。机器学习的过程就是将一些已知的并已被成功解决的问题作为范例输入计算机，机器通过学习这些范例总结并生成相应的规则，这些规则具有通用性，使用它们可以解决某一类的问题。随后，随着神经网络技术的形成和发展，人们的注意力转向知识工程，知识工程不同于机器学习那样给计算机输入范例，让它生成出规则，而是直接给计算机输入已被代码化的规则，而计算机是通过使用这些规则来解决某些问题。专家系统就是这种方法所得到的成果，但它有投资大、效果不甚理想等不足。20 世纪 80 年代人们又在新的神经网络理论的指导下,重新回到机器学习的方法上,并将其成果应用于处理大型商业数据库。随着在 20 世纪 80 年代末出现了一个新的术语,即数据库中的知识发现,简称 KDD(Knowledge Discovery In Database)。它泛指所有从源数据中发掘模式或联系的方法,人们接受了这个术语,并用 KDD 来描述整个数据发掘的过程,包括最开始的制定业务目标到最终的结果分析,而用数据挖掘(Data Mining)来描述使用挖掘算法进行数据挖掘的子过程。但最近人们却逐渐开始使用数据挖掘中有许多工作可以由统计方法来完成,并认为最好的策略是将统计方法与数据挖掘有机地结合起来。

数据仓库技术的发展与数据挖掘有着密切的关系。数据仓库的发展是促进数据挖掘越来越热的原因之一。但是,数据仓库并不是数据挖掘的先决条件,因为有很多数据挖掘可直接从操作数据源中挖掘信息。

2. 数据挖掘的定义

1) 技术上的定义及含义

数据挖掘就是从大量的、不完全的、有噪声的、模糊的、随机的实际应用数据中,提取隐含在其中的、人们事先不知道的,但又是潜在有用的信息和知识的过程。

与数据挖掘相近的同义词有数据融合、数据分析和决策支持等。这个定义包括好几层含义:数据源必须是真实的、大量的、含噪声的;发现的是用户感兴趣的知识;发现的知识要可接受、可理解、可运用;并不要求发现放之四海皆准的知识,仅支持特定的发现问题。

2) 商业角度的定义

数据挖掘是一种新的商业信息处理技术,其主要特点是对商业数据库中的大量业务数据进行抽取、转换、分析和其他模型化处理,从中提取辅助商业决策的关键性数据。

简而言之,数据挖掘其实是一类深层次的数据分析方法。数据分析本身已经有很多年的历史,只不过在过去数据收集和分析的目的是用于科学研究,另外,由于当时计算能力的限制,对大数据量进行分析的复杂数据分析方法受到很大限制。现在,由于各行业业务自动化的实现,商业领域产生了大量的业务数据,这些数据不再是为了分析的目的而收集的,而是由于纯机会的(Opportunistic)商业运作而产生。分析这些数据也不再是单纯为了研究的需要,更主要是为商业决策提供真正有价值的信息,进而获得利润。但所有企业面临的一个共同问题是:企业数据量非常大,而其中真正有价值的信息却很少,因此从大量的数据中经过深层分析,获得有利于商业运作、提高竞争力的信息,就像从矿石中淘金一样,数据挖掘也因此而得名。

因此,数据挖掘可以描述为:按企业既定业务目标,对大量的企业数据进行探索和分析,揭示隐藏的、未知的或验证已知的规律性,并进一步将其模型化的先进有效的方法。

3. 数据挖掘的任务

数据挖掘的任务主要是关联分析、聚类分析、分类、预测、时序模式和偏差分析等。

1) 关联分析(Association Analysis)

关联规则挖掘是由 Rakesh Apwal 等人首先提出的。两个或两个以上变量的取值之间存在某种规律性,就称为关联。数据关联是数据库中存在的一类重要的、可被发现的知识。关联分析为简单关联、时序关联和因果关联。关联分析的目的是找出数据库中隐藏的关联网。

一般用支持度和可信度两个阈值来度量关联规则的相关性，还不断引入兴趣度、相关性等参数，使得所挖掘的规则更符合需求。

2）聚类分析(Clustering)

聚类是把数据按照相似性归纳成若干类别，同一类中的数据彼此相似，不同类中的数据相异。聚类分析可以建立宏观的概念，发现数据的分布模式，以及可能的数据属性之间的相互关系。

3）分类(Classification)

分类就是找出一个类别的概念描述，它代表了这类数据的整体信息，即该类的内涵描述，并用这种描述来构造模型，一般用规则或决策树模式表示。分类是利用训练数据集通过一定的算法而求得分类规则。分类可被用于规则描述和预测。

4）预测(Predication)

预测是利用历史数据找出变化规律，建立模型，并由此模型对未来数据的种类及特征进行预测。预测关心的是精度和不确定性，通常用预测方差来度量。

5）时序模式(Time-series Pattern)

时序模式是指通过时间序列搜索出的重复发生概率较高的模式。与回归一样，它也是用已知的数据预测未来的值，但这些数据的区别是变量所处时间的不同。

6）偏差分析(Deviation)

在偏差中包括很多有用的知识，数据库中的数据存在很多异常情况，发现数据库中数据存在的异常情况是非常重要的。偏差检验的基本方法就是寻找观察结果与参照之间的差别。

4. 数据挖掘流程

1）定义问题

清晰地定义出业务问题，确定数据挖掘的目标。

2）数据准备

数据准备包括：选择数据——在大型数据库和数据仓库目标中提取数据挖掘的目标数据集；数据预处理——进行数据再加工，包括检查数据的完整性及数据的一致性、去噪声、填补丢失的域、删除无效数据等。

3）数据挖掘

根据数据功能的类型和数据的特点选择相应的算法，在净化和转换过的数据集上进行数据挖掘。

4）结果分析

对数据挖掘的结果进行解释和评价，转换成为能够最终被用户理解的知识。

5）知识的运用

将分析所得到的知识集成到业务信息系统的组织结构中去。

5. 数据挖掘系统的主要成分

数据挖掘系统的主要成分如图 7.6 所示。

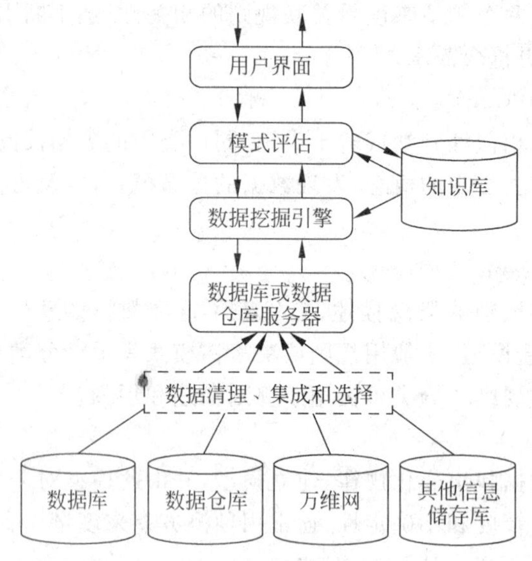

图 7.6 数据挖掘系统的主要成分

数据库、数据仓库、万维网或其他信息储存库：这是一个或一组数据库、数据仓库、电子数据表或其他类型的信息库。可以对这些数据进行数据清理和集成。

数据库或数据仓库服务器：根据用户的数据挖掘请求，数据库或数据仓库服务器负责提取相关数据。

知识库：这是领域知识，用于指导搜索或评估结果模式的兴趣度。这种知识可能包括概念分层，用于将属性或属性值组织成不同的抽象层。用户信念知识也可以包含在内，可以使用这种知识，根据非期望性评估模式的兴趣度。领域知识的其他例子包括附加的兴趣度约束或阈值，以及元数据(例如，描述来自多个异构数据源的数据)。

数据挖掘引擎：这是数据挖掘系统的基本部分，理想情况下由一组功能模块组成，用于执行特征化、关联和相关分析、分类、预测、聚类分析、离群点分析和演变分析等任务。

模式评估模块：通常，该成分使用兴趣度度量，并与数据挖掘模块交互，以便将搜索聚焦在有趣的模式上。它可能使用兴趣度阈值过滤已发现的模式。模式评估模块也可以与挖掘模块集成在一起，这依赖于所用的数据挖掘方法的实现。对于有效的数据挖掘，建议尽可能深入地将模式评估兴趣度推进到挖掘过程之中，以便将搜索限制在有趣的模式上。

用户界面：该模块在用户和数据挖掘系统之间通信，允许用户与系统交互，说明数据挖掘查询或任务，提供信息以帮助搜索聚焦，根据数据挖掘的中间结果进行探索式数据挖掘。此外，该成分还允许用户浏览数据库和数据仓库模式或数据结构，评估挖掘的模式，以不同的形式对模式可视化。

6. 数据挖掘的方法

1) 神经网络方法

神经网络由于本身良好的鲁棒性、自组织自适应性、并行处理、分布存储和高度容错等特性非常适合解决数据挖掘的问题，因此近年来越来越受到人们的关注。典型的神经网络模型主要分 3 大类：以感知机、BP 反向传播模型和函数型网络为代表的，用于分类、预测和模式识别的前馈式神经网络模型；以 Hopfield 的离散模型和连续模型为代表的，分别用于联想记忆和优化计算的反馈式神经网络模型；以 Art 模型、Koholon 模型为代表的，用于聚类的自组织映射方法。神经网络方法的缺点是"黑箱"性，人们难以理解网络的学习和决策过程。

2）遗传算法

遗传算法是一种基于生物自然选择与遗传机理的随机搜索算法，是一种仿生全局优化方法。遗传算法具有的隐含并行性、易于和其他模型结合等性质使得它在数据挖掘中被加以应用。

Sunil 已成功地开发了一个基于遗传算法的数据挖掘工具，利用该工具对两架飞机失事的真实数据库进行了数据挖掘实验，结果表明遗传算法是进行数据挖掘的有效方法之一。遗传算法的应用还体现在与神经网络、粗集等技术的结合上。如利用遗传算法优化神经网络结构，在不增加错误率的前提下，删除多余的连接和隐层单元；用遗传算法和 BP 算法结合训练神经网络，然后从网络提取规则等。但遗传算法的算法较复杂，收敛于局部极小的较早收敛问题尚未得到解决。

3）决策树方法

决策树是一种常用于预测模型的算法，它通过将大量数据有目的地分类，从中找到一些有价值的、潜在的信息。它的主要优点是描述简单、分类速度快，特别适合大规模的数据处理。最有影响和最早的决策树方法是由 Quinlan 提出的著名的基于信息熵的 IB3 算法。它的主要问题是：IB3 是非递增学习算法；IB3 决策树是单变量决策树，复杂概念的表达困难；同性间的相互关系强调不够；抗噪性差。针对上述问题，出现了许多较好的改进算法，如 Schlimmer 和 Fisher 设计了 IB4 递增式学习算法等。

4）粗集方法

粗集理论是一种研究不精确、不确定知识的数学工具。粗集方法有几个优点：不需要给出额外信息；简化输入信息的表达空间；算法简单，易于操作。粗集处理的对象是类似二维关系表的信息表。目前，成熟的关系数据库管理系统和新发展起来的数据仓库管理系统，为粗集的数据挖掘奠定了坚实的基础。但粗集的数学基础是集合论，难以直接处理连续的属性。而现实信息表中连续属性是普遍存在的。因此，连续属性的离散化是制约粗集理论实用化的难点。现在国际上已经研制出来了一些基于粗集的工具应用软件，如加拿大 Regina 大学开发的 KDD-R；美国 Kansas 大学开发的 LERS 等。

5）覆盖正例排斥反例方法

它是利用覆盖所有正例、排斥所有反例的思想来寻找规则。首先在正例集合中任选一个种子，到反例集合中逐个比较。与字段取值构成的选择子相容则舍去，相反则保留。按此思想循环所有正例种子，将得到正例的规则（选择子的合取式）。比较典型的算法有 Michalski 的 AQ11 方法、洪家荣改进的 AQ15 方法以及他的 AE5 方法。

6）统计分析方法

在数据库字段项之间存在两种关系：函数关系（能用函数公式表示的确定性关系）和相关关系（不能用函数公式表示，但仍是相关确定性关系），对它们的分析可采用统计学方法，即利用统计学原理对数据库中的信息进行分析。可进行常用统计（求大量数据中的最大值、最小值、总和、平均值等）、回归分析（用回归方程来表示变量间的数量关系）、相关分析（用相关系数来度量变量间的相关程度）、差异分析（从样本统计量的值得出差异来确定总体参数之间是否存在差异)等。

7) 模糊集方法

即利用模糊集合理论对实际问题进行模糊评判、模糊决策、模糊模式识别和模糊聚类分析。系统的复杂性越高,模糊性越强,一般模糊集合理论是用隶属度来刻画模糊事物的亦此亦彼性的。李德毅等人在传统模糊理论和概率统计的基础上,提出了定性定量不确定性转换模型——云模型,并形成了云理论。

7.5.3 数据仓库与数据挖掘的关系

大部分情况下,数据挖掘都要先把数据从数据仓库中拿到数据挖掘库或数据集市中。从数据仓库中直接得到进行数据挖掘的数据有许多好处。数据仓库的数据清理和数据挖掘的数据清理差不多,如果数据在导入数据仓库时已经清理过,那很可能在做数据挖掘时就没必要再清理一次了,而且所有的数据不一致的问题都已经被解决了。

数据挖掘库可能是用户的数据仓库的一个逻辑上的子集,而不一定非得是物理上单独的数据库。但如果用户的数据仓库的计算资源已经很紧张,那最好还是建立一个单独的数据挖掘库。

当然为了数据挖掘也不必非得建立一个数据仓库,数据仓库不是必需的。建立一个巨大的数据仓库,把各个不同源的数据统一在一起,解决所有的数据冲突问题,然后把所有的数据导到一个数据仓库内,是一项巨大的工程,可能要用几年的时间花上百万的钱才能完成。只是为了数据挖掘,用户可以把一个或几个事务数据库导到一个只读的数据库中,就把它当作数据集市,然后在它上面进行数据挖掘。

7.6 大数据

下面是最先成功应用大数据技术的例子。

2009 年出现了一种新的流感病毒。这种甲型 H1N1 流感结合了导致禽流感和猪流感的病毒特点,在短短几周之内迅速传播开来。全球的公共卫生机构都担心一场致命的流行病即将来袭。有的评论家甚至警告说,可能会爆发大规模流感,类似于 1918 年在西班牙爆发的、影响了 5 亿人口并夺走了数千万人性命的大规模流感。更糟糕的是,我们还没有研发出对抗这种新型流感病毒的疫苗。公共卫生专家能做的只是减慢它传播的速度。但要做到这一点,他们必须先知道这种流感出现在哪里。

美国,和所有其他国家一样,都要求医生在发现新型流感病例时告知疾病控制与预防中心(CDC)。但由于人们可能患病多日实在受不了了才会去医院,同时这个信息传达回疾控中心也需要时间,因此,通告新流感病例时往往会有一两周的延时。而且,疾控中心每周只进行一次数据汇总。然而,对于一种飞速传播的疾病,信息滞后两周的后果将是致命的。这种滞后导致公共卫生机构在疫情爆发的关键时期反而无所适从。

在甲型 H1N1 流感爆发的几周前,互联网巨头谷歌公司的工程师们在《自然》杂志上发表了一篇引人注目的论文。它令公共卫生官员们和计算机科学家们感到震惊。文中解释了谷歌为什么能够预测冬季流感的传播:不仅是全美范围的传播,而且可以具体到特定的地区和州。

谷歌通过观察人们在网上的搜索记录来完成这个预测，而这种方法以前一直是被忽略的。谷歌保存了多年来所有的搜索记录，而且每天都会收到来自全球超过30亿条的搜索指令，如此庞大的数据资源足以支撑和帮助它完成这项工作。发现能够通过人们在网上检索的词条辨别出其是否感染了流感后，谷歌公司把5000万条美国人最频繁检索的词条和美国疾控中心在2003年至2008年间季节性流感传播时期的数据进行了比较。其他公司也曾试图确定这些相关的词条，但是它们缺乏像谷歌公司一样庞大的数据资源、处理能力和统计技术。

谷歌公司为了测试这些检索词条，总共处理了4.5亿个不同的数字模型。将得出的预测与2007年、2008年美国疾控中心记录的实际流感病例进行对比后，谷歌公司发现，它们的软件发现了45条检索词条的组合，一旦将它们用于一个数学模型，它们的预测与官方数据的相关性高达97%。和疾控中心一样，它们也能判断出流感是从哪里传播出来的，而且判断非常及时，不会像疾控中心一样要在流感爆发一两周之后才可以做到。

所以，2009年甲型H1N1流感爆发的时候，与习惯性滞后的官方数据相比，谷歌成为了一个更有效、更及时的指示标。

7.6.1 什么是大数据

大数据(Big Data)，或称巨量资料，指的是所涉及的资料量规模巨大到无法通过目前主流软件工具，在合理时间内达到撷取、管理、处理并整理成为帮助企业经营决策的信息。在维克托·迈尔-舍恩伯格及肯尼斯·库克耶编写的《大数据时代》中，大数据指不用随机分析法这样的捷径，而采用所有数据进行分析处理。

"大数据"研究机构Gartner给出了这样的定义："大数据"是需要新处理模式才能具有更强的决策力、洞察发现力和流程优化能力的海量、高增长率和多样化的信息资产。

一般来说大数据具有4个基本特征，即4V特点：Volume(大量)、Velocity(高速)、Variety(多样)、Value(价值)。

一是数据体量巨大。百度资料表明，其新首页导航每天需要提供的数据超过1.5PB(1PB=1024TB)，这些数据如果打印出来将超过5千亿张A4纸。有资料证实，到目前为止，人类生产的所有印刷材料的数据量仅为200PB。

二是处理速度快。数据处理遵循"1秒定律"，可从各种类型的数据中快速获得高价值的信息。

三是数据类型多样。现在的数据类型不仅是文本形式，更多的是图片、视频、音频、地理位置信息等多类型的数据，个性化数据占绝对多数。

四是价值密度低。以视频为例，一小时的视频，在不间断的监控过程中，可能有用的数据仅仅只有一两秒。

大数据技术的战略意义不在于掌握庞大的数据信息，而在于对这些含有意义的数据进行专业化处理。换言之，如果把大数据比作一种产业，那么这种产业实现盈利的关键，在于提高对数据的"加工能力"，通过"加工"实现数据的"增值"。

从技术上看，大数据与云计算的关系就像一枚硬币的正反面一样密不可分。大数据必然无法用单台的计算机进行处理，必须采用分布式架构。它的特色在于对海量数据进行分布式数据挖掘,但它必须依托云计算的分布式处理、分布式数据库和云存储、虚拟化技术。

随着云时代的来临,大数据也吸引了越来越多的关注。《著云台》的分析师团队认为,大数据通常用来形容一个公司创造的大量非结构化数据和半结构化数据,这些数据在下载到关系型数据库用于分析时会花费过多的时间和金钱。大数据分析常和云计算联系到一起,因为实时的大型数据集分析需要像 MapReduce 一样的框架来向数十、数百或甚至数千的计算机分配工作。

大数据需要特殊的技术,以便有效地处理大量的时效数据。适用于大数据的技术,包括大规模并行处理(MPP)数据库、数据挖掘电网、分布式文件系统、分布式数据库、云计算平台、互联网和可扩展的存储系统。

7.6.2 大数据技术

1. Hadoop MapReduce

Hadoop 是一种分布式系统的平台,通过它可以很轻松地搭建一个高效、高质量的分布式系统,而且它还有许多相关的子项目能对其功能起到极大的扩充,这些子项目包括 Zookeeper、Hive、Hbase 等。在开源社区里,Hadoop 已经是目前大数据平台中应用率最高的技术,尤其是在诸如文本、社交媒体订阅以及视频等非结构化数据的处理上。

MapReduce 是 Hadoop 的核心组件之一。Hadoop 包括两部分:一是分布式文件系统 HDFS;二是分布式计算框,就是 MapReduce,两者缺一不可。也就是说,通过 MapReduce 可以很容易地在 Hadoop 平台上进行分布式的计算编程。

根据权威报告显示,许多企业都开始使用或者评估 Hadoop 技术来作为其大数据平台的标准。

2. NoSQL 数据库

NoSQL,泛指非关系型的数据库。随着互联网 Web 2.0 网站的兴起,传统的关系数据库在应付 Web 2.0 网站,特别是超大规模和高并发的 SNS 类型的 Web 2.0 纯动态网站已经显得力不从心,暴露了很多难以克服的问题。而非关系型的数据库则由于其本身的特点得到了非常迅速的发展。

3. 内存分析

在 Gartner 公司评选的 2012 年十大战略技术中,内存分析在个人消费电子设备以及其他嵌入式设备中的应用将会得到快速的发展。随着越来越多的价格低廉的内存用到数据中心中,如何利用这一优势对软件进行最大限度的优化成为关键的问题。内存分析以其实时、高性能的特性,成为大数据分析时代下的"新宠儿"。如何让大数据转化为最佳的洞察力,也许内存分析就是答案。大数据背景下,用户以及 IT 提供商应该将其视为长远发展的技术趋势。

4. 集成设备

随着数据仓库设备(Data Warehouse Appliance)的出现,商业智能以及大数据分析的潜能也被激发出来,许多企业将利用数据仓库新技术的优势提升自身竞争力。集成设备将企业的数据仓库硬件软件整合在一起,提升查询性能、扩充存储空间并获得更多的分析功能,并能够提供同传统数据仓库系统一样的优势。在大数据时代,集成设备将成为企业应对数据挑战的一个重要利器。

7.6.3 大数据的用途

大数据能够改变人们看待世界的方式。作为一个术语和一种概念,如果不是每天和大数据打交道,那么大数据对于我们来说是相对陌生的。即使在业内专家里,关于大数据的定义也是激烈争论的话题。对于一些人来说,关键的特征是数据库的容量;对于另外一些人来说,关键特征是数据的复杂性,也有些人说是数据的集中和分析速度。对于我们来说,可能大数据最好的理解方式就是无穷大的数据量,这些数据来自一些企业、政府或者一些大的组织团体,他们的一些活动能够影响到数以万计的人。在Facebook里大数据用于处理你的"好友推荐",在亚马逊里用于推荐购物,还有移动手机网络能够提供免费的地理位置。现在大数据的意义已经与日俱增,它将一直对世界产生着非常有益的影响。

以下两个例子可以说明大数据对未来可能产生的影响。

(1) 欺诈识别。对于政府希望消减赤字来说,税务欺骗正在日益被关注,这时大数据可以用于增加政府识别诈骗的流程。在隐私允许的地方,政府部门可以综合各个方面的数据(比如车辆的登记,海外旅游的数据)来发现个人的花费模式,使税务贡献不被叠加。虽然这并没有直接的证据指向诈骗,这些结论并不能用来去控告个人,但是却可以帮助政府部门去明确它们的审计、审核以及一些流程。

(2) 医疗保健和医学。在医学的历史上,人类基因的序列化无疑成为了人类最伟大、最有意义的进步。现在人们有了把人类基因档案序列化的能力,这允许医生和科学家去预测病人对于某些疾病的易感染性和其他不利的条件。这样可以减少治疗过程的时间和花费,但如果没有了大数据,这些都显得无从谈起。提高大数据收集、存储和分析工具的性能和速度,已经使花费从20亿美元降到了2000美元,将时间从十年缩短到了一周。不管怎么说这些效益的增长随时都会发生,这些大跨度收益已经被一些云计算服务提供商完全实现了。目前主要的云计算服务提供商有微软、亚马逊和美商天睿。

随着大数据的发展,各行各业的决策正在从"业务驱动"转变"数据驱动"。各行各业对大数据的分析,可以使零售商实时掌握市场动态并迅速做出应对;可以为商家制定更加精准有效的营销策略提供决策支持;可以帮助企业为消费者提供更加及时和个性化的服务;在医疗领域,可提高诊断准确性和药物有效性;在公共事业领域,大数据也开始发挥促进经济发展、维护社会稳定等方面的重要作用。

小结

数据的组织模型经历了从层次到网状再到关系和最新的面向对象的发展历程,数据模型的每一次变化都为数据的访问和操作带来新的特点和功能。关系数据模型的产生使人们可以不再需要知道数据的物理组织方式就可以逻辑的访问数据。面向对象数据模型的产生突破了关系模型中数据必须是简单二维表的平面结构,使数据模型的表达能力更强,更能表达人们对数据的需求。而随着信息的不断增加,计算机技术的不断发展,数据库技术也面临着很多挑战,产生了越来越多的研究方向。

数据仓库是在企业管理和决策中面向主题的、集成的、与时间相关的、不可修改的数据集合,这些也正是其区别于传统操作型的特性所在。联机分析处理又称为多维数据分析,它的多维性、分析性、快速性和信息性成为分析海量历史数据的有力工具。数据仓库作为数据组织的一种形式给 OLAP 分析提供了后台基础,而 OLAP 技术使数据仓库能够快速响应重复而复杂的分析查询,从而使数据仓库能有效地用于联机分析。数据挖掘可以对数据进行更深度的分析,它可以从海量数据中挖掘出潜在的有价值的信息,以指导人们制定正确的决策。

“大数据”是需要新处理模式才能具有更强的决策力、洞察发现力和流程优化能力的海量、高增长率和多样化的信息资产。大数据的 4V 特点:Volume(大量)、Velocity(高速)、Variety(多样)、Value(价值)。

习题 7

1. 什么是分布式数据库?与集中式数据库相比有哪些特点?
2. 什么是数据分片?数据分片有哪几种?数据分片的原则是什么?
3. 什么是数据分配?数据分配有哪几种?数据分配的一般准则是什么?
4. 什么是分布式查询?
5. 什么是数据挖掘?为什么需要数据挖掘?
6. 试述数据库技术的发展过程。
7. 当前数据库技术发展的主要特征是什么?
8. 试述第一、第二代数据库系统的主要成就。
9. 第三代数据库系统的主要特点是什么?
10. 试述数据模型在数据库系统发展中的作用和地位。
11. 请用实例阐述数据库技术与其他学科的技术相结合的成果。
12. 请阐述以下数据库系统的主要概念、研究的主要问题及其发展过程。

分布式数据库系统、并行数据库系统、主动数据库系统、多媒体数据库系统、模糊数据库系统。

13. 试述数据仓库的产生背景。
14. 数据仓库数据的基本特征是什么?
15. 什么是联机分析处理?什么是数据挖掘?
16. 什么是大数据?它有什么特点?研究大数据有什么意义?
17. 用来研究大数据的技术有哪几种?

第8章 数据库系统的应用与开发

关于计算机应用方面的程序设计大多数是涉及了数据处理与管理，这样就离不开数据库系统的应用与开发。当今计算机互联网的应用非常广泛，而且也带给我们生活中很多方面的深入影响，很多应用中都存在数据库系统管理应用。这些应用系统的开发设计是离不开数据库系统的设计的。

本章将简要介绍 SQL Server 2014 数据库系统环境，并详细介绍一个数据库系统应用开发案例——学生成绩管理系统的开发过程与实现。

8.1 SQL Server 2014 集成环境

在当今的互联世界中，数据和管理数据的系统必须始终可用且确保安全。Microsoft SQL Server 2014 可以帮助用户和 IT 专家从减少应用程序当机时间、提高可伸缩性及性能、更紧密的安全控制中获益。SQL Server 2014 是 Microsoft 的综合数据平台的基础。SQL Server 2014 可提供更长的正常运行时间、突破性的性能和增强的安全功能，从而让客户轻松处理关键任务数据。SQL Server 2014 通过内置的内存驻留技术为所有工作负载提供对关键业务的高性能支撑，可通过熟悉的工具从任意数据中快速获取更深刻的洞察力，一致的混合云平台可以帮助企业快速搭建、部署并管理跨客户端和云的解决方案。本节主要讲解 Microsoft SQL Server 发展历程、SQL Server 2014 版本概述、SQL Server 2014 服务器组件与主要工具以及 SQL Server 数据类型等内容，其他方面内容请参阅相关文档资料。

8.1.1 Microsoft SQL Server 发展历程

从 2000 年到 2014 年，微软公司的数据库系统平台产品从 SQL Server 2000 已经发展到了 SQL Server 2014 版。其间经历了 2005 版、2008 版、2008 R2 版、2012 版等。

SQL Server 2000 版本适合部门 IT 和增强型企业数据平台的可靠服务产品。其突出的特点及功能为：XML 支持；数据挖掘和数据脚本；故障恢复群集。

SQL Server 2005 版本适合部门 IT 和增强型企业数据平台的可靠服务产品。该版本的特点及功能除了包含 SQL Server 2000 版所有功能外，还包括：数据库镜像；SSAS 和即席生成报表；ETL 和 SSIS；Service Broker。

SQL Server 2008 版本适合综合性数据平台解决方案，在关键业务和商业智能方面具有很大的进步。该版本的特点及功能除了包含 SQL Server 2005 版本所有功能外，还包括：

透明数据加密；增强型BI同步框架；基于策略的管理；资源调控器；数据压缩/备份压缩；新数据类型(空间、日期和时间)。

SQL Server 2008 R2 版本通过强大的分析处理能力，提供综合性集成数据管理和商业智能。该版本的特点及功能除了包含 SQL Server 2008 版本所有功能外，还包括：PowerPivot for SharePoint；报表生成器3.0；支持多达256个逻辑处理器；主数据服务；多服务器管理；Hyper-V 实时迁移；数据层应用程序管理(与集成)；复杂事件处理；系统准备；Unicode 压缩。

SQL Server 2012 版本通过云就绪技术和解决方案，为业务关键型数据库和端到端商业智能提供新标准。该版本的特点及功能除了包含 SQL Server 2008 R2 版本所有功能外，还包括：Power View；PowerPivot 改进；单个BI语义模型；托管的自助服务分析；透明的数据加密；高级审核；列存储索引；DW 压缩；DW 分区；SQL Server AlwaysOn。

SQL Server 2014 版本除了包含 SQL Server 2012 版本所有功能外，还包括：

- 通过内存优化表使交易型系统的性能提高10倍以上；
- 数据仓库列存储技术使分析型查询的性能提高100倍以上；
- SSD 缓存池扩展；
- 资源调控器实现I/O管理，便于数据库整合；
- 轻松备份至 Microsoft Azure；
- 云备份加密支持。

SQL Server 2014 突破性的内存联机分析处理(OLTP)技术，为企业的关键业务提供高性能支撑；更加出色的在线时间、超快的性能以及更加高级的安全特性，满足不同规模用户对关键业务应用的需要；可管理的自服务数据分析与令人惊叹的交互式数据可视化能力，满足不同用户的突破性数据洞察的需要；Cloud On Your Own Terms 将解决方案从现有的环境扩展到私有云乃至公有云，可以实现按需构建应用云平台的要求。

8.1.2 SQL Server 2014 版本概述

SQL Server 2014 大致分为主要版本、专业版本、扩展版本3大类别，共有企业版、商业智能版、标准版、Web版、开发者版、个人版或简版6个版本。

1) 主要版本(见表8.1)

表8.1 主要版本描述

SQL Server 版本	定义/说明
企业版 (64位和32位)	作为高级版本，SQL Server 2014 Enterprise 版提供了全面的高端数据中心功能，性能极为快捷、虚拟化不受限制，还具有端到端的商业智能——可为关键任务工作负荷提供较高服务级别，支持最终用户访问深层数据
商业智能版 (64位和32位)	SQL Server 2014 Business Intelligence 版提供了综合性平台，可支持组织构建和部署安全、可扩展且易于管理的BI解决方案。它提供基于浏览器的数据浏览与可见性等卓越功能、功能强大的数据集成功能，以及增强的集成管理
标准版 (64位和32位)	SQL Server 2014 Standard 版提供了基本数据管理和商业智能数据库，使部门和小型组织能够顺利运行其应用程序并支持将常用开发工具用于内部部署和云部署——有助于以最少的IT资源获得高效的数据库管理

2）专业版本（见表 8.2）

表 8.2 专业版本描述

SQL Server 版本	定义/说明
Web(64 位和 32 位)	对于为从小规模至大规模 Web 资产提供可伸缩性、经济性和可管理性功能的 Web 宿主和 Web VAP 来说，SQL Server 2014 Web 版本是一项总拥有成本较低的选择

3）扩展版本（见表 8.3）

表 8.3 扩展版本描述

SQL Server 版本	定义/说明
开发者版（64 位和 32 位）	SQL Server 2014 Developer 版支持开发人员基于 SQL Server 构建任意类型的应用程序。它包括 Enterprise 版的所有功能，但有许可限制，只能用作开发和测试系统，而不能用作生产服务器。SQL Server Developer 是构建和测试应用程序的人员的理想之选
Express 个人版/简版（64 位和 32 位）	SQL Server 2014 Express 是入门级的免费数据库，是学习和构建桌面及小型服务器数据驱动应用程序的理想选择。SQL Server Express LocalDB 是 Express 的一种轻型版本，该版本具备所有可编程性功能，但在用户模式下运行，并且具有快速的零配置安装和必备组件要求较少的特点

SQL Server 2014 通过不同版本满足客户部署应用程序与解决方案的不同需求。根据实际应用的需要，如性能、价格和运行时间等，选择安装不同版本的 SQL Server。大部分用户喜欢选择安装企业版、标准版或开发者版，因为这几个版本可以应用于产品服务器环境。当然，如果作为个人数据库应用开发，也可以使用 Express 个人版或简版，甚至 Express LocalDB 版。

8.1.3 SQL Server 2014 服务器组件与主要工具

SQL Server 2014 数据库系统提供有 5 大服务器组件，包括：SQL Server 数据库引擎、Analysis Services、Reporting Services、Integration Services、Master Data Services。

SQL Server 数据库引擎包括数据库引擎（用于存储、处理和保护数据安全的核心服务）、复制、全文搜索、用于管理关系数据和 XML 数据的工具以及 Data Quality Services (DQS)服务器。Analysis Services 包括用于创建和管理联机分析处理（OLAP）以及数据挖掘应用程序的工具。Reporting Services 包括用于创建、管理和部署表格报表、矩阵报表、图形报表以及自由格式报表的服务器和客户端组件。Reporting Services 还是一个可用于开发报表应用程序的可扩展平台。Integration Services 是一组图形工具和可编程对象，用于移动、复制和转换数据，它还包括 Integration Services 的 Data Quality Services(DQS)组件。Master Data Services(MDS)是针对主数据管理的 SQL Server 解决方案，可以配置 MDS 来管理任何领域（产品、客户、账户）；MDS 中可包括层次结构、各种级别的安全性、事务、数据版本控制和业务规则，以及可用于管理数据的用于 Excel 的外接程序。

SQL Server 2014 提供了管理工具，大致包括如下几种：

- SQL Server 配置管理器；
- SQL Server 管理控制台；
- SQL Server Profiler；
- 数据库引擎优化顾问；
- 数据质量客户端；
- SQL Server Data Tools；
- 连接组件。

1. SQL Server 配置管理器

SQL Server 配置管理器为 SQL Server 服务、服务器协议、客户端协议和客户端别名提供基本配置管理；可以管理 SQL Server 提供的各种服务、配置 SQL Server 客户端以及服务器端所使用的网络协议；也可以使用该配置管理器启动、暂停和停止数据库服务器的实时服务，如图 8.1 所示。

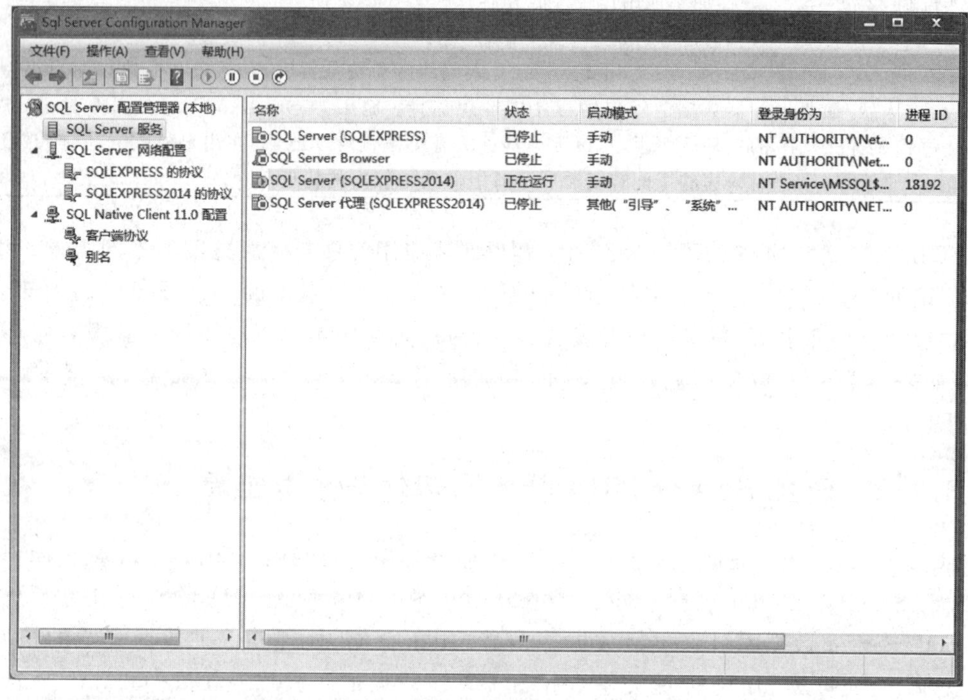

图 8.1 SQL Server 配置管理器

“SQL Server 服务”用来查看 SQL Server 和 SQL Server Browser 服务的状态，以及可以进行启动、暂停和停止它们。图 8.1 中由于当前计算机先安装了 SQL Server 2005 Express 版本，而安装 SQL Server 2014 Express 版本时采取单独安装而不升级安装，所以图 8.1 中有 2005 版本的 SQL Server(SQLEXPRESS)和 SQL Server Browser。

“SQL Server 网络配置”用来配置本计算机作为服务器时允许使用的连接协议，可以启用或禁止某个协议。当需要启用或禁用某个协议时，只需选中此协议，右击选择“启用”或“禁用”。注意，修改协议的状态后，需要重启服务后才会生效。图 8.1 中兼容有 2005 版本的 SQLEXPRESS 协议。

"SQL Native Client 11.0 配置"用来配置客户端与服务器通信时所使用的网络协议,实现对客户端网络协议的启用或禁用,以及网络协议的启用顺序,并可以设置服务器别名。

2. SQL Server 管理控制台

SQL Server 2014 提供了一个功能强大的管理控制台——SQL Server Management Studio,如图 8.2 所示。SQL Server Management Studio 是用于访问、配置、管理和开发 SQL Server 组件的集成环境。Management Studio 使各种技术水平的开发人员和管理员都能使用 SQL Server。该管理控制台可以完成的工作主要有:

(1) 连接到各服务的实例以及设置服务器属性。

(2) 创建和管理数据库、数据库文件和文件夹、附加或分离数据库。

(3) 创建和管理数据表,视图、存储过程、触发器、函数等数据库对象,以及用户定义的数据类型。

(4) 创建和管理登录账号、角色、数据库用户权限、报表服务器目录等。

(5) 管理 SQL Server 系统记录、监视目前的活动、设置复制、管理全文检索索引。

(6) 设置代理服务的作业、警报、操作员等。

(7) 组织与管理日常使用的各类查询语言文件。

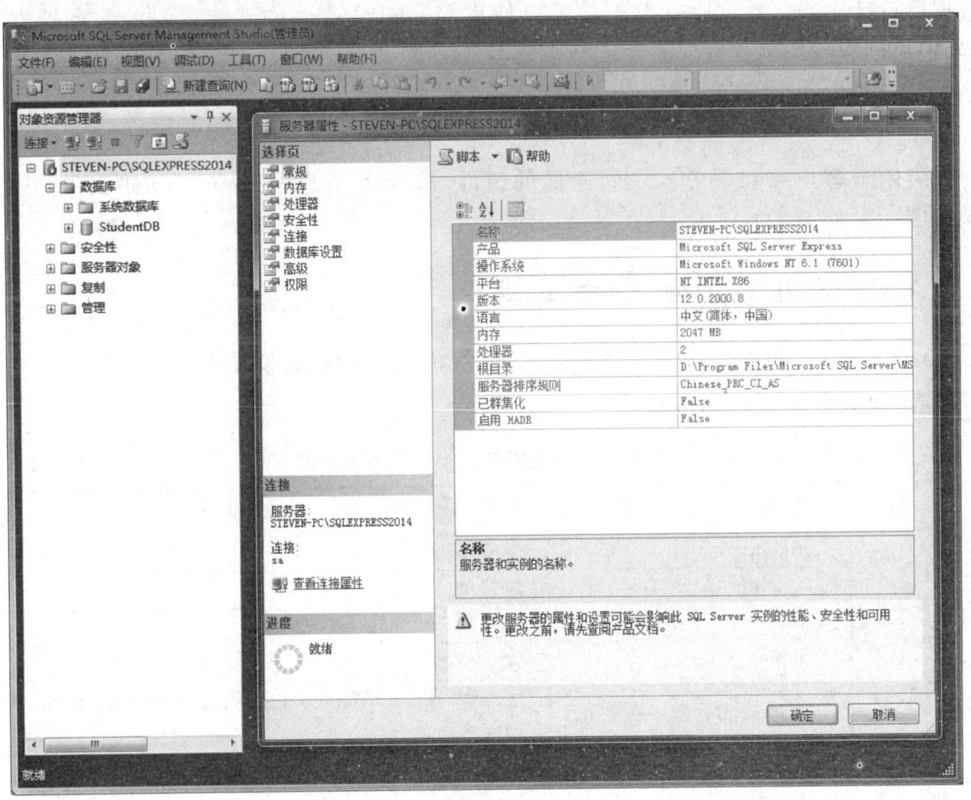

图 8.2 SQL Server 管理控制台

3. SQL Server Profiler

SQL Server Profiler 提供了一个图形用户界面,用于监视数据库引擎实例或 Analysis Services 实例。

4. 数据库引擎优化顾问

数据库引擎优化顾问可以协助创建索引、索引视图和分区的最佳组合。

5. 数据质量客户端

数据质量客户端提供了一个非常简单和直观的图形用户界面,用于连接到 DQS 数据库并执行数据清理操作。它还允许用户集中监视在数据清理操作过程中执行的各项活动。

6. SQL Server Data Tools

SQL Server Data Tools 提供 IDE 以便为以下商业智能组件生成解决方案:Analysis Services、Reporting Services 和 Integration Services(以前称作 Business Intelligence Development Studio)。SQL Server Data Tools 还包含"数据库项目",为数据库开发人员提供集成环境,以便在 Visual Studio 内为任何 SQL Server 平台(包括本地和外部)执行其所有数据库设计工作。数据库开发人员可以使用 Visual Studio 中功能增强的服务器资源管理器,轻松创建或编辑数据库对象和数据或执行查询。

7. 连接组件

安装用于客户端和服务器之间通信的组件,以及用于 DB-Library、ODBC 和 OLE DB 的网络库。

8.1.4 SQL Server 数据类型

SQL Server 2014 数据库管理系统对标准 SQL 语言中的数据类型进行了适当扩展与改进,具体主要数据类型如表 8.4 所示。

表 8.4 MS SQL Server 主要数据类型

类型表示		类型说明
数值型	tinyint	微整型
	smallint	短整型
	int	长整型
	bigint	大长整型
	decimal[(p [, s])]	定点数,由 p 位数字(不包括符号和小数点)组成,小数后面有 s 位数字
	numeric[(p [, s])]	同上
	float[(n)]	浮点数
	real	取决于机器精度的浮点数

续表

类型表示		类型说明
字符型	char(n)	长度为 n 的定长字符串
	varchar(n)	最大长度为 n 的变长字符串
	nchar(n)	长度为 n 的定长 unicode 字符串
	nvarchar(n)	最大长度为 n 的变长 unicode 字符串
	text	文本，字节数 0～2GB
	ntext	Unicode 文本，字节数 0～2GB
日期时间型	datetime	日期时间型
	smalldatetime	小日期时间型
二进制类型	binary[(n)]	字节数 0～8000，定长
	varbinary[(n)]	字节数 0～8000，变长
	image	图像类型，字节数 0～2GB

8.2　学生成绩管理系统的开发过程

本节使用非常简单而且熟悉的案例——学生成绩管理系统来讲述关于数据库应用管理系统的设计开发过程。下面章节中使用 Microsoft Visual Basic 6.0(VB 6.0)开发工具与大型关系数据库管理系统 MS SQL Server 2014 进行开发设计。

8.2.1　创建数据库和表结构

经过需求分析之后，使用 E-R 图设计出系统的概念模型，并将其转换成逻辑模型。经过优化后生成转换为具体的物理数据库结构。对于本例“学生成绩管理系统”采用 MS SQL Server 2014(Express 版)数据库管理系统。

1. 创建学生成绩管理系统的数据库

在进行建立该系统中的表结构前，必须先建立数据库。该系统的数据库建立语句如下：

```
Create database StudentDB
```

说明：该语句是一种简单创建数据库的 SQL 语法形式，省略了数据库建立的存储数据的逻辑设备和物理设备以及日志文件的逻辑设备和物理设备。系统按照默认的设置帮助完成数据库的建立。该语句建立的数据库名称为 StudentDB，另外也可以使用 SQL Server 管理控制工作台进行图形化建立。

2. 学生成绩数据库中的表结构

本系统的数据表有学生信息表 Student、课程表 Course、成绩表 SC、专业表 Major、用户表 Users 等。其结构如图 8.3 所示。

其中各个表的结构内容如表 8.5～表 8.9 所示。

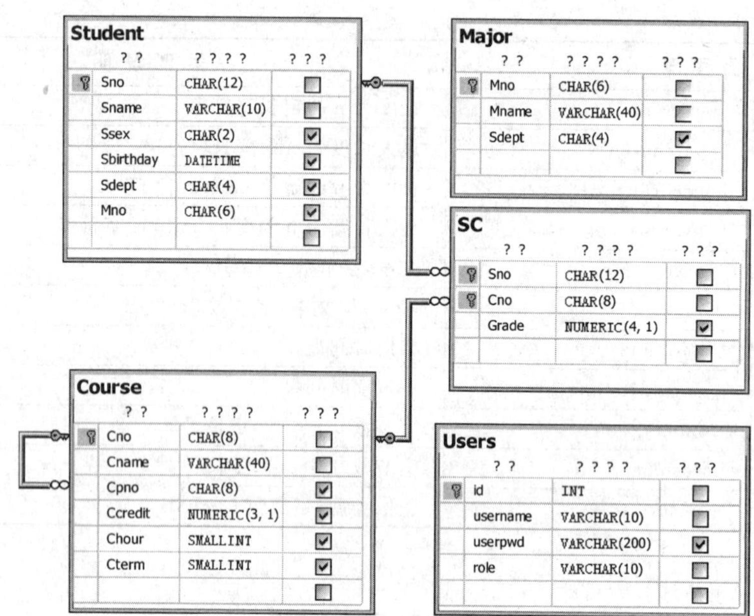

图 8.3 学生成绩管理系统数据表结构图

表 8.5 学生 Student 的表结构

列名	数据类型	可空否	默认值	说明	列名含义
Sno	CHAR(12)	否	无	主键	学号
Sname	VARCHAR(10)	否	无		姓名
Ssex	CHAR(2)	空	无		性别
Sbirthday	DATETIME	空	无		出生日期
Sdept	CHAR(4)	空	无		系别代号或简称
Mno	CHAR(6)	空	无		专业

表 8.6 课程表 Course 的表结构

列名	数据类型	可空否	默认值	说明	列名含义
Cno	CHAR(8)	否	无	主键	课程号
Cname	VARCHAR(40)	否	无	唯一	课程名
Cpno	CHAR(8)	空	无		先修课程
Ccredit	NUMERIC(3,1)	空	无		学分
Chour	SMALLINT	空	无		学时
Cterm	SMALLINT	空	无		开课学期

表 8.7 成绩表 SC 的表结构

列名	数据类型	可空否	默认值	说明	列名含义
Sno	CHAR(12)	否	无	主键字段	学生号
Cno	CHAR(8)	否	无	主键字段	课程号
Grade	NUMERIC(4,1)	空	无		成绩

表 8.8 专业 Major 的表结构

列名	数据类型	可空否	默认值	说明	列名含义
Mno	CHAR(6)	否	无	主键	专业编号
Mname	VARCHAR(40)	否	无	唯一	专业名称
Sdept	CHAR(4)	空	无		所属系别

表 8.9 用户表 Users 的表结构

列名	数据类型	可空否	默认值	说明	列名含义
id	INT	否	无	主键	自增长 ID
username	VARCHAR(10)	否	无	唯一	用户名
userpwd	VARCHAR(200)	空	无		用户密码
role	VARCHAR(10)	否	'2'	角色分：0、1、2	权限角色

其建立表结构的 SQL 定义语句如下：

```
CREATE TABLE Student
(   Sno CHAR(12)  PRIMARY KEY,
    Sname VARCHAR(10) NOT NULL UNIQUE,                --假定姓名不允许同名
    Ssex CHAR(2),
    Sbirthday  DATETIME,
    Sdept CHAR(4),
    Mno       CHAR(6)
);
CREATE TABLE Course
(   Cno CHAR(8)  PRIMARY KEY,
    Cname VARCHAR(40) NOT NULL UNIQUE,
    Cpno CHAR(8),
    Ccredit NUMERIC(3,1),
    Chour     SMALLINT,
    Cterm     SMALLINT,
    FOREIGN KEY ( Cpno ) REFERENCES Course( Cno )
);
CREATE TABLE SC
(   Sno     CHAR(12),
    Cno     CHAR(8),
    Grade NUMERIC(4,1),
    PRIMARY KEY ( Sno,Cno ),
    FOREIGN KEY ( Sno ) REFERENCES Student( Sno ),
    FOREIGN KEY ( Cno ) REFERENCES Course( Cno )
);
CREATE TABLE Major
(   Mno            CHAR(6) PRIMARY KEY,
    Mname          VARCHAR(40) NOT NULL UNIQUE,
    Sdept          CHAR(4)
);
CREATE TABLE Users
(   id          INT IDENTITY PRIMARY KEY,
    username       VARCHAR(10) NOT NULL UNIQUE,
```

```
    userpwd         VARCHAR(200),
    role            VARCHAR(10) NOT NULL
);
```

3. 建立学生成绩视图

为了输入学生课程成绩以及查询成绩,我们建立学生课程成绩视图,建立该视图语句如下:

```
CREATE view V_StudentCourseGrade
AS
    SELECT Student. * , Major.Mname, Course.Cno, Course.Cname, SC.Grade
    FROM Student LEFT OUTER JOIN SC on SC.Sno = Student.Sno
     LEFT OUTER JOIN Course ON SC.Cno = Course.Cno
     LEFT OUTER JOIN Major on Student.Mno = Major.Mno
```

8.2.2 VB 6.0 连接 SQL Server 2014 数据库

启动 Microsoft Visual Basic 6.0,新建一个"标准 EXE"工程,命名为"学生成绩管理系统",本系统的所有窗体等设计都是在该工程中进行创建。

VB 6.0 提供了多种方式连接数据库,本节主要介绍最常用的 ADO 方式。可以采用可视化的 ADODC 控件操作数据库,也可以使用 ADODB 对象操作数据库。下面就 ADO 方式中的操作讲解如何在 VB 6.0 中连接并操作 MS SQL Server 2014 数据库。

1. 使用 ADODC 控件连接 SQL Server

选择"工程"菜单栏的子菜单"部件",打开"部件"对话框,选中 Microsoft ADO Data Control 6.0 和 Microsoft DataGrid Control 6.0 复选框,如图 8.4 所示,单击"确定"按钮完成后,在控件面板上可以找到 ADODC 控件和 DataGrid 控件的图标。

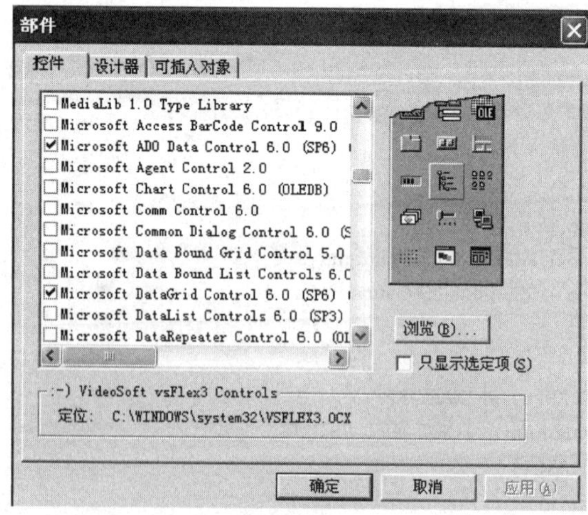

图 8.4 "部件"对话框

例如，需要在窗体中以表格形式显示学生成绩信息，可以通过使用 ADO Data Control 和 DataGrid 两个控件配合完成，详细案例参见后面章节。ADODC 控件需要设置 ConnectionString 属性和 RecordSource 属性值，而 DataGrid 控件需要设置 DataSource 属性值。

2. 使用 ADODB Connection 对象连接数据库、ADODB 对象操作数据

为了在该系统中统一使用 ADO 方式连接数据库以及操作数据，可以在该系统工程中建立一个专门处理 ADO 连接数据库与 ADODB 对象操作数据的模块。该模块中需要使用 ADODB Connection 对象、ADODB Command 对象和 ADODB Recordset 对象。在“工程”菜单中选择“添加模块”，单击“打开”命令，命名为 DBModule。然后，选择 Project→References，选中 Microsoft Activex Data Objects 2.8 Library，即在该项目前面打“√”。

3. 主要实现代码

(1) 定义系统中的全局变量。

```
Public SqlConn As New ADODB.Connection          'ADO Connection 对象用于创建一个连接
Public SqlRS As New ADODB.Recordset             'ADO Command 对象用于执行一次简单查询
Public SqlCmd As New ADODB.Command              'ADO Recordset 对象用于容纳一个记录集
```

(2) 连接数据库。

```
Public Function DBConnect(strtype As String) As Boolean          '连接数据库
    Dim ConnStr As String                                         'DB 连接信息
    If SqlConn.State <> adStateOpen Then
        If strtype = "U" Then                                     '通过 UDL 文件连接
         SqlConn.Open ("FILE Name = " & App.Path & "\dbconn.udl")
        Else                                                      '默认固定 DB 连接信息
         'VB 里换行是下划线(前有空格),& 符号(或 + 号)是字符串连接符号
        ConnStr = "Provider = SQLOLEDB.1;Data Source = localhost\SQLEXPRESS2014;User ID = sa;" & _
                          "Password = 12345678;Initial Catalog = StudentDB"
            SqlConn.Open (ConnStr)
        End If
    End If
    SqlCmd.ActiveConnection = SqlConn
    DBConnect = True
End Function
```

(3) 执行 SQL 语句的函数 ExecSQL，可返回结果集，也可适用于没有返回结果集的 SQL 命令语句。

```
Public Function ExecSQL(ByVal sql As String) As ADODB.Recordset
    If SqlConn.State <> adStateOpen Then                          '若没有连接则建立连接
        DBConnect ("U")
    End If
    SqlCmd.CommandText = sql
    Set ExecSQL = SqlCmd.Execute
End Function
```

(4) 获取数据库连接字符串信息函数。

```
Public Function getConnString() As String
    getConnString = SqlConn.ConnectionString
End Function
```

4. 创建通用数据链接(.udl)文件

在当前工程所在的目录文件夹(如：StudentMIS 目录)下,右击选择"新建文本文档",将其连同文件后缀名(.txt)一起命名为 dbconn.udl,该文件的类型为"Microsoft 数据链接(.udl)"。双击该文件打开"数据链接属性"对话框,如图 8.5 所示。在"提供程序"标签界面中选中 Microsoft OLE DB Provider for SQL Server,再单击"下一步"按钮进入"连接"标签界面,如图 8.6 所示。

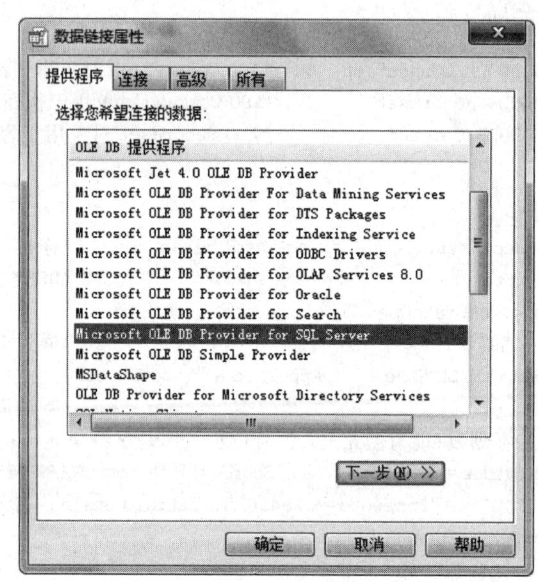

图 8.5 通用数据链接文件属性设置 OLE DB 提供程序

"连接"标签界面中选择或输入服务器名称：localhost\SQLEXPRESS2014；选择"使用指定的用户名称和密码"并输入 sa 用户名称及其密码,勾选"允许保存密码"；选择"在服务器上选择数据库"栏并在下拉列表框中选择或输入 StudentDB 数据库。

说明："连接"标签界面中,必须先保证所要连接的数据库服务器已经启动服务,并保证已经成功建立了数据库 StudentDB。用户名称及密码也可以输入其他非 sa 用户的信息,这可根据需要自己在数据库服务器上建立。

最后,可以单击"测试连接"按钮,测试该文件是否能够成功连接数据库服务器。若弹出测试连接成功的信息,则单击"确定"按钮后完成通用数据链接文件的创建。

该数据链接文件 dbconn.udl 可以使用记事本打开,其内容大概如下：

```
[oledb]
; Everything after this line is an OLE DB initstring
```

Provider = SQLOLEDB.1;Password = 12345678;Persist Security Info = True;User ID = sa;Initial Catalog = StudentDB;Data Source = localhost\SQLEXPRESS2014

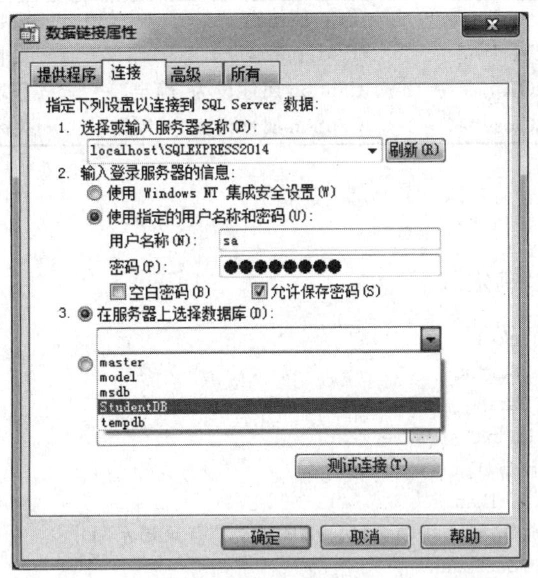

图 8.6　通用数据链接文件属性设置连接信息

8.2.3　系统登录及权限的实现

数据库应用管理系统的使用需要设置相应的权限，来保证一定的数据信息共享使用的安全性。因此，在几乎所有的数据库应用系统的设计中都存在系统登录与权限的设计问题。本节是使用 VB 6.0 开发工具针对该系统设计系统登录以及权限的管理等问题。

1. 实现过程

(1) 从 VB 6.0 中的“工程”菜单中选择“添加窗体”→“窗体”，打开窗口，命名为 frmLogin。窗体的 Caption 属性设置为“系统登录”，并设置 MinButton 和 MaxButton 属性均为 False，StartUpPosition 属性设置为“2-屏幕中心”。

(2) 窗体中放置一个 Frame 控件，并在其中放置两个 Label 控件、两个 TextBox 控件、两个 CommandButton 按钮控件。TextBox 控件用于输入用户名和密码。“系统登录”窗体的效果如图 8.7 所示。窗体中各个控件的命名与设置如表 8.10 所示。

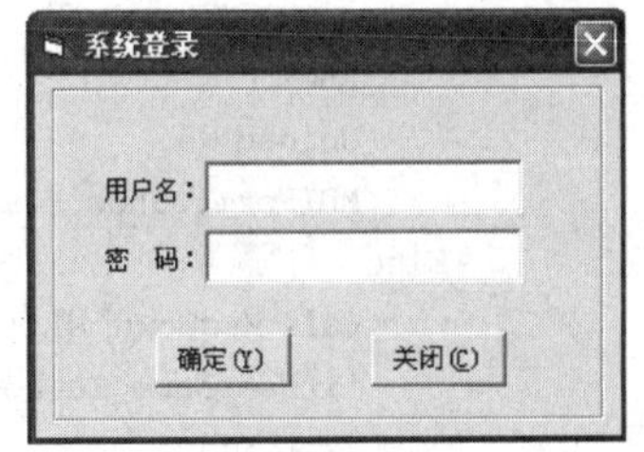

图 8.7　系统登录 frmLogin 窗体的设计

表 8.10　frmLogin 窗体的控件设置

控件类型	控件名称	属性设置	说明
Label	Label1～Label2	设置各自的 Caption 属性，分别设为“用户名：”、“密码：”	标识用户名、密码

续表

控件类型	控件名称	属性设置	说明
TextBox	txtUserName	Text 值清空	接收输入用户名
TextBox	txtUserPwd	Text 值清空	接收输入密码
CommandButton	cmdOK	Caption 属性设为“确定”	登录系统按钮
CommandButton	cmdClose	Caption 属性设为“关闭”	关闭系统按钮

2. 主要实现代码

(1) 登录系统按钮“确定”。

```
Private Sub cmdOK_Click()
    Dim sUserName As String
    Dim sUserPwd As String
    sUserName = Trim(txtUserName.Text)
    sUserPwd = Trim(txtUserPwd.Text)
    If sUserName = "" Then
        Call MsgBox("请输入用户名!", vbOKOnly, "登录提示")
        txtUserName.SetFocus
        Exit Sub
    End If
    if SqlConn.state <> adStateopen.Then DBConnect("U")
Set SqlRS = ExecSQL("select count( * ) num from Users where (username = '" + sUserName + "')
and (userpwd = '" + sUserPwd + "') ")
    If Not SqlRS.EOF Then
        If Int(Trim(SqlRS("num"))) >= 1 Then
            SqlRS.Close
             Set SqlRS = ExecSQL("select username, role from Users where (username = '" +
sUserName + "') and (userpwd = '" + sUserPwd + "') ")
            If Not SqlRS.EOF Then
                MDIForm1.SetRightForRole (Trim(SqlRS("role")))
            Else
                MDIForm1.SetRightForRole ("2")
            End If
            Unload Me
            MDIForm1.Show
        Else
            Call MsgBox("用户名或密码错,请重新登录!", vbOKOnly, "登录提示")
            txtUserName.SetFocus
            Exit Sub
        End If
    End If
End Sub
```

(2) 退出关闭按钮“关闭”。

```
Private Sub cmdClose_Click()
    Unload Me
End Sub
```

(3) 用户名和密码输入框的键盘事件

```
Private Sub txtUserName_KeyDown(KeyCode As Integer, Shift As Integer)
  If KeyCode = 13 Then txtUserPwd.SetFocus
                                        'KeyCode = 13 代表回车键,此处回车使光标进入密码框
End Sub
Private Sub txtUserPwd_KeyDown(KeyCode As Integer, Shift As Integer)
    If KeyCode = 13 Then cmdOK_Click         '回车键触发"确定"按钮的事件
End Sub
```

8.2.4 系统主界面设计

主窗体中包含本系统的所有功能选择,主窗体作为父窗体,其他所有功能界面将作为主窗体的子窗体,运行时直接在主窗体中显示。包含的主要功能有学生信息管理、学生成绩管理、系统管理。

1. 实现过程

(1) 从 VB 6.0 中的"工程"菜单中选择"添加 MDI 窗体"添加一个 MDI 窗体,命名保存不变为 MDIForm1。窗体的 Caption 属性设置为"学生成绩管理系统"。

(2) 右击主窗体选择"菜单编辑器"选项,输入主窗体菜单栏中的菜单项目,并相应命名,如图 8.8 所示。完成后的主窗体如图 8.9 所示。

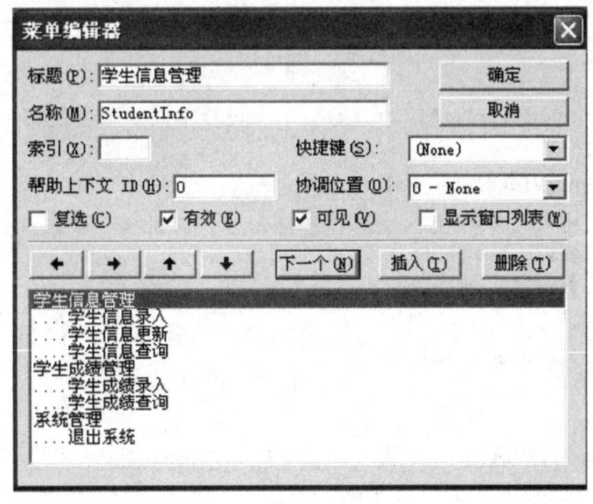

图 8.8 主窗体菜单定义

2. 主要实现代码

菜单栏中选择各个子菜单后触发的事件如下所示。

```
Private Sub MDIForm_Load()                      'MDI 主窗体加载
    If SqlConn.State <> adStateOpen Then
        DBConnect ("U")
    End If
```

图 8.9 主窗体

```
End Sub
Private Sub MDIForm_Unload(Cancel As Integer)   'MDI 主窗体卸载
    SqlConn.Close
End Sub
Private Sub exitSys_Click()                      '退出系统
    Unload Me
End Sub
Public Sub SetRightForRole(role As String)      '设置不同权限者使用不同的功能
    If role = "2" Then
        UpdateStudent.Visible = False
        AddGrade.Visible = False
        GradeSummary.Visible = False
        UserManage.Visible = False
    ElseIf role = "1" Then
        UserManage.Visible = False
    End If
End Sub
Private Sub AddStudent_Click()                  '学生信息录入
    frmStudentInfo.SetOpenStyle ("I")
    frmStudentInfo.Show
    frmStudentInfo.ZOrder 0
End Sub
Private Sub AddGrade_Click()                    '学生成绩录入
    frmCourseGrade.Show
    frmCourseGrade.ZOrder 0
End Sub
Private Sub UpdateStudent_Click()               '学生信息更新
    frmStudentInfo.SetOpenStyle ("U")
    frmStudentInfo.Show
    frmStudentInfo.ZOrder 0
```

```
End Sub
Private Sub SearchStudent_Click()                    '学生信息查询
    frmStudentSearch.Show
    frmStudentSearch.ZOrder 0
End Sub
Private Sub GradeSearch_Click()                      '学生成绩查询
    frmGradeSearch.Show
    frmGradeSearch.ZOrder 0
End Sub
```

8.2.5　学生信息录入

通过单击“新增”按钮，可以在窗口右边学生信息栏目中输入学生的学号、姓名、性别、出生日期、系别、专业等信息，输入完成后单击“保存”按钮即可进行学生信息的录入。

1. 实现过程

(1) 从“工程”菜单中选择“添加窗体”→“窗体”，打开窗口，命名为 frmStudentInfo。窗体的 Caption 属性设置为“学生信息管理”，将其 MDIChild 属性设置为 True，表示是 MDI 窗口 MDIFrame1 的子窗口，WindowState 属性设置为 2-Maximized。

(2) 在 frmStudentInfo 窗体中放置两个 Frame 控件用于对窗口进行左右分割，其中左边 Frame 中新建 6 个按钮用于学生管理的操作，右边的 Frame 中显示学生的详细信息。

窗体设计的效果如图 8.10 所示。窗体中各个控件的命名与设置如表 8.11 所示。

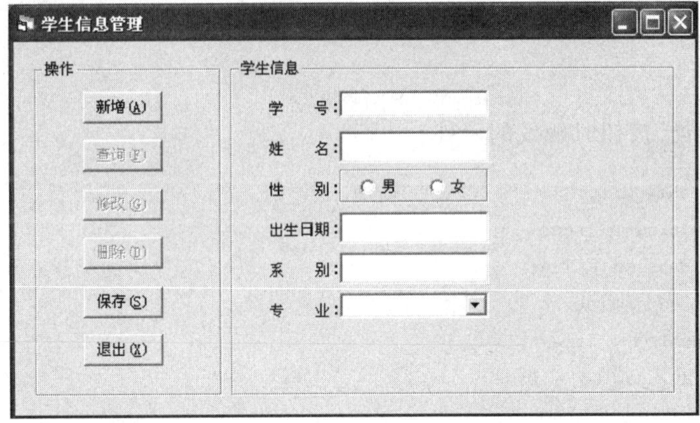

图 8.10　学生信息录入界面

表 8.11　frmStudentInfo 窗体的控件设置

控件类型	控件名称	属性设置	说　明
Label	Label1～Label6	设置各自的 Caption 属性	标识学生的学号、姓名等信息
TextBox	txtSno	Text 值清空	学生学号输入框
TextBox	txtSname	Text 值清空	学生姓名输入框
OptionButton	Male、Female	Value 属性均设置为 False	学生性别单选按钮

续表

控件类型	控件名称	属性设置	说　明
TextBox	txtBirthday	Text 值清空	出生日期输入框
TextBox	txtDept	Text 值清空	系别输入框
ComboBox	cbxMajor	Text 值清空	专业下拉列表框
CommandButton	cmdNew	Caption 属性设为“新增”	新增按钮
CommandButton	cmdSave	Caption 属性设为“保存”	保存按钮
CommandButton	cmdClose	Caption 属性设为“退出”	退出按钮

2. 主要实现代码

(1) 定义执行过程中需要的全局变量。

```
Dim strMode As String                '窗口打开方式
Dim strNo As String                  '学生学号
```

(2) 窗口加载时执行代码,完成专业下拉列表框赋值。

```
Private Sub Form_Load()
    Set SqlRS = ExecSQL("select Mname from Major order by Mno")
    While Not SqlRS.EOF
        cbxMajor.AddItem (SqlRS("Mname"))
        SqlRS.MoveNext
    Wend
    SqlRS.Close
End Sub
```

(3) 单击“新增”按钮时触发的事件。

```
Private Sub cmdNew_Click()                '新增
    txtSno.Enabled = True
    txtSname.Enabled = True
    Male.Enabled = True
    Female.Enabled = True
    txtBirthday.Enabled = True
    txtDept.Enabled = True
    cbxMajor.Enabled = True
    txtSno.Text = ""
    txtSname.Text = ""
    Male.Value = False
    Female.Value = False
    txtBirthday.Text = ""
    txtDept.Text = ""
    cbxMajor.Text = ""
    txtSno.SetFocus
End Sub
```

(4) 单击“保存”按钮时触发的事件。

```
Private Sub cmdSave_Click()            '保存
    Dim strSQL As String
    Dim strSex As String
    Dim strMno As String
    If Trim(txtSno.Text) = "" Then
       txtSno.SetFocus
       Call MsgBox("请输入学生学号!", vbOKOnly, "提示")
       Exit Sub
    End If
    If Trim(txtSname.Text) = "" Then
       txtSname.SetFocus
       Call MsgBox("请输入学生姓名!", vbOKOnly, "提示")
       Exit Sub
    End If
    If Male.Value = True Then
       strSex = "男"
    ElseIf Female.Value = True Then
       strSex = "女"
    End If
    Set SqlRS = ExecSQL("select Mno from Major where Mname = '" + Trim(cbxMajor.Text) + "'")
    If Not SqlRS.EOF Then
        strMno = Trim(SqlRS("Mno"))
    Else
        strMno = ""
    End If
    If strMode = "I" Then
        Set SqlRS = ExecSQL("select count( * ) num from Student where Sno = '" + Trim(txtSno.
Text) + "'")
        If Not SqlRS.EOF Then
            If Int(Trim(SqlRS("num"))) >= 1 Then
                SqlRS.Close
                Call MsgBox("该学生" + Trim(txtSno.Text) + "已经存在,请检查!", vbOKOnly,
"提示")
                Exit Sub
            End If
        End If
        SqlRS.Close
        strSQL = "INSERT INTO Student(Sno,Sname,Ssex,Sbirthday,Sdept,Mno) "
        strSQL = strSQL + " VALUES('" + Trim(txtSno.Text) + "','" + Trim(txtSname.Text)
+ "','" + strSex + "','" + Trim(txtBirthday.Text) + "','" + Trim(txtDept.Text) + "','" +
strMno + "') "
    ElseIf strMode = "U" Then
        strSQL = "UPDATE Student SET Sno = '" + Trim(txtSno.Text) + "', Sname = '" + Trim
(txtSname.Text) + "', "
        strSQL = strSQL + " Ssex = '" + strSex + "', Sbirthday = '" + Trim(txtBirthday.Text)
+ "', Sdept = '" + Trim(txtDept.Text) + "', Mno = '" + strMno + "' "
        strSQL = strSQL + " where Sno = '" + strNo + "'"
    End If
    ExecSQL (strSQL)
```

```
    Call MsgBox("保存成功!", vbOKOnly, "提示")
    If strMode = "I" Then cmdNew_Click
End Sub
```

8.2.6 学生信息更新

通过单击“查询”按钮,可在窗口右边学生信息栏目中显示当前学生具体的基本信息。单击“修改”按钮可对学生信息进行修改,之后单击“保存”按钮即可保存修改。单击“删除”按钮可删除相应的学生记录。

1. 实现过程

本功能窗体可以与学生信息录入的窗体共用,也就是 8.2.5 节中的窗体 frmStudentInfo。窗体设计的效果如图 8.10 所示。窗体中各个控件的命名与设置如表 8.11 所示,并需要增加几个按钮,新添加控件的设置如表 8.12 所示。

表 8.12 frmStudentInfo 窗体中新添加的控件设置

控件类型	控件名称	属性设置	说明
CommandButton	cmdFind	Caption 属性设为“查询”	查询按钮
CommandButton	cmdChang	Caption 属性设为“修改”	修改按钮
CommandButton	cmdDelete	Caption 属性设为“删除”	删除按钮

2. 主要实现代码

(1) 为了与“学生信息的录入”窗体共用,需要对窗体在不同功能时打开后显示的功能按钮等显示不同,因此对本窗体中定义一个设置过程,实现代码如下:

```
Public Sub SetOpenStyle(str As String)
    '设置窗口打开方式: F -- 查询; I -- 录入; U -- 更新
    strMode = str
    cmdNew.Enabled = False
    cmdFind.Enabled = False
    cmdChang.Enabled = False
    cmdDelete.Enabled = False
    cmdSave.Enabled = False
    Male.Enabled = False
    Female.Enabled = False
    txtBirthday.Enabled = False
    txtDept.Enabled = False
    cbxMajor.Enabled = False
    If str = "F" Then
        cmdFind.Enabled = True
    ElseIf str = "I" Then
        cmdNew.Enabled = True
        cmdSave.Enabled = True
        txtSno.Enabled = False
        txtSname.Enabled = False
```

```
    ElseIf str = "U" Then
        cmdFind.Enabled = True
    End If
End Sub
```

(2) 单击“查询”按钮时触发的事件。

```
Private Sub cmdFind_Click()           '查询
    strNo = Trim(txtSno.Text)
    If Trim(txtSno.Text) = "" And Trim(txtSname.Text) = "" Then
        Call MsgBox("请输入学生学号或姓名!", vbOKOnly, "提示")
        Exit Sub
    End If
    Set SqlRS = ExecSQL("select Student.*, Major.Mname from Student left outer join Major on
Student.Mno = Major.Mno where Student.Sno = '" + Trim(txtSno.Text) + "' or Student.Sname = '" +
Trim(txtSname.Text) + "'")
    If Not SqlRS.EOF Then
        txtSno.Text = Trim(SqlRS("Sno"))
        strNo = Trim(SqlRS("Sno"))
        txtSname.Text = Trim(SqlRS("Sname"))
        If SqlRS("Ssex") = "男" Then
            Male.Value = True
        ElseIf SqlRS("Ssex") = "女" Then
            Female.Value = True
        Else
            Male.Value = False
            Female.Value = False
        End If
        txtBirthday.Text = SqlRS("Sbirthday")
        txtDept.Text = Trim(SqlRS("Sdept"))
        If SqlRS("Mname") <> "" Then cbxMajor.Text = Trim(SqlRS("Mname"))
    Else
        SqlRS.Close
        Call MsgBox("没有此学生信息!", vbOKOnly, "提示")
        Exit Sub
    End If
    SqlRS.Close
    If strMode = "U" Then
        cmdChang.Enabled = True
        cmdDelete.Enabled = True
        cmdSave.Enabled = False
    End If
End Sub
```

(3) 单击“修改”按钮时触发的事件。

```
Private Sub cmdChang_Click()          '更新
    If strMode = "U" Then
        Male.Enabled = True
        Female.Enabled = True
        txtBirthday.Enabled = True
        txtDept.Enabled = True
```

```
        cbxMajor.Enabled = True
        cmdSave.Enabled = True
    End If
End Sub
```

(4) 单击“删除”按钮时触发的事件。

```
Private Sub cmdDelete_Click()        '删除
    If vbYes = MsgBox("是否确认删除学号:"" + strNo + ""的学生信息?", vbYesNo, "询问") Then
        SqlConn.BeginTrans
        SqlCmd.CommandText = "delete from SC where Sno = '" + strNo + "'"
        SqlCmd.Execute
        SqlCmd.CommandText = "delete from Student where Sno = '" + strNo + "'"
        SqlCmd.Execute
        SqlConn.CommitTrans
        txtSno.Text = ""
        txtSname.Text = ""
        Male.Value = False
        Female.Value = False
        txtBirthday.Text = ""
        txtDept.Text = ""
        cbxMajor.Text = ""
        cmdNew.Enabled = False
        cmdFind.Enabled = True
        cmdChang.Enabled = False
        cmdDelete.Enabled = False
        cmdSave.Enabled = False
        Male.Enabled = False
        Female.Enabled = False
        txtBirthday.Enabled = False
        txtDept.Enabled = False
        cbxMajor.Enabled = False
        txtSno.SetFocus
    End If
End Sub
```

8.2.7 学生信息查询

操作者可以根据学生学号、姓名、系别或专业等条件进行综合查询,在表格中显示所查询到的学生的个人基本信息,其中只有学号和姓名可以进行模糊查询。程序运行界面如图 8.11 所示。

1. 实现过程

(1) 从“工程”菜单中选择“添加窗体”→“窗体”,打开窗口,命名为 frmStudentSearch。窗体的 Caption 属性设置为“学生信息查询”,将其 MDIChild 属性设置为 True,表示是 MDI 窗口 MDIFrame1 的子窗口,WindowState 属性设置为 2-Maximized。

(2) 在窗体中放置两个 Frame 控件用于对窗口进行上下分割,其中上方的 Frame 用于选中查询过滤条件(模糊查询),下方的 Frame 中显示查询得到的学生基本信息。

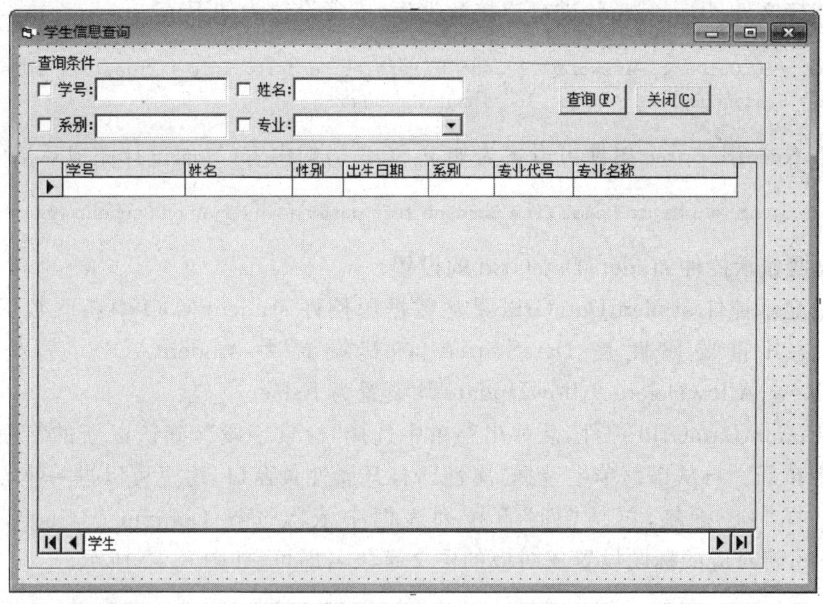

图 8.11　学生信息查询界面

窗体中各个控件的命名与设置如表 8.13 所示。其中，ADODC 类型和 DataGrid 类型的控件必须按照 8.2.2 节中介绍的方法给 VB 6.0 开发工具中添加相应的控件。

表 8.13　frmStudentSearch 窗体的控件设置

控件类型	控件名称	属性设置	说明
CheckBox	ckbSno	Caption 属性设为"学号："	是否选择学号查询
CheckBox	ckbSname	Caption 属性设为"姓名："	是否选择姓名查询
CheckBox	ckbDept	Caption 属性设为"系别："	是否选择系别查询
CheckBox	ckbMajor	Caption 属性设为"专业："	是否选择专业查询
TextBox	txtSno	Text 值清空	学生学号输入框
TextBox	txtSname	Text 值清空	姓名输入框
TextBox	txtDept	Text 值清空	系别输入框
ComboBox	cbxMajor	Text 值清空	专业下拉列表框
CommandButton	cmdFind	Caption 属性设为"查询"	查询按钮
CommandButton	cmdClose	Caption 属性设为"关闭"	关闭按钮
ADODC	studentADO	ConnectionString 和 RecordSource 在程序中动态设置	连接数据库并提供数据源
DataGrid	studentDataGrid	DataSource 设置为 studentADO	显示学生基本信息

(3) 数据源控件 studentADO 的设置

该数据源控件是向数据显示控件提供数据来源，其属性中最重要的是 ConnectionString 和 RecordSource 属性。本系统中主要通过编程代码进行设置。但为了在设计界面时，尤其是设计数据显示控件时(如数据表格控件 DataGrid)，为了便于设计标题信息等内容，需要在设计时预设 ConnectionString 和 RecordSource 属性值(界面设计完成后最好置空它们的属性值)。对于本节而言，ConnectionString 属性值可设为 8.2.2 节中创

建的数据链接文件 dbconn.udl 进行连接数据库,或者设置为如下值:

```
Provider = SQLOLEDB.1;Password = 12345678;Persist Security Info = True;User ID = sa;Initial
Catalog = StudentDB;Data Source = localhost\SQLEXPRESS
```

而对于 RecordSource 属性可设置为如下 SQL 语句内容(界面设计完成后清空):

```
select Student.*, Major.Mname from Student left outer join Major on Student.Mno = Major.Mno
```

(4) 数据显示控件 studentDataGrid 的设置

该数据显示控件 studentDataGrid 是从数据源控件 studentADO 中获取数据并以表格形式显示。其重要属性是 DataSource,将其设置为 studentADO。另外,将属性 AllowAddNew、AllowDelete、AllowUpdate 均设置为 False。

右击 studentDataGrid 控件,从弹出菜单中选择"检索字段",确认以新的字段定义替换现有的网格布局。再从该菜单中选择"属性",打开属性页窗口,这里可以进一步设置该控件的属性。选择"列"标签,再从"列"下拉列表框中依次选择 Column 0(Sno),Column 1(Sname),…,将对应的标题设置成对应的中文字段名即可,如图 8.12 所示。

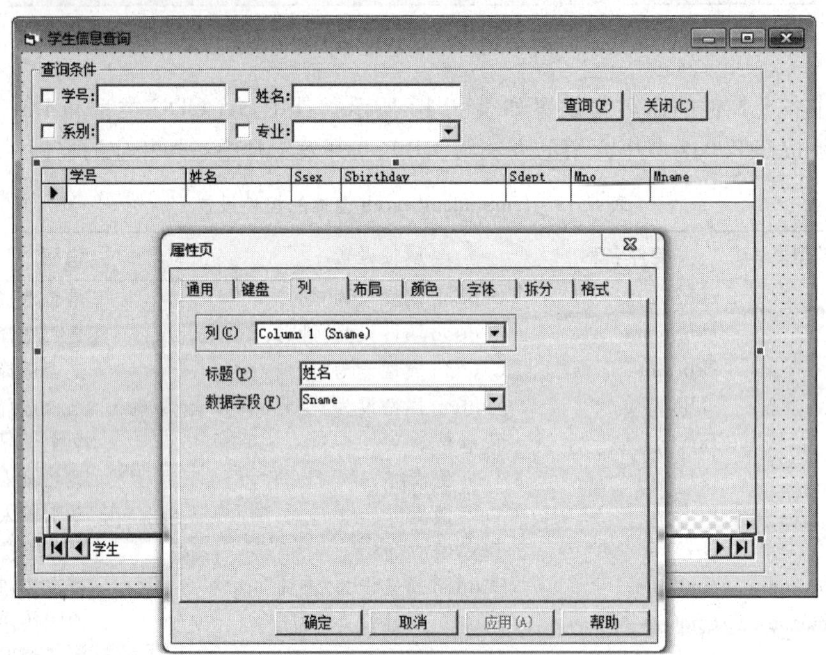

图 8.12 数据显示控件 studentDataGrid 的标题设置

2. 主要实现代码

(1) 窗口加载时执行代码,完成专业和课程名下拉列表框赋值。

```
Private Sub Form_Load()
    Set SqlRS = ExecSQL("select Mname from Major order by Mno")
    While Not SqlRS.EOF
        cbxMajor.AddItem (SqlRS("Mname"))
        SqlRS.MoveNext
```

```
    Wend
    SqlRS.Close
End Sub
```

(2) 单击“查询”按钮时触发的事件。

```
Private Sub cmdFind_Click()
    Dim strSQL, sTmp As String
    Dim strSno, sSno As String
    Dim strSname, sSname As String
    Dim strDept, sDept As String
    Dim strMname, sMname As String
    If ckbSno.Value <> 1 And ckbSname.Value <> 1 And ckbDept.Value <> 1 And ckbMajor.Value <> 1
Then
        Call MsgBox("请选择或输入查询条件!", vbOKOnly, "提示")
        Exit Sub
    End If
    strSno = Trim(txtSno.Text)
    strSname = Trim(txtSname.Text)
    strDept = Trim(txtDept.Text)
    strMname = Trim(cbxMajor.Text)
    strSQL = "select Student.*, Major.Mname from Student left outer join Major on Student.Mno
 = Major.Mno "
    sSno = ""
    If ckbSno.Value = 1 Then
        sSno = "(Sno like '" + strSno + "%')"
    End If
    sSname = ""
    If ckbSname.Value = 1 Then
        sSname = "(Sname like '%" + strSname + "%')"
    End If
    sDept = ""
    If ckbDept.Value = 1 Then
        sDept = "Student.Sdept = '" + strDept + "'"
    End If
    sMname = ""
    If ckbMajor.Value = 1 Then
        sMname = "Mname = '" + strMname + "'"
    End If
    sTmp = ""
    If sSno <> "" Then
        sTmp = sSno
        If sSname <> "" Then
            sTmp = sTmp + " and " + sSname
        End If
        If sDept <> "" Then
            sTmp = sTmp + " and " + sDept
        End If
        If sMname <> "" Then
            sTmp = sTmp + " and " + sMname
        End If
    Else
        If sSname <> "" Then
            sTmp = sSname
```

```
            If sDept <> "" Then
                sTmp = sTmp + " and " + sDept
            End If
            If sMname <> "" Then
                sTmp = sTmp + " and " + sMname
            End If
        Else
            If sDept <> "" Then
                sTmp = sDept
                If sMname <> "" Then
                    sTmp = sTmp + " and " + sMname
                End If
            Else
                sTmp = sMname
            End If
        End If
    End If
    If Trim(sTmp) <> "" Then
        strSQL = strSQL + " where " + sTmp
    End If
    studentADO.ConnectionString = getConnString
    studentADO.RecordSource = strSQL
    studentADO.Refresh
End Sub
```

8.2.8 学生成绩录入

操作者可以根据学号、姓名或专业等条件进行先查询过滤,再从下方的表格中选择需要录入成绩的学生信息,如果没有录入成绩的则成绩为空。当移动表格中的记录时,中间成绩录入栏目中的学号、姓名、成绩等列出相应的数据。在成绩文本框中输入新成绩或修改旧成绩,单击"保存"按钮则向成绩表 SC 中插入一条记录或修改原来的成绩。单击"删除"按钮则删除当前学生某课程的成绩记录。程序运行界面如图 8.13 所示。

1. 实现过程

(1) 从"工程"菜单中选择"添加窗体"→"窗体",打开窗口,命名为 frmCourseGrade。窗体的 Caption 属性设置为"学生成绩录入",将其 MDIChild 属性设置为 True,表示是 MDI 窗口 MDIFrame1 的子窗口,WindowState 属性设置为 2-Maximized。

(2) 在窗体中放置 3 个 Frame 控件用于对窗口进行上中下分割,其中上面顶部的 Frame 用于数据录入前的过滤查询操作,中间部分为成绩录入部分,下方 Frame 中显示学生信息及成绩信息。

窗体中各个控件的命名与设置如表 8.14 所示。其中,数据源控件和数据显示控件的设置操作与 8.2.7 节类似,不同之处是,数据源控件 gradeADO 的 RecordSource 属性值预设为如下 SQL 语句代码:

```
select Sno,Sname,Mname,Cno,Cname,Grade from V_StudentCourseGrade
```

同样,数据显示控件设计完成后,清空预设的 RecordSource 属性值。

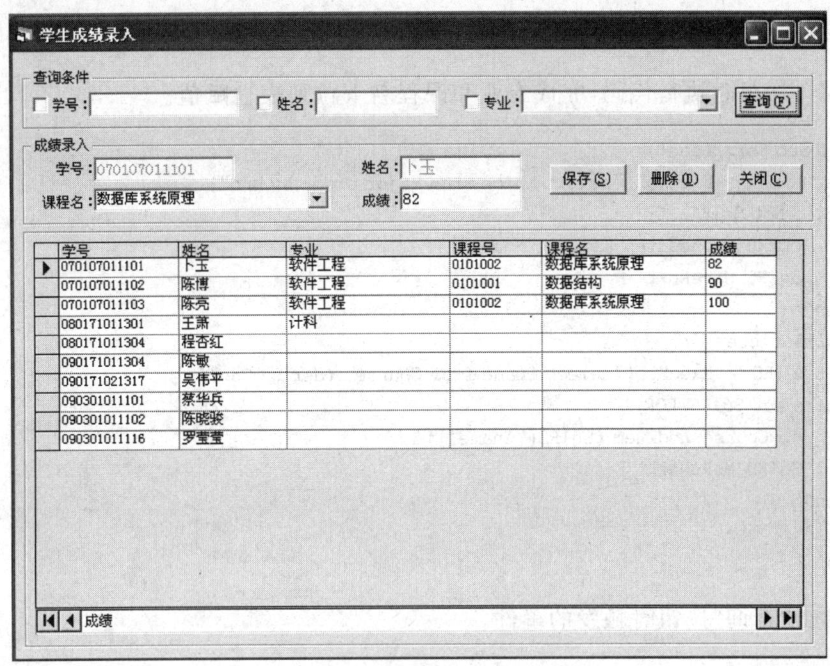

图 8.13 “学生成绩录入”界面

表 8.14 frmCourseGrade 窗体的控件设置

控件类型	控件名称	属性设置	说　明
Label	Label1～Label4	设置各自的 Caption 属性	标识学生的学号、姓名等信息
TextBox	txtSno	Text 值清空	学生学号输入框
TextBox	txtSname	Text 值清空	学生姓名输入框
ComboBox	cbxMajor	Text 值清空	专业下拉列表框
CheckBox	ckbSno		是否选择学号查询
CheckBox	ckbSname		是否选择姓名查询
CheckBox	ckbMajor		是否选择专业查询
TextBox	sNo	Text 值清空	显示学生学号
TextBox	sName	Text 值清空	显示学生姓名
TextBox	txtGrade	Text 值清空	学生成绩输入框
ComboBox	cbxCourse	Text 值清空	课程名
CommandButton	cmdFind	Caption 属性设为“查询”	查询按钮
CommandButton	cmdUpdate	Caption 属性设为“保存”	保存按钮
CommandButton	cmdDelete	Caption 属性设为“删除”	删除按钮
CommandButton	cmdClose	Caption 属性设为“关闭”	关闭按钮
ADODC	gradeADO	ConnectionString 和 RecordSource 在程序中动态设置	连接数据库并提供数据源
DataGrid	gradeDataGrid	DataSource 设置为 gradeADO	显示学生信息及成绩信息

2. 主要实现代码

(1) 窗口加载时执行代码,完成专业和课程名下拉列表框赋值。

```
Private Sub Form_Load()
    Set SqlRS = ExecSQL("select Mname from Major order by Mno")
    While Not SqlRS.EOF
        cbxMajor.AddItem (SqlRS("Mname"))
        SqlRS.MoveNext
    Wend
    SqlRS.Close
    Set SqlRS = ExecSQL("select Cname from Course order by Cno")
    While Not SqlRS.EOF
        cbxCourse.AddItem (SqlRS("Cname"))
        SqlRS.MoveNext
    Wend
    SqlRS.Close
End Sub
```

(2) 单击"查询"按钮时触发的事件。

```
Private Sub cmdFind_Click()
    Dim strSQL, sTmp As String
    Dim strSno, sSno As String
    Dim strSname, sName As String
    Dim strMname, sMname As String
    strSno = Trim(txtSno.Text)
    strSname = Trim(txtSname.Text)
    strMname = Trim(cbxMajor.Text)
    strSQL = "select Sno,Sname,Mname,Cno,Cname,Grade from V_StudentCourseGrade "
    sSno = ""
    If ckbSno.Value = 1 Then
        sSno = " Sno='" + strSno + "'"
    End If
    sSname = ""
    If ckbSname.Value = 1 Then
        sSname = " Sname like '%" + strSname + "%'"
    End If
    sMname = ""
    If ckbMajor.Value = 1 Then
        sMname = " Mname like '%" + strMname + "%'"
    End If
    sTmp = ""
    If sSno <> "" Then
        If sSname <> "" Then
            sTmp = sSno + " and " + sSname
            If sMname <> "" Then
                sTmp = sTmp + " and " + sMname
            End If
        Else
            If sMname <> "" Then
```

```
                sTmp = sSno + " and " + sMname
            Else
                sTmp = sSno
            End If
        End If
    Else
        If sSname <> "" Then
            If sMname <> "" Then
                sTmp = sSname + " and " + sMname
            Else
                sTmp = sSname
            End If
        Else
            sTmp = sMname
        End If
    End If
    If Trim(sTmp) <> "" Then
        strSQL = strSQL + " where " + sTmp
    End If
    gradeADO.ConnectionString = getConnString
    gradeADO.RecordSource = strSQL
    gradeADO.Refresh
End Sub
```

(3) 单击"保存"按钮时触发的事件。

```
Private Sub cmdUpdate_Click()
    Dim sCno, sSQL As String
    If Trim(sNo.Text) = "" Then
        Call MsgBox("请选择学生!", vbOKOnly, "提示")
        Exit Sub
    End If
    If Trim(cbxCourse.Text) = "" Then
        Call MsgBox("请选择输入课程名!", vbOKOnly, "提示")
        cbxCourse.SetFocus
        Exit Sub
    End If
    If Trim(txtGrade.Text) = "" Then
        Call MsgBox("请输入该学生的课程成绩!", vbOKOnly, "提示")
        txtGrade.SetFocus
        Exit Sub
    End If
    sCno = ""
    Set SqlRS = ExecSQL("select Cno from Course where Cname = '" + Trim(cbxCourse.Text) + "'")
    If Not SqlRS.EOF Then
        sCno = Trim(SqlRS("Cno"))
    End If
    SqlRS.Close
    If sCno = "" Then
        Call MsgBox("不存在该课程,请重新选择!", vbOKOnly, "提示")
        cbxCourse.SetFocus
```

```
            Exit Sub
        End If
        Set SqlRS = ExecSQL("select count( * ) num from SC where Sno = '" + Trim(sNo.Text) + "' and
Cno = '" + sCno + "'")
        If Not SqlRS.EOF Then
            If Int(Trim(SqlRS("num"))) >= 1 Then     '更新
                sSQL = "UPDATE SC SET Grade = " + Trim(txtGrade.Text)
                sSQL = sSQL + " where Sno = '" + Trim(sNo.Text) + "' and Cno = '" + sCno + "'"
            Else                                    '插入
                sSQL = "INSERT INTO SC(Sno,Cno,Grade) "
                sSQL = sSQL + " VALUES('" + Trim(sNo.Text) + "','" + sCno + "'," + Trim
(txtGrade.Text) + ")"
            End If
            SqlRS.Close
            ExecSQL (sSQL)
            Call MsgBox("保存成功!", vbOKOnly, "提示")
            gradeADO.Refresh
        End If
End Sub
```

(4) 单击“删除”按钮时触发的事件。

```
Private Sub cmdDelete_Click()
    If vbYes = MsgBox("是否确认删除学号: " + studentNo + "、课程号: '" + courseNo + "'的
学生成绩信息?", vbYesNo, "询问") Then
        ExecSQL ("delete from SC where Sno = '" + studentNo + "' and Cno = '" + courseNo + "'")
        gradeADO.Refresh
    End If
End Sub
```

(5) 移动下方表格中的行光标时触发的事件。

```
Private Sub gradeADO_MoveComplete(ByVal adReason As ADODB.EventReasonEnum, ByVal pError As
ADODB.Error, adStatus As ADODB.EventStatusEnum, ByVal pRecordset As ADODB.Recordset)
    If Not pRecordset.EOF And Not pRecordset.BOF Then
        sNo.Text = pRecordset("Sno")
        sName.Text = ""
        If pRecordset("Sname") <> "" Then sName.Text = pRecordset("Sname")
        cbxCourse.Text = ""
        If pRecordset("Cname") <> "" Then cbxCourse.Text = pRecordset("Cname")
        txtGrade.Text = ""
        If pRecordset("Grade") <> "" Then txtGrade.Text = pRecordset("Grade")
        studentNo = pRecordset("Sno")
        courseNo = ""
        If pRecordset("Cno") <> "" Then courseNo = pRecordset("Cno")
        cmdDelete.Enabled = False
        If studentNo <> "" And courseNo <> "" Then cmdDelete.Enabled = True
    End If
End Sub
```

8.2.9 学生成绩查询

操作者可以根据学号、姓名或专业等条件进行查询，在下方表格中显示所查询的学生的成绩信息，如果不选中任何条件则显示所有的学生信息及成绩信息，否则根据所选中的条件进行过滤查询。其中姓名和专业条件是模糊查询。程序运行界面如图 8.14 所示。

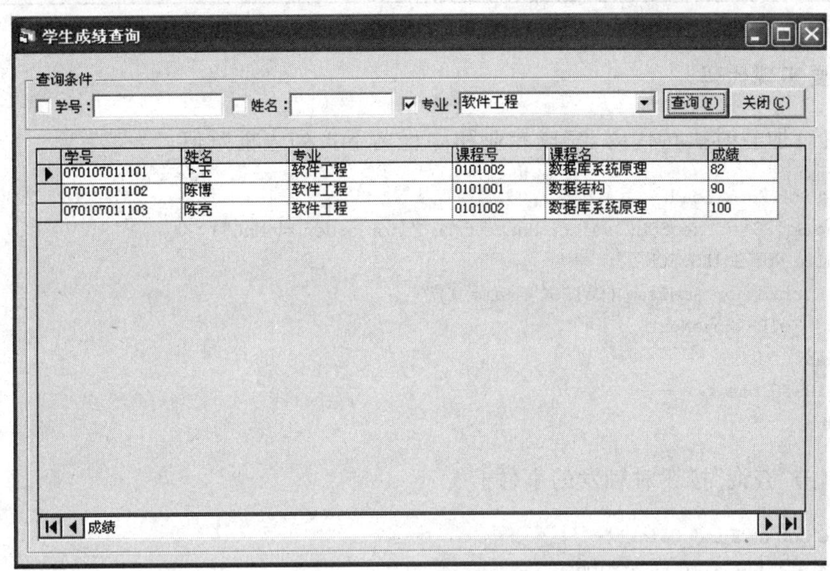

图 8.14 “学生成绩查询”界面

1. 实现过程

(1) 从“工程”菜单中选择“添加窗体”→“窗体”，打开窗口，命名为 frmGradeSearch。窗体的 Caption 属性设置为“学生成绩录入”，将其 MDIChild 属性设置为 True，表示是 MDI 窗口 MDIFrame1 的子窗口，WindowState 属性设置为 2-Maximized。

(2) 在窗体中放置两个 Frame 控件用于对窗口进行上下分割，其中上面顶部的 Frame 用于选中过滤查询条件，下方 Frame 中显示所查询的学生信息及成绩信息。

窗体中各个控件的命名与设置如表 8.15 所示。其中，数据源控件和数据显示控件的设置操作与 8.2.7 节、8.2.8 节类似，不同之处请自己体会完成。

表 8.15 frmGradeSearch 窗体的控件设置

控件类型	控件名称	属性设置	说明
TextBox	txtSno	Text 值清空	学生学号输入框
TextBox	txtSname	Text 值清空	学生姓名输入框
ComboBox	cbxMajor	Text 值清空	专业下拉列表框
CheckBox	ckbSno		是否选择学号查询
CheckBox	ckbSname		是否选择姓名查询
CheckBox	ckbMajor		是否选择专业查询
CommandButton	cmdFind	Caption 属性设为“查询”	查询按钮

续表

控件类型	控件名称	属性设置	说明
CommandButton	cmdClose	Caption 属性设为“关闭”	关闭按钮
ADODC	gradeADO	ConnectionString 和 RecordSource 在程序中动态设置	连接数据库并提供数据源
DataGrid	gradeDataGrid	DataSource 设置为 gradeADO	显示学生信息及成绩信息

2. 主要实现代码

(1) 窗口加载时执行代码,完成专业和课程名下拉列表框赋值。

```
Private Sub Form_Load()
    Set SqlRS = ExecSQL("select Mname from Major order by Mno")
    While Not SqlRS.EOF
        cbxMajor.AddItem (SqlRS("Mname"))
        SqlRS.MoveNext
    Wend
    SqlRS.Close
End Sub
```

(2) 单击“查询”按钮时触发的事件。

```
Private Sub cmdFind_Click()
    Dim strSQL, sTmp As String
    Dim strSno, sSno As String
    Dim strSname, sSname As String
    Dim strMname, sMname As String
    strSno = Trim(txtSno.Text)
    strSname = Trim(txtSname.Text)
    strMname = Trim(cbxMajor.Text)
    strSQL = "select Sno,Sname,Mname,Cno,Cname,Grade from V_StudentCourseGrade "
    sSno = ""
    If ckbSno.Value = 1 Then
        sSno = " Sno = '" + strSno + "'"
    End If
    sSname = ""
    If ckbSname.Value = 1 Then
        sSname = " Sname like '%" + strSname + "%'"
    End If
    sMname = ""
    If ckbMajor.Value = 1 Then
        sMname = " Mname like '%" + strMname + "%'"
    End If

    sTmp = ""
    If sSno <> "" Then
        If sSname <> "" Then
            sTmp = sSno + " and " + sSname
            If sMname <> "" Then
```

```
                sTmp = sTmp + " and " + sMname
            End If
        Else
            If sMname <> "" Then
                sTmp = sSno + " and " + sMname
            Else
                sTmp = sSno
            End If
        End If
    Else
        If sSname <> "" Then
            If sMname <> "" Then
                sTmp = sSname + " and " + sMname
            Else
                sTmp = sSname
            End If
        Else
            sTmp = sMname
        End If
    End If
    If Trim(sTmp) <> "" Then
        strSQL = strSQL + " where " + sTmp
    End If
    gradeADO.ConnectionString = getConnString
    gradeADO.RecordSource = strSQL
    gradeADO.Refresh
End Sub
```

8.2.10　其他模块

本系统中还有其他模块，比如用户管理、更改密码等模块，由于这些模块设计比较简单，在这里就没有详细描述。另外，还可以进一步增加一些数据统计模块，比如学生成绩统计分析等模块。这些模块就留给读者自己去完成。

小结

本章简要介绍了 SQL Server 2014 关系数据库系统集成环境，详细讲解了数据库系统应用案例——学生成绩管理系统的开发与实现过程。通过本章的学习可以对数据库系统应用的开发过程有一个初步的掌握与理解。当然本章只是以客户端/服务器(Client/Server，C/S)方式，并借助传统的可视化开发工具 VB 6.0 进行了学生成绩管理系统的主要功能的开发设计。对系统数据库的创建，数据的插入、删除、修改和查询等给出了开发的源代码，读者依循这些实现的代码和设计思路不难完成系统的其他功能。而对于计算机互联网应用非常丰富的当今时代，甚至是对于移动互联网的热浪涌现而言，本章讲解的只是数据库应用系统开发与工具非常简单的应用，而并非实用。所以，本章只是理论与实践相结合的简单结果，如果希望能够开发设计非常实用的软件应用系统，需要进一步学习其他课程及开发语言与工具。关于这个方面，希望感兴趣的读者，可以使用浏览器/服务器(Browser/Server，B/S)方式进行 Web 设计与实现。可考虑的技术有 JSP/Servlet、ASP. net、PHP，以及 HTML5＋CSS/CSS3 等，当然还可以结合一些 Web 框架架构技术(Struts、Spring、Hibernate、NHibernate)等。

另外，对于数据库管理系统 DBMS 而言，也可以不仅仅局限于 MS SQL Server，只要分析好应用系统的概念模型、逻辑模型，就可灵活使用各类数据库系统进行设计与实现物理模型——进行数据的存储与管理。对于感兴趣的读者，也可以考虑使用 Oracle、Sybase、DB2、MySQL 甚至 SQLite 等数据库系统来完成本系统的后台数据库存储。

图书资源支持

感谢您一直以来对清华版图书的支持和爱护。为了配合本书的使用，本书提供配套的资源，有需求的读者请扫描下方的“书圈”微信公众号二维码，在图书专区下载，也可以拨打电话或发送电子邮件咨询。

如果您在使用本书的过程中遇到了什么问题，或者有相关图书出版计划，也请您发邮件告诉我们，以便我们更好地为您服务。

我们的联系方式：

地　　址：北京海淀区双清路学研大厦 A 座 707

邮　　编：100084

电　　话：010－62770175－4604

资源下载：http://www.tup.com.cn

电子邮件：weijj@tup.tsinghua.edu.cn

QQ：883604(请写明您的单位和姓名)

资源下载、样书申请

书圈

用微信扫一扫右边的二维码，即可关注清华大学出版社公众号“书圈”。